图说苹果丰产优质栽培技术

胡远涛　康光海　杨明富　编著

西南交通大学出版社
·成　都·

图书在版编目（CIP）数据

图说苹果丰产优质栽培技术 / 胡远涛，康光海，杨明富编著. —成都：西南交通大学出版社，2020.12

ISBN 978-7-5643-7969-8

Ⅰ. ①图… Ⅱ. ①胡… ②康… ③杨… Ⅲ. ①苹果－果树园艺－图解 Ⅳ. ①S661.1-64

中国版本图书馆 CIP 数据核字（2020）第 270847 号

Tushuo Pingguo Fengchan Youzhi Zaipei Jishu

图说苹果丰产优质栽培技术

胡远涛　康光海　杨明富　**编著**

责任编辑	牛　君
封面设计	原谋书装
出版发行	西南交通大学出版社 （四川省成都市金牛区二环路北一段 111 号 西南交通大学创新大厦 21 楼）
发行部电话	028-87600564　028-87600533
邮政编码	610031
网　址	http://www.xnjdcbs.com
印　刷	四川煤田地质制图印刷厂
成品尺寸	185 mm × 260 mm
印　张	17.5　　字　数　460 千
版　次	2020 年 12 月第 1 版　印　次　2020 年 12 月第 1 次
书　号	ISBN 978-7-5643-7969-8
定　价	98.00 元

《图说苹果丰产优质栽培技术》
编委会

前言

我国苹果生产现已形成四大主产区：① 渤海湾产区；② 西北黄土高原产区；③ 黄河故道和秦岭北麓产区；④ 西南冷凉高地产区。西南冷凉高地产区中四川省凉山彝族自治州盐源县所产的盐源苹果是我国国家地理标志产品，具有无公害、色泽厚重、香味浓郁、肉质细脆、汁多爽口、个大形正、果面光洁、可溶性固形物含量高和成熟上市早等九大高原苹果独具的品质特点。盐源县是七项生态指标都符合苹果生产的优生区域，本书根据西南冷凉高地产区中苹果产量最大、影响力最广的大凉山盐源县自然地理状况、主要苹果产地的实际栽培水平，结合果农、中职学校学生的基础知识及脱贫攻坚工作中培训对象的文化水平编写而成，对其他产区从事苹果栽培生产的果农和学员也具有较高的参考价值。

盐源县职业技术中学校对果树栽培校本教材的编著十分重视，组织长期从事果树栽培教学和果树生产实习指导的一线专业课教师及部分长期从事果园管理工作、有丰富管理经验的果园管理人员组成本书编委会。本书主编毕业于西昌学院，为 1987 级园艺系果树专业毕业生，还拥有该学院“农业高新技术与管理”专业文凭，曾从果园规划、幼苗栽植到盛果期管理了两个示范苹果园，从事果树栽培教学、生产实践指导及果树栽培生产工作 30 余年，在接受编著任务后，迅速整理长期收集、拍摄的照片，并加紧查阅相关文献资料，以使本书内容尽量科学严谨，同时在盐源县苹果主产区拍摄苹果树不同物候期的各种相关照片，历时一年多编著完成。

本书的内容和难度安排着重考虑了学习者的文化基础，本着因材施教、重点突出、循序渐进等原则，在编著过程中重点突出适用技术，相对而言把理论知识降低了深度，从而降低了学习难度，使学习内容变得浅显易懂。本书共分九章，第一章简单介绍了西南高海拔地区最适苹果生态产区盐源县的自然环境及盐源苹果栽培概况、主要栽培品种，并选择介绍了部分盐源县及市场上有较大影响力的新品种，供阅读者参考；第二章讲述了苹果树常见砧木的育苗方法、嫁接苗的培育方法；第三章讲述了果园的规划和建立方法；第四章简明扼要讲述了苹果树年周期和生命周期的生长发育规律，这部分内容涉及的理论、概念较多，讲述相对较精简，其中主要气象资料摘录了盐源县气象局的气象记录档案。从第五章开始，主要讲述果园管理措施，相对较详细。第五章结合苹果树对营养元素的需求规律讲述了苹果园土肥水管理的基本措施。由于水肥一体化在盐源县推广使用时间不长，果农和学生都渴望了解，所以讲解较为详细。本书最为重点的讲解内容就是第六章苹果树整形修剪，所占篇幅较大，操作细节讲解较详细。因为在编著之前对部分学生、学生家长及果农进行了调查，从反馈回来的信息中了解到他们在对苹果栽培其他的管理措施有一定了解和经验的基础上，非常渴望学习苹果树整形修剪的知识，提高自身的管理水平，所以本章内容所占的篇幅最大，图片也最多。第七章为花果管理，使果农在栽培过程中学会一些提高果品质量的措施，转变以前重产量轻质量的观念，培养果农增强苹果品质以顺应市场需求变化的能力。第八章也是本书的重点内容，主要讲述了提高病虫害防治水平所必须具备的基础知识，强调“预防为主、综合防治”的植保方针，然后按照时间顺序讲述了从休眠期开始到苹果树落叶又进入休眠期的年周期内苹果树常见病虫害的防治。第九章为其他管理措施，只做了简要概述，要求果农了解即可。本书的最大特点是结合辩证法的观点，对实用技术进行了较为详细的讲解，并在需要掌握的重点技术环节的讲解中配了大量简图和照片。这些照片基本摄自盐源县各苹果主产乡镇，来自很多果园的实际生产中，部分显示苹果树不同物候期的生理特点；大多显示较合理的栽培管理措施、合理的操作手法；有的则显示不合理或错误的栽培管理措施或操作手法，作为与前者的对比；有的展示病虫害危害症状、害虫虫态、病原特征等。编著者在几千张图片中根据内容需要筛选出来，每一张图片都经过反复斟酌、精心筛选，力求所选择的图片有代表性，能说明问题。

本书对苹果生产中容易接触的各种实际情况、容易出错的技术环节，及难以理解的操作方法等多次以不同例图和作业的形式出现进行强调，以加深印象，利于学员学习、识记和掌握，也可启发他们的思维，帮助他们在不断的学习中提高栽培水平。在本书编著前对部分学生、学生家长、果农做过随机调查，重点调查了他们的文化程度、生产中急需学习的知识技能，根据调查反馈的信息对内容重难点进行了详略安排。本书很多内容与辩证法的观点相结合，对苹果栽培管理人员较全面掌握栽培技术具有较强的指导性，果农如果认真阅读，并做到理论与实践相结合，反复从实践到理论、理论到实践，循序渐进，对书中的内容理解会更加深刻，收获更大，栽培管理水平将会有大幅度提高。本书附录讲解了部分果农急于掌握的波尔多液的配制、石硫合剂的熬制、嫁接用接蜡的配制等技术。

由于编写时间较为紧迫，加之作者水平有限，书中不妥之处在所难免，恳请广大读者批评指正。

作　者

2020 年 10 月

目 录

第一章　西南冷凉高地产区盐源苹果栽培概况及主要品种 ······ 001

第一节　盐源自然环境及盐源苹果栽培概况 ······ 001

第二节　主要的苹果栽培品种 ······ 002

复习题与实践 ······ 014

第二章　苹果树育苗 ······ 015

第一节　嫁接苗的培育 ······ 015

第二节　苹果自根苗的培育 ······ 023

复习题与实践 ······ 026

第三章　园地的选择、规划与定植 ······ 027

第一节　园地选择 ······ 027

第二节　园地规划 ······ 027

第三节　果树栽植 ······ 029

第四节　栽植方法 ······ 032

第五节　授粉树的栽植 ······ 035

复习题与实践 ······ 036

第四章　苹果树生长发育的一般规律及与环境因素的关系 ······ 037

第一节　苹果树生长的年周期及与环境条件的关系 ······ 037

第二节　苹果树的生命周期 ······ 053

复习题与实践 ······ 057

第五章　果园土肥水管理 ······ 058

第一节　树体有机营养水平与土肥水管理的关系 ······ 058

第二节　土壤管理 ······ 059

第三节　肥水管理 ······ 064

第四节　果园灌溉式施肥 ······ 081

复习题与实践 ······ 088

第六章　苹果树整形修剪……090
第一节　整形修剪的作用、原则、依据……090
第二节　修剪的时期和方法……101
第三节　苹果树的树体结构分析……126
第四节　苹果树常见栽植方式的整形修剪……144
复习题与实践……215
第七章　花果管理……223
复习题与实践……229
第八章　病虫害防治……230
第一节　苹果病虫害防治的基础知识……230
第二节　苹果病虫害综合防治的主要措施……232
第三节　苹果园常见病虫害的防治……238
复习题与实践……265
第九章　果园其他管理措施……267
参考文献……269
附　录……270
附录 A　波尔多液的配制与使用技术……270
附录 B　石硫合剂的熬制……270
附录 C　嫁接用接蜡的配制……271

第一章 西南冷凉高地产区盐源苹果栽培概况及主要品种

【知识要点要求】

（1）了解苹果适生环境地理与气候特点，与苹果生产及产业发展的关系。
（2）了解常见品种的成熟期、着色特点、口感特点，能认识常见品种的外观特点。
（3）理解引进新品种应注意的问题及引进新品种的前提。

第一节 盐源自然环境及盐源苹果栽培概况

四川省凉山州盐源县位于青藏高原东南缘，雅砻江下游西岸。地理坐标：东经 100°42′09″～102°03′44″，北纬 27°06′31″～28°16′31″。隶属凉山彝族自治州。东隔雅砻江与西昌市、德昌县、米易县相望，南接盐边县，西连云南省宁蒗县，西、北与木里藏族自治县、冕宁县山水相连。

从地理位置看盐源县应属于亚热带季风气候区，但相对高差大，海拔高，气候垂直分布明显，造成年温差小，日温差大，真正属于亚热带季风气候的地区多在低海拔河谷地带，加之受高空西风环流的南支流和印度洋气流所控制，这里的大多数地区气候是冬无严寒，夏无酷暑，全年无霜期 209 天[①]左右，年均气温 12.1 摄氏度左右，最热的 6、7 月份平均气温不超过 18 摄氏度，平均最高气温 23 摄氏度，最冷的 12 月和 1 月份平均气温在 6～9 摄氏度，最冷时 5～7 摄氏度。年平均降雨量 838.3 毫米。多年平均相对湿度 61%，大于 10 摄氏度的有效积温 3356.7 摄氏度，多年平均蒸发量 2194.1 毫米。

这里冬春干旱多风，夏秋雨量集中在 6—11 月，雨热同季，日照充足，平均年日照时数 2561 小时，主要苹果品种成熟期 8—10 月份昼夜温差达 15～20 摄氏度，有利于苹果糖分积累，也适宜于多种农作物生长。具有“一山分四季，十里不同天”的典型立体气候特征。盐源县土地面积辽阔，面积达 8398.6 平方千米，其中盆地面积 1049 平方千米，拥有耕地 82 万亩（1 亩 = 666.7 平方米），已利用耕地仅 52 万亩，尚有 30 万亩荒地可待开发，但有部分苹果园是耕地改造而成的。境内地形以四周高山峡谷，中部丘陵盆地为总特征，一般海拔多在 2300～2800 米，最高海拔 4393 米，最低海拔 1200 米。中部丘陵盆地总体而言东南高向西北降低，是县内苹果主产区。

西南高海拔产区盐源红富士苹果（图 1.1）是四川盐源县特产，中国国家地理标志产品，具有无公害、色泽厚重、香味浓郁、肉质细脆、汁多爽口、个大形正、果面光洁、可溶性固形

注：① 本书为中等职业学校教材，同时也面向广大果农，因为大多数果农的文化程度相对较低，生产实践中接触的工具、资料等大部分都是使用汉字单位，为方便果农阅读、参考本书，书中单位全部使用汉字形式，且保留了少量目前农业生产中一直沿用的非法定计量单位，如亩、斤等。

物含量高和成熟上市早等九大高原苹果独具的品质特点。在全国和省内多次获奖、被评为名优产品，1996 年金富等三个注册的商标品牌获农业部“绿色食品”证书，2007 年盐源获农业厅无公害苹果生产基地认证。

图 1.1　西南高海拔产区盐源红富士苹果

盐源苹果是世界公认的 7 项生态指标都符合苹果的优生区域，县内盐源苹果地理标志产品保护产地范围为四川省盐源县盐井镇、卫城镇、双河乡、干海乡、下海乡、梅雨镇、白乌镇、大河乡、棉桠乡等 9 个乡镇现辖行政区域。

盐源县苹果于 1958 年试种成功，1964 年后零星种植，1974 年各个公社兴建大队果园，开始小规模发展，1980—1989 年种植规模迅速扩大，至 2017 年，总面积达 35.1 万亩。

第二节　主要的苹果栽培品种

一、盐源苹果栽培的主要品种

苹果为落叶乔木，自然生长高度可达 15 米，多具有圆形树冠和短主干；小枝幼嫩时密被绒毛，老枝紫褐色，无毛；冬芽卵形，混合芽（花芽）先端钝，叶芽较花芽略尖，密被短柔毛。叶片椭圆形、卵形至宽椭圆形，长 4.5 ~ 10 厘米，宽 3 ~ 5.5 厘米，先端急尖，基部宽楔形或圆形，边缘具有圆钝锯齿，幼嫩时两面具短柔毛，长成后上面无毛；叶柄粗壮，长 1.5 ~ 3 厘米，被短柔毛；托叶草质，披针形，先端渐尖，全缘，密被短柔毛，早落。伞房花序，具花 3 ~ 7 朵，集生于小枝顶端（顶花芽）或腋处（腋花芽），花梗长 1 ~ 2.5 厘米，密被绒毛；苞片膜质，线状披针形，先端渐尖，全缘，被绒毛；花直径 3 ~ 4 厘米；萼筒外面密被绒毛；萼片三角披针形或三角卵形，长 6 ~ 8 毫米，先端渐尖，全缘，内外两面均密被绒毛，萼片比萼筒长；花瓣倒卵形，长 15 ~ 18 毫米，基部具短爪，白色，含苞未放时带粉红色，观察图 1.2；雄蕊 20，花丝长短不齐，约等于花瓣的一半；花柱 5，下半部密被灰白色绒毛，较雄蕊稍长。果实扁球形，直径在 2 厘米以上，先端常有隆起，萼洼下陷，萼片永存，果梗短粗。

盐源苹果花期在 3 月上旬至 4 月上中旬，果实成熟期为 7 月初至 10 月中下旬。经过多年的培育加之现在苹果的矮化栽培技术，使苹果树体越来越矮小，很多矮化密植果园的树体更像灌木了，远不及以前乔砧稀植的树体高大。

观察图 1.3，苹果的果、叶、枝。

图 1.2　苹果的花和叶

图 1.3　苹果的果、叶、枝

1. 金　冠

金冠又叫金帅、黄元帅，曾经是盐源县的主栽品种之一，以前的“三红一黄”中的黄就是指黄元帅（三红是指元帅系列红星、红冠、红元帅）。该品种果实圆锥形，果面黄色、绿黄色（部分阳面带红晕，观察图 1.4），果肉黄白色，肉质细、致密、松脆、汁液多、酸甜适中，果形指数大，丰产，中晚熟，现在仍有一定面积栽培，多作为富士系列、嘎啦，红星系列等主栽品种的授粉树。图 1.5 中绿色果实部分就是金冠，被高接于富士植株上作为授粉树品种。

图 1.4　金冠果实及结果状

图 1.5　绿色果实为金冠

2. 富士系列

盐源县在原公社时期的大队果园就有富士栽培，口感很好，但外观还不如秦冠，被称作“麻富士”。随着红富士的引种成功，大小国光迅速消失，秦冠作为最丰产的品种，以及曾经综合效益最好的金冠的栽培面积迅速减小，红富士成为盐源县栽培面积最广的苹果品种。红富士系列因产地和芽变发现地的不同，新品种也很多，据农业局老一代果树工作者回忆，盐源县 1982 年前后最早引进的红富士以长富 2 号为主，待高接枝条结果后观察其性状表现为：果形扁圆形，浓红，着色片红，少部分全红，鲜有条红，口感超越当时盐源县栽培的所有品种，栽培面积迅速扩大，当时一枝难求，于是很多种植户通过各种渠道引入各种所谓的“红富士”，尤其是长富 2 号各地表现不一，造成盐源的“红富士”品种繁多、良莠不齐，品种不纯。以后盐源县果农通过各种渠道引进了 2001 富士、红将军、烟富系列、青森富士、首富系列、礼泉短枝等，红富士成了盐源县栽培面积最广的品种。该系列品种大多为晚熟，在盐源县 10 月初陆续成熟，部分中晚熟，耐储藏，着色鲜艳，口感好，品质上乘。现在随该系列优系新品种的开发，在富士系列中也培育出了成熟期提前的新品种如红将军、首富 3 号等品种及着色更好的新品种（图 1.6）。

图 1.6　选育自日本青森县的大型红富士品种：世界 1 号

（1）2001 红富士（图 1.7、图 1.8）：该品种果形指数（指果实最大高度与最大直径之比，即果实纵径与横径的比值，是衡量果实外形高桩程度和质量的重要指标）较普通红富士略大，果面密被红条纹，着色面大，果形大，浓红，在盐源县为晚熟品种。

图 1.7　2001 富士果实

图 1.8　2001 富士结果状

（2）长富 2 号（图 1.9）：育自日本长野县的红富士芽变品种。1980 年引入我国。盐源县引入该品种后园艺站工作人员在盐源县高接后观察其性状，发现其性状非常优秀，随后大面积推广。其标准果形呈长圆形，较高桩，果个大，单果重 250 ~ 350 克；果实为圆形或长圆形，底色黄绿，果面红色呈片状，个别年份果面有红色条纹；果肉黄白色，肉质细，松脆，汁多，味甜，有香气；在盐源县 10 月上旬成熟。长富 2 号在盐源县着色为浓红，扁圆形，着色绝大多数时候是片红型。但很多套袋果，摘袋后初期表现有粉红色条纹，采收时多成为片红或全红。

图 1.9　长富 2 号

（3）红将军（图 1.10）：红将军苹果是我国从日本引进的早熟红富士的浓红型芽变品种，是一个非常优良的中晚熟品种，在盐源县它为片红，少部分有条纹，口感出众，果肉呈黄白色，质地比红富士略松。与同期成熟的其他品种相比，更甜脆爽口、香气馥郁、皮薄多汁。外形与普通的红富士极为相似。红将军苹果的抗寒性、抗病性、抗旱性都比较红富士要好。在盐源县红将军苹果大约比普通红富士提前 30 天上市，大约 8 月底 9 月初成熟，填补了市场空白。它的果实比红富士略大，疏单果一般可以达到 350 克左右，果个均匀，果形整齐。

图 1.10　红将军苹果

（4）烟富系列：山东烟台市在富士苹果的栽培和选育过程中，选育出了烟富 1 ~ 6 号 6 个优良品种，共同特点是果实大型、果形端正、高桩，果形指数 0.86 ~ 0.9。着色早，树冠内外部、上下部着色都比较均匀，外观品质优于普通红富士。

烟富 3 号：是烟富系列占据市场的首个优秀品种，其果实呈圆形或长圆形，果形端正，果个较大，在盐源县成熟期 10 月上旬，着色易，内外着色率高，色泽浓红艳丽，果肉淡，肉质爽脆，汁液多，风味香甜，果实生育期 190 天左右，贮藏性极强。

烟富 6 号：是从惠民短枝红富士中选育的短枝优系，果实性状跟烟富 3 相同，呈圆形或长圆形，继承了烟富 3 号着色佳的优点，并且更为优秀，最大的优点是短枝性状比较稳定，树冠紧凑，适合矮化密植。

烟富 8 号：是烟富 3 的芽变品种，属于高桩大果型品种，果肉黄色，甜度极高，果实摘袋之后上色速度快。

图 1.11 为烟富 8 号摘袋初期，着色为条红，后逐渐转为片红。

烟富 10 号：是烟富 8 的芽变优秀品种培育，属于半短枝型，丰产性能极高，并且果实抗病性好，病虫害相对较少，果皮厚，极耐贮运，常温下可以储存至第二年 3—4 月。摘袋后着色速度在烟富系列中为最快品种，3 天即可着色，5 天达到满红状态，7 天上色到深红。果实初期着色即为片红。但据果农在盐源产地观察，烟富着色为浓红，外观艳丽，但果肉颜色偏淡，果肉致密性不及长富 2 号。

图 1.11　摘袋后着色的烟富 8 号

（5）首富系列：该系列是山东莱州小草沟园艺场在红富士品种中选育的品种，其果实大型，端正高桩，果肩略宽，果形长圆形，果形指数 0.90 左右，果实大小整齐一致，平均单果重 320 克左右，果面着条纹鲜红色，色泽艳丽，果肉乳黄色，肉质致密，汁多肉脆；甜味浓，甘甜适口。其外观像盐源县以前栽植的老富士，但更高桩，颜色更鲜艳，条红型，尤其是糖度明显地高于普通红富士。其树势中庸，适合矮砧密植。图 1.12 为首富 1 号，条纹明显，但比老品种“麻富士”鲜艳。图 1.13 为未套袋首富 1 号苹果。

图 1.12　首富 1 号苹果

图 1.13　未套袋的首富 1 号苹果

首富 3 号果实生育期 150 ~ 160 天，比普通红富士早 30 ~ 40 天，甚至比红将军早 1 周左右，其成花易，结果早，极丰产。果肉乳黄色，肉质细密，脆爽多汁，甘甜适口，可溶性固形物 15.4%，比红将军高 0.6%，硬度 8.7 千克/平方厘米，比红将军高 7.4%，片红型。无采前落果现象，几乎无霉心病，耐贮运。其枝条节间较短，适于矮密栽培。图 1.14 和图 1.15 为盐源县矮密栽培的首富 3 号结果状。

图 1.14　首富 3 号

图 1.15　矮密栽培的首富 3 号

3. 新红星系列

果实为圆锥形，平均单果重 200 克左右，果顶有五棱状凸起，果桩高、果形美，棱部五棱明显，果色鲜红。初时出现明显的断续红条纹，随后出现红色霞，充分着色后全果浓红，并有明显的紫红粗条纹，果面富有光泽，十分鲜艳夺目。果点浅褐色或灰白色，果肩起伏不平。果肉黄白色，肉质脆，质中粗，较脆，果汁多，味甜，可溶性固形物 14%左右，有浓郁芳香。在盐源县 8 月中旬左右陆续上市，为中熟品种，成熟期比金帅早。红星在盐源县老三红中表现最好，在全国评比中曾获冠军，现在红元帅和红冠几乎绝迹，红星被新红星取代。在盐源县新红星系列中部分品种着色往往过红呈暗红色，果形没有“红蛇果”高桩，硬度不大，耐储运性较红富士差，与盐源县管理水平关系也很大，随市场需要仍可适当栽培。图 1.16 为新红星商品果，又称红蛇果。图 1.17 为盐源县栽培的新红星，短枝性状非常明显。

图 1.16　超市中销售包装的“红蛇果”

图 1.17　盐源县新红星结果状

4. 华　冠

晚熟品种，在盐源县，成熟期较普通红富士稍微晚一点，在 10 月上旬偏后期陆续上市，果形较高桩，有红条纹，耐储藏性比富士系列强，口感甜脆，果肉黄色，在外地消费者中口碑较好，市场需求量在增大。图 1.18 为华冠果实，图 1.19 为华冠结果状。

图 1.18　华冠果实

图 1.19　华冠结果状

5. 华　硕

“华硕”由“美八”和“华冠”杂交培育而成。该品种成熟早、果实大，在盐源县 7 月中下旬即可成熟，与“嘎拉”成熟期接近或略早，据下海果农介绍，幼树疏为单果平均单果重为 300 克左右。其果实大小与晚熟品种富士相当，但高桩、果面颜色鲜红，不像红富士浓红，也不像盐源县新红星过红，颜色较鲜艳，果实在室温条件下可贮藏 30 天左右肉质不沙化、冷藏条件下可贮藏 3 个月，其耐贮性远超过同期成熟的所有品种，果实可提前采收也可充分成熟后集中采收，在调节市场供应方面有着其他品种无法比拟的优势。随着市场需求的增大和品种搭配的合理比例，该品种的栽培面积可能进一步增大。该品种萌芽率、成枝率都较强，易形成花芽，栽培管理中应注意白粉病的防治。图 1.20 为矮密栽培留单果的华硕果实，图 1.21 为结果状。

图 1.20　华硕苹果

图 1.21　华硕结果状

6. 嘎　啦

嘎拉在盐源县表现为早中熟，成熟期较辽伏晚，比新红星早，与华硕相似，稍微比华硕早，8 月上中旬陆续上市，是盐源县上市最早的经济产量较大的商品果，对苹果周年供应有积极作用，其果实中等大，单果重 180 ~ 200 克，短圆锥形，果面金黄色。阳面具浅红晕，有红色断续宽条纹，果型端正美观，果顶有五棱，不及新红星明显，果梗细长，果皮薄，有光泽，成熟期果肉浅黄色，肉质细脆、汁多，味甜微酸，适口性好，品质上乘。在盐源县耐贮性一般，不及华硕，常温下 1 周左右开始发绵。幼树结果早，坐果率高，丰产稳产，容易管理。盐源县最早栽培的嘎啦被称为“黄嘎啦”，整体颜色较红嘎啦偏黄，栽培最多的嘎啦为红嘎啦，现在开始栽培“太平洋嘎啦”。图 1.22 为几种嘎啦苹果。

（a）黄嘎啦

（b）红嘎啦

（c）太平洋嘎啦

图 1.22　嘎啦苹果

7. 其他品种

除上述品种外，盐源县还栽培了少量红富士和新红星杂交而成的新品种“中秋王苹果”，如图 1.23。其果实高桩、果形大，外观更似新红星，五棱凸起不如新红星明显。此外，红月成熟期较早，秦冠（图 1.24）丰产性非常好，果形圆锥形，个大，整齐，也有一定的市场占有率，常用作其他品种的授粉树。另外，盐源还栽培有极少量辽伏、祝光、澳洲青苹等品种，本书不一一介绍了。

图 1.23　中秋王苹果

图 1.24　秦冠苹果

二、新品种

1. 蜜　脆

蜜脆是西北农林科技大学于 2001 年从美国明尼苏达大学选育引进的品种。该品种由 Macoun（果肉芳香）为母本、Honeygold（味甜、肉脆）为父本杂交而来。树势中庸偏强，一年生枝条略显褐色，成花容易，较丰产，稳产性好。蜜脆成熟期较嘎啦晚，较元帅系早 2 周左右成熟。果实扁圆形，果个大，果面着红色，有赤褐斑点。该品种容易缺钙，管理不当易引起苦痘病大量发生；叶片易发生失调症，黄化萎蔫并伴有斑点，但对树体及果实影响不大；果实扁圆、略带圆锥形，口感脆甜带酸，耐储存，有香味；果皮薄，着色鲜红，表光靓丽，着色面积因地域气候差异而不同，多表现条红。

蜜脆作为中熟品种，在果品品质及外观上均属一等，但采前落果较严重，管理当中要注重肥水及修剪操作，适时采收，减轻苦痘病、虎皮病、采前落果等危害。图 1.25 为盐源县蜜脆苹果结果状。

图 1.25　蜜脆结果状

2. 秦脆（图 1.26）

秦脆是西北农科科技大学利用富士与蜜脆杂交选育的。秦脆较富士易成花，早产性好，比富士更抗枝干病害，成熟期比富士早 7 ~ 10 天，大致 9 月下旬至 10 月初成熟（根据各地物候不同，成熟期不同）。秦脆着色鲜艳，着色全面，略显条纹；果个大，梗洼、鄂洼深，果型正；口感脆甜带酸，汁液多，硬度适中，盐源县很多果农经过比较对秦脆口感非常认可。秦脆综合来看，外观性状优良，品质上乘，对于适栽地区是值得发展的中晚熟品种。

3. 鲁丽（图 1.27）

鲁丽是山东省果树研究所选育的，在山东于 7 月底至 8 月上旬成熟，属于早熟品种。同大多数早熟苹果品种相比，鲁丽果实口感脆甜，无明显酸感，带有香气，且着色较好，高桩果型，果个一般。鲁丽品种抗病性较强，适于不套袋管理，着色可达到 80%以上，着色鲜红；同时鲁丽苹果耐储存，不易发绵，是早熟品种里难得的优良品种。鲁丽品种的管理需配合适当的树型及修剪、拉枝等处理，促进中短枝量，管理得当，产量高，果实经济性状好。管理若不得当，果个小、产量低，果实口感差。

图 1.26　秦脆苹果

图 1.27　鲁丽苹果

4. 其他新品种

2010 年我国从日本引进了由金帅自然杂交种子播种选育的新品种维纳斯黄金（图 1.28），其成熟期与红富士接近，可与富士搭配作为礼品果进入市场，有一定的发展前景。明月苹果是日本用赤城与富士杂交育成的新品种，1993 年原青岛胶南市从日本直接引入，在胶南表现良好，东南亚市场商品名称“金富士”。该品种树势中庸，容易成花，早果丰产性好，果形美观，果面光洁，甜度高，可溶性固性物含量 15%以上，品质优良，比较抗病等。不套袋果时为绿色，套袋果为黄色，早摘袋的果实，容易着条红色，在水果市场上被冠以水蜜桃苹果的商品名销售。

图 1.28　维纳斯黄金苹果

新品种层出不穷，广大果农朋友在引进新品种时应具备检疫手续，并在保证品种纯正的基础可先行高接或试种，必须了解新品种在本地的表现，对当地环境的适应性，并在深入了解市场接受程度、供需矛盾等基础上决定是否扩大栽培面积。

复习题与实践

1. 盐源县地理与气候环境有什么特点？与苹果生产有什么关系？

2. 了解常见品种的成熟期、着色特点、口感特点。

3. 实践要求：

（1）学会认识常见品种果树的枝条颜色、抽枝、萌芽特点。

（2）学会认识常见品种果实的外观特点。

第二章　苹果树育苗

【知识要点要求】

（1）了解盐源县苹果栽培在现有栽培技术下常采用嫁接苗的砧木特征。

（2）掌握实生苗的培育方法。

（3）掌握培养嫁接苗采用的嫁接方法与技巧。

（4）了解中间砧和自根苗的培育方法。

（5）理解果苗假植的意义，掌握果苗假植的方法。

第一节　嫁接苗的培育

果树嫁接苗是指某一品种果树的枝或芽接合到另一植株的枝干或根上，接口愈合成活为一株新植株后长成的苗木。嫁接不仅可以用在果树上，也可以用来培育其他花卉、树木，蔬菜栽培上也可使用嫁接苗。其中提供于某一品种的枝或芽叫作接穗，承受接穗的具有根系的部分叫砧木。嫁接时接穗如果是着生有芽的一小段枝叫枝接，接穗是芽的叫芽接。盐源县乔化砧一般采用实生苗，矮化砧大多采用自根苗，如 M 系列矮化砧。如果承受接穗的枝干是已经嫁接在砧木上的，那这部分枝干叫作中间砧，比如矮化中间砧，其中提供根系的部分叫作基砧，在基砧上嫁接的具有矮化效应的枝段叫中间砧，再在中间砧上嫁接栽培品种。

一般情况下提供接穗的母树具有优良的品种特性，已经开花结果，果树性状稳定，生长状况良好，不带传染性病虫害；提供根系的砧木对当地土壤、气候具有良好的适应性，与接穗亲和力强，根系发达。中间砧与接穗和基砧的亲和力都应强，具有某些优良特性，如矮化性。

一、实生砧木苗的培育

实生苗是指用种子播种繁殖获得的苗木。如盐源县嫁接苹果最常使用的乔化砧木丽江山定子就是采用的实生苗繁殖。

（一）常用作砧木的实生苗种类

1. 丽江山定子

丽江山定子是蔷薇科苹果属植物，乔木，对当地土壤和气候适应性强，与栽培苹果亲和力强，嫁接苗根系发达，枝梢长势强健，是盐源县最常见的乔化砧，盐源县绝大多数果农习惯直接称其为山定子，县城周围山麓杂木林中经常能看见它的身影。图 2.1 为晚秋山定子树，图 2.2

为山定子的花。除山定子外，嫁接苹果还常用平邑甜茶、海棠作为实生砧。

图 2.1　山定子果实

图 2.2　山定子的花

2. 平邑甜茶

也叫平邑海棠、蒙山甜茶，属蔷薇科苹果亚科苹果属植物，小乔木，是湖北海棠中的一个优良的大叶类型，是苹果、北美海棠的最佳砧木之一。其嫁接苗长势较稳、丰产、抗病耐瘠薄、寿命长。它具有抗旱、抗涝、长势极快、产量极高、根系特别发达等特点。最大优点是：① 抗涝，夏天地表积水 30 厘米持续 50 多天不会涝死，极抗旱、特抗寒、抗风沙、耐盐碱，喜肥沃耐瘠薄。② 抗病力极强，尤其抗腐烂病、根腐病、白粉病。用它做砧木所嫁接的苹果品质好、寿命长。

现在很多苹果良种育苗场或育苗企业培育苹果苗采用平邑甜茶作为实生砧木，图 2.3 为甜茶苗，图 2.4 为甜茶果实。

图 2.3　甜茶苗

图 2.4　甜茶果实

3. 海　棠

除山定子外部分果农采用海棠作为苹果的砧木，但据果农观察，海棠砧的长势远不如山定子。据部分果农描述海棠砧具有矮化性状，但没有具体的数据证明，图 2.5 为盐源县的海棠树。另外，盐源县的花红、林檎也可嫁接苹果。梨树嫁接苹果也能成活。

图 2.5　海棠

（二）实生苗的培育过程

1. 采　种

采集实生砧木种子时应选择品种纯正，生长健壮、无病虫害植株上充分成熟的果实，盐源县一般在秋季中后期。采果后堆沃，待果实软化甚至腐烂时用清水淘洗除去果肉、杂质，洗净种子并阴干。种子纯净度应在 85%以上，发芽率应在 90%以上。

2. 层积处理

中晚秋采种后砧木种子实际没有完成成熟过程，此时播种不会发芽。秋播种子要在苗圃地经过后熟，萌芽率降低。春播种子在播种前需要进行层积处理以完成后熟，来年播种方可发芽。层积处理常采用沙藏法，可开沟或用池子、木箱等。用干净湿河沙与种子分层储藏，湿沙用量为种子的 3～5 倍，不能太深，否则影响透气。温度 2～7 摄氏度，最低温 –5 摄氏度，湿沙含水量为最大持水量的 60%左右，以手握能成形而不流水为宜。沙藏时间 50～60 天。一般情况下，在盐源县除河谷温暖地区外，选择阴凉，通风，不积水的地方或无太阳直射，不烤火的室内，冬季均可完成后熟。如后熟期间通气不良会使种子二次休眠，播种也不能发芽。

3. 整地和施基肥

苗圃地应选择肥沃、灌溉条件好、交通道路条件好、不易形成旱涝灾害的沙壤土，如能选择上沙下黏的层次结构的土壤最佳。苗圃地每亩施腐熟农家肥 5000 千克以上、深耕 20 ~ 30 厘米，耙平、做畦（畦宽 1.6 米）、灌水沉实。

4. 播　种

2 月中下旬当日平均气温达 5 摄氏度以上，地温（地表下 5 厘米处）达 7 ~ 8 摄氏度即可播种。播种的方法分为条播、撒播和点播，山定子播种量大时采用撒播，一般采用条播。每亩用山定子 1 千克。播种深度：山定子 0.5 ~ 1 厘米，覆土后耙平盖松毛、谷草 4 厘米左右或盖炭渣后覆盖地膜。

5. 幼苗出土前后的管理

幼苗出土前，除去盖草；幼苗出土后，逐渐去膜；幼苗长出 2 ~ 3 片真叶时即可间苗或移栽；如育苗移栽的要带土移栽，在早晚进行，移栽以株距 15 ~ 20 厘米，行距 20 ~ 25 厘米为宜，如采用宽窄行，窄行距 25 厘米，宽行距 50 厘米。不能太密集，以方便嫁接，也有利于幼苗生长。3 ~ 4 片真叶时定苗，间苗时匀除弱苗，每亩留苗约 8000 株，匀苗时如果不进行移栽应注意株距。幼苗长出 5 ~ 6 片真叶时，可中耕保墒，促其生根；1 个月后为了满足幼苗迅速生长，应适当增加灌水次数，5—6 月结合浇水每亩追施纯氮 2 ~ 3 千克，7 月上中旬每公顷追施复合肥 10 千克，并及时中耕除草。并抹除幼苗基部分枝，以利于嫁接。

二、嫁接苗的培育

1. 接穗采集

在树势健壮、高产、优质、无病虫害、品种纯正的母树上采集接穗。选发育充实芽体饱满的一年生枝，进入休眠期至萌芽前采集。采集好的接穗最好按每捆 50 或 100 枝捆扎，并标明品种，以免嫁接时忘记品种。采后沙藏，湿沙的湿度为 60% ~ 80%，接穗剪下后剪口最好用接蜡封头。

2. 嫁接时期、方法

（1）时期：盐源县一般在早春树液开始流动至发芽前嫁接，多在春节后 2 月中下旬气温回暖，砧木根系开始活动时进行。

（2）方法：盐源县枝接法育苗一般采用劈接法。接穗、砧木的削法和接穗的插入如图 2.6。

接穗削面长度多为 2 ~ 3 厘米，砧木粗度较大时接穗可长一些，接穗插入时尽量将接穗和砧木两边形成层对准，如砧木和接穗直径差异大，尽量对准一边。插入后用嫁接膜或塑料薄膜绑扎，绑扎时要包严伤口，包括接穗顶部，或用接蜡封头。

3. 嫁接苗的管理

（1）嫁接后 1 个月内要经常检查，15 ~ 20 天时检测成活，未成活的及时补接。接穗萌芽后检测接口愈合情况，在嫁接后 40 天左右时完全愈合可逐步去掉嫁接膜。嫁接愈合过程中及成活以后，要及时除去砧苗上的萌蘖，未成活的应及时补接，以保嫁接苗成活和促进接穗生长。图 2.7 为次年的砧木萌蘖。

（2）新梢生长到 30 厘米时在大风地区要立支柱绑缚嫁接苗，以防风折（图 2.8）。一般解嫁接膜与立支柱同时进行。

（a）接穗的削法　（b）砧木的削法　（c）接穗的插入

（d）形成层至少一边对齐　（e）嫁接膜绑扎，可封头

图 2.6　劈接法

图 2.7　未成活嫁接苗次年的砧木萌蘖

图 2.8　立支柱防风折

（3）肥水管理：嫁接成活、接芽萌发后，要及时浇水，全年浇水 3 ~ 4 次，4—7 月份为嫁接苗速长期，结合浇水每次每亩追施纯氮 2 ~ 3 千克，以促进接穗生长，加速苗木增高与增粗，到 7—8 月份时，喷施磷、钾肥，促进苗木木质化。浓度为：磷酸二氢钾 0.2% ~ 0.3%，过磷酸钙浸出液 0.3% ~ 0.5%，草木灰浸出液为 3%左右；进入 8 月份以后，要控制苗圃地湿度，保持土壤适当干旱，防止苗木贪青生长停止过晚而不充实。

（4）病虫害防治：经常巡查苗圃，提早发现病虫害，并及时防治。

（5）嫁接苗管理过程中常见的情况分析：

① 观察图 2.9 的嫁接苗，可见砧木苗株距过小，不利于嫁接操作及苗木生长；接穗剪口过平、过高，不利于剪口愈合；绑缚物如嫁接膜未及时解除；接穗上过低分枝未及时抹除。

② 观察图 2.10，嫁接苗出现“大小脚”现象，砧木比接穗粗叫大脚现象，接穗比砧木粗叫小脚现象。如果嫁接口愈合良好未出现膨大现象，一般嫁接苗都会正常生长。苹果采用劈接育苗时接穗削面较长对愈合更有利。图 2.10 中出现了“小脚”现象，证明砧穗的加粗生长速度不一致，但嫁接口愈合良好，接口未出现异常膨大状况，不影响嫁接苗的生长。但在大风地区，幼苗期可立支柱扶干。嫁接口愈合不良时如采取乔化栽培的整形方式，树冠大有被大风刮断的风险。如嫁接口出现愈伤组织膨大，说明愈合不良，一般会被大风刮断。

图 2.9　嫁接苗

图 2.10　嫁接苗的“小脚现象”

4. 苗木的假植、包装、运输

在起苗后，不能及时栽种的苗木，为防止苗木根系和枝条失水或者受冻，应进行苗木假植。按照假植时间的长短又分为临时性假植和越冬假植。

（1）临时性假植：对已经分级，扎捆，不能及时运走的苗木或者到达目的地不能立即栽种的苗木，需要进行临时性假植。方法就是，直接就地挖沟，成捆的将苗木立植于沟上，最好用湿沙或湿沙壤土埋好根茎，以便栽植时起苗不伤根，或者将苗木放在阴凉潮湿的地方，喷洒清水，用棉布或者塑料袋等包好根系。

（2）越冬假植（图 2.11）：对晚秋起苗而第二年春天栽植的苗木，需要进行越冬长期假植。方法是在背风光照好，地势较高，地面平坦，无积水的地方挖假植沟，南北方向开沟，沟深 80 ~ 100 厘米，宽 1 米左右，沟的长度按照苗木数量而定。先在沟底铺一层厚厚的湿沙，沙的湿度要高，80%左右，用手握住时能成团，水能湿手但不外漏。然后将苗干向南倾斜成一个锐角，成捆整齐的苗木排放在土沟内，摆放 1 层树苗，撒上 1 层细沙，使果苗的根系位置与湿沙紧密接触，不留丝毫空隙，培沙的高度要达到果苗高度一半左右，最好在假植沟上覆盖草帘和秸秆等保湿。实在没有湿沙，可用沙壤土代替。

图 2.11　越冬假植

5. 苗木检疫

按植物检疫条例严格进行产地检疫，苗木经检疫合格后外运。

此外，现在苗木的培育越来越重视无病毒苗木的培育，以减轻栽培过程中果树检疫病害的发生。如果外销苗木，要进行分级。购进苗木一定要注意检疫，品种要纯正。

三、矮化中间砧苗的嫁接

1. 矮化中间砧的组成

图 2.12 所示为矮化中间砧苗的组成。盐源县一般基砧采用实生苗（如丽江山定子），中间砧采用一定长度的矮化砧枝段（如 M26），再在矮化中间砧上嫁接栽培品种（如短枝型品种）。

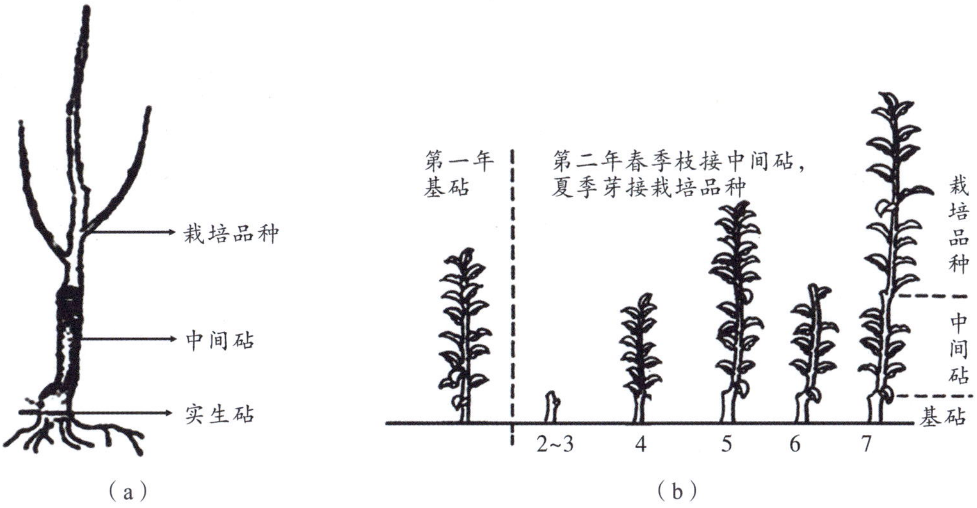

图 2.12　矮化中间砧苗的组成方式

注：以实生砧为基砧，矮化砧枝段为中间砧，再嫁接栽培品种。

2. 矮化中间砧苗的嫁接

为了快速育苗，一般在基砧上嫁接的前一年秋季先行在中间砧上嫁接栽培品种，次年将带有栽培品种枝段的接穗嫁接在基砧上就行了。

（1）栽培品种的嫁接：把栽培品种嫁接在中间砧上一般用嵌芽接法（图 2.13）。嵌芽接一般在前一年秋季枝条半木质化至木质化时嫁接，嫁接时将栽培品种接穗（芽）按 20 ~ 25 厘米的距离嫁接在中间砧上（一般中间砧较长矮化效应较强），一株中间砧苗上就可以嫁接多个栽培品种的接芽，次年在正常嫁接时间在 2 个接芽上约 0.5 厘米处按短切的方法剪下，这种接穗是带有中间砧和上面一个栽培品种接芽的枝段，然后用劈接法嫁接在基砧上。一般 2 个接芽距离越大矮化作用就越明显，但太长影响中间砧在基砧上的嫁接成活率。也可以先在基砧上枝接中间砧，夏秋在中间砧上一定距离芽接栽培品种接芽或次年春按一定长度枝接栽培品种。图 2.13（a）所示为接芽（穗）的削法，在接穗芽的上方 0.5 厘米左右下刀，向芽下方削 1 ~ 1.5 厘米，再在芽下 0.5 ~ 1.0 厘米处以 30 ~ 45 度角斜削一刀将接芽取下，接穗带有木质部，可明显观察到形成层。图 2.13（b）所示为砧木的削法：在砧木平直处按接穗的削法削一个嵌口，大小与接穗相似。嵌入接穗，注意砧穗形成层至少一边对齐。图 2.13（c）所示为用嫁接膜或者塑料带绑缚，露出接芽和叶柄（或无叶柄）。如秋季嫁接时接芽带有叶片，剪去叶片，叶柄长度保留 1 厘米左右，1 月后叶柄松动或脱落标志嫁接成活，叶柄干枯不脱落则未成活，应及时补接。

（a）　　（b）　　（c）

图 2.13　嵌芽接

（2）中间砧的嫁接：把中间砧嫁接在基砧上常用劈接法，即把前一年秋季嫁接的带有中间砧接芽的一定长度的枝段用劈接法嫁接在基砧上。图 2.14 中下面的嫁接口在削砧木时未从砧木正中间劈开，出现了轻微“歪脚”现象。砧木和接穗粗度差异大时尽量对准一边形成层。图 2.14 上面的接口采用的是嵌芽接嫁接栽培品种，2 个接口之间的枝段是矮化中间砧。在实际栽培中，常将中间砧的一部分埋在土壤中，中间砧埋土后生根，树体长势会有所增强，矮化效应减弱。

图 2.14　矮化中间砧的组合方式

第二节　苹果自根苗的培育

一、自根苗的含义

自根苗是指用扦插、压条和分株繁殖得到的苗木，拥有枝条自身发出的根系，所以叫自根苗。主要区别是嫁接苗的根系来自砧木的根系。苹果矮化砧常采用自根苗中的压条繁殖法繁殖矮化砧木。压条繁殖法是指将母树的枝或叶压入土壤中产生不定根后从母树分离幼苗能依靠幼苗自身根系独立生活的苗木繁殖方法。根据母树的压条方式又分为直立压条、空中压条和水平压条。

二、苹果矮化砧自根苗的繁殖方法

苹果矮化砧自根苗的压条方法常用直立压条和水平压条法。

1. 苹果矮化砧直立压条的繁殖方法

春季开沟做垄，沟深、宽均为 30～40 厘米，垄高 30 厘米，将矮化自根苗定植于沟内，株距 30～50 厘米。如图 2.15，萌芽前，母株留几个饱满芽短截，一般 15 厘米左右，促发萌蘖。当新梢长到 15～20 厘米时进行第一次培土（培土用混合土：园土、腐熟锯末、细沙土各占 1/3，其中园土混有适量的腐熟细土粪），培土高度约 10 厘米，宽 25 厘米。

培土时对过于密集的萌蘖要适当使其分散。培土后还要灌水，并适当在行间施腐熟有机肥和磷肥。培土后约 1 个月，新梢长达 40 厘米左右时，进行第二次培土，培土高约 20 厘米，宽 40 厘米，培土后注意保持土堆湿润，一般培土后在开始入冬前 20 天左右即可分株起苗。先扒开土堆，对每根萌蘖在母株基部留 2 厘米剪截，未生根的萌蘖也应同时剪截。起苗后培土，第二年春继续进行繁殖。

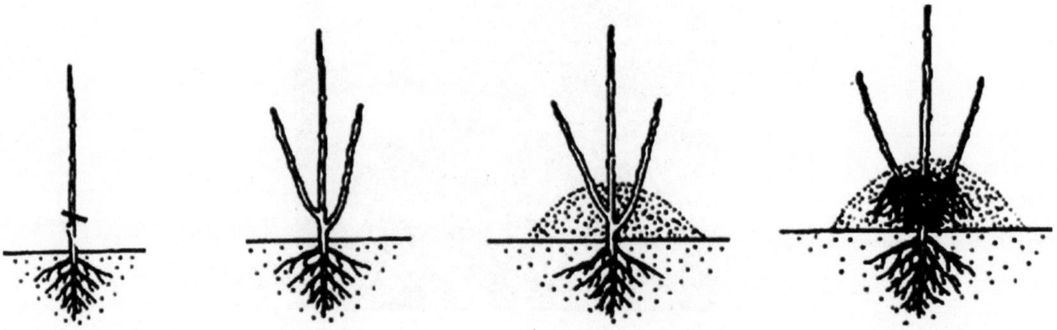

（a）萌芽前短切　（b）并促发萌蘖　（c）新梢 15 ~ 20 厘米第一次培土　（d）新梢 40 厘米左右第二次培土

图 2.15　直立压条的主要步骤

2. 水平压条的繁殖方法

选用根系良好、枝条充实、粗度较均匀和芽眼饱满的砧苗体作为母株，剪留 50 厘米。母株苗栽植前充分浸水，经泥浆浸根后在栽植沟内按株距 30 厘米、与地面呈 30 ~ 40 度夹角、梢部向北倾斜栽植，垂直深度约 15 厘米，然后填土踏实，连续灌 2 次透水后封土。封土后的栽植沟平面应低于原地平面 3 ~ 5 厘米。母株苗定植后要及时覆盖地膜，母株苗栽植成活后，待苗干多数芽萌发（4 月中旬）时，顺母株苗栽植的倾斜方向将苗干压倒在略低于地面的栽植沟内，间隔和长势不足的萌芽抹去，中部用木钩或铁钩固定拉倒埋入地下的砧苗，防止苗干压倒后中部凸起。可以用刻芽等措施促进压条背上芽萌发。待苗干上多数新梢长至 15 厘米以上时进行第 1 次培土，用土与直立压条一样，培土厚度为>5 厘米，以后随着新梢不断长高增加培土厚度，每次培土间隔约 15 天，7 月上中旬进行最后 1 次培土，培土总厚度为 20 ~ 30 厘米。此时栽植沟经多次培土已形成大垄。砧苗生长期内保持苗床内的湿度，含水量为田间持水量的 60% ~ 80%。除每次培土前都要灌水和适度追肥外，还要根据土壤含水量情况随时灌水。如图 2.16，当年晚秋或次春，将苗床的培土全部扒开，露出水平压条的母株苗干及其上一年生枝基部长出的根系。将每条生根的一年生枝在基部留 1 厘米的短桩剪下成为砧苗，而压倒的母株苗干及苗干上留下的一些有根的短桩则留在原处。短桩上的剪口斜剪，以便下一年从剪口下萌发新梢继续培土生根。母株苗干上长出的未生根的一年生枝可留在原地不剪，可继续水平压条，压条时应与原母株苗干平行，并使其有 10 厘米的间距，母株苗干上长出的未生根的细弱枝全部剪除。剪苗后原母株苗干重新培土，灌水越冬。晚秋剪下的砧苗分级后，窖藏用湿砂培埋（类似假植）越冬，翌年春季作为砧木苗利用。春季剪下的砧木苗可以直接定植，成活后嫁接。

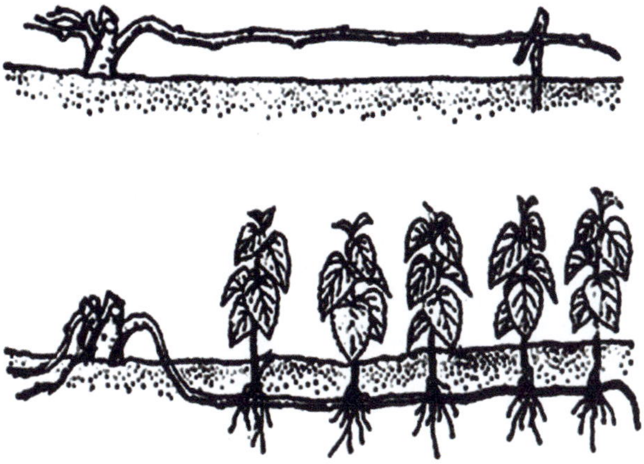

图 2.16 水平压条示意图

3. 自根砧的优缺点

自根砧与实生砧的优缺点恰好是互补的。实生砧骨干根发达，根层深厚，固地性强，适应性强，抗逆性强，虽然进入结果期晚，但经济寿命长。而自根砧无骨干根，须根发达，固地性差，常需要支架绑缚主干以抗倒伏，相对于实生砧而言适应性差，抗逆性弱，所以对土壤和肥水条件要求高，但在土层深厚时，固地性有所增强，早实性好，丰产能力强，经济寿命增长，也可以看出自根砧对土壤肥水条件要求很高。图 2.17 为压条起苗时刨开培土时观察到的根系，图 2.18 为栽植前浸水后的自根砧根系，可看出须根发达，无实生苗的骨干根。

图 2.17 直立压条培土深度

图 2.18 直立压条的根系特点

三、矮化砧培育的历史和种类简介

从全世界来看，英国是最早开始提出并进行苹果矮化栽培的国家，1872 年英国园艺学会首先提出对苹果矮化栽培进行分类研究，1912 年英国东茂林试验站的 Hatton 将其定名为营养系砧木，推动了世界苹果矮化砧木应用进程。世界各国也开始了苹果矮化砧木的选育工作，如英国的东茂林试验站选育出 M、MM、MAC-1、DAR 系等，波兰园艺所选育出 P 系，德国选育出 J 和 P 系，加拿大选育出 ottawa3 和 O 系，苏联米丘林大学选出 B 系，美国选出 MAC 系、K 系、ORA 系和 CG 系等。我国在 20 世纪 50 年代引进了 M 系矮化砧，以后又引进了英国的 MM 系、波兰的 P 系、苏联的 B 系、美国的 CG 系、加拿大的 O 系和瑞典的 A 系等。利用引进材料进行杂交，各地相继选出了许多矮化砧木，如辽砧 2 号、SH 系列、GM256、青砧 1 号、2 号等，开展了矮化砧木应用与推广。现在我国栽培中采用最多的为 M9，对试验性栽培的 M7、M26 均有报道，M26 多用作半矮化砧。

M9T337 是荷兰木本苗木植物苗圃检测服务中心从 M9 选出来的脱毒 M9 矮化砧木优系，又称 NAKBT337，比 M9 矮化程度大 20%，易压条繁殖，是我国现在矮化栽培采用最多的矮化砧。果业发达国家（如意大利、法国、荷兰等）广泛推广并已获得巨大成功的高纺锤树形果园多采用这种矮化砧。该砧木具有更好的苗圃性状，除了压条易繁殖外，还能春季利用硬枝进行扦插生根，苗木生长整齐。叶片略小，易萌发二次枝。果业发达国家生产上利用该砧木，将两年生自根砧成品苗于 60 ~ 70 厘米处短截，培育成带分枝的大苗，建园成形快、结果早，通常第 2 ~ 3 年即形成可观产量。M9T337 矮化自根砧育苗具有育苗简单、园貌整齐、结果早、产量高、品质好等优点，是世界苹果生产发展的趋势。2011 年，烟台市果茶工作站利用国家项目支持，从意大利引进一批 M9T337 脱毒砧木，定植于山东省莱州市小草沟大自然园艺科技有限公司繁育基地。通过 3 年的实验研究，和对前人育苗经验进行归纳总结，提出了 M9T337 矮化自根砧育苗的技术流程，从砧木母本园建设、砧木繁育、苗木繁育、嫁接技术、嫁接苗管理、土肥水管理和培养带分枝大苗 7 个方面，对 M9T337 矮化自根砧苹果苗的繁育技术进行了很多研究工作，取得了丰富的矮化砧自根苗繁育经验。

复习题与实践

1. 苹果栽培常用的几种砧木各有何特点？
2. 繁殖乔化砧和矮化砧各采用什么方法？
3. 实生苗繁殖的过程是怎样的？
4. 怎样管理好嫁接苗？
5. 矮化中间砧的组成是怎样的？
6. 简述直立压条和水平压条的繁殖过程。
7. 自根苗根系有何特点?与实生苗根系有何区别?
8. 怎样进行越冬假植?
9. 实践要求：

（1）认识丽江山定子和平邑甜茶苗木特点。

（2）熟悉劈接法的操作过程。

（3）熟悉嵌芽接的操作过程。

（4）认识矮化中间砧苗木。

（5）认识自根苗的根系特点。学会用扦插、压条的方法进行苗木繁殖。

（6）能进行苗木假植操作。

第三章 园地的选择、规划与定植

【知识要点要求】

（1）了解果园地址选择的要求。
（2）了解果园规划要点。
（3）理解果树栽植方式、栽植密度。
（4）理解砧穗组合与栽植密度的关系。
（5）理解影响栽植密度与栽植方式的因素。
（6）了解苗木栽植时期，掌握苗木栽植技术。
（7）理解计划密植的含义。
（8）理解授粉树配置的意义，掌握授粉树配置的方法。

第一节 园地选择

一、果园地气候条件要求

盐源县主栽苹果的地区年平均气温 11～13 摄氏度，1 月份平均气温 5～7 摄氏度，7、8 月均温 17～18.5 摄氏度，年日照 2200～2600 小时，≥10 摄氏度的积温 3300～3650 摄氏度，无霜期 205～215 天，年降雨 780～850 毫米，空气相对湿度 55%～65%，年蒸发量 2300～2400 毫米，苹果着色期日照率在 65%以上。在盐源县海拔 2500 米左右，昼夜温差较大的地区所产苹果品质较好。而雅砻江及很多支流河谷地带年均温较高，不适于栽植苹果。

二、产地土壤环境条件

苹果根系要求土层深厚，结构良好，土层厚度在 60 厘米以上沙壤土、壤土等质地良好的土壤；微酸性或中性，pH 值 6.0～7.5，有机质含量在 1.5%以上，地下水位在 1 米以下，灌排水条件好的地方。地下水位较高的地方应规划和设置排水系统或设施。沙土、黏土必须改良。

第二节 园地规划

一、果园规划

果园应根据面积大小和地形合理规划，此外还要考虑栽植密度和方式。坡度较小的，面积较大的可划分小区，与必要的道路、防护林，排灌和蓄水、附属建筑设施配合。有风害地区需营造防风林，防护林与常年有害风向垂直，防护林间距小于树高 25 倍。小型果园至少有一条道路与果树行向垂直，规模较大的果园主路最好能通行载重汽车，主路与支路相连，如图 3.1，支路与小路相连，小路通向果树行间。道路的规划最好与灌排水系统配合，如图 3.2。

图 3.1　主路与支路或小路相连，小路与果树行间垂直

图 3.2　道路与灌排水系统配合

二、山地果园地形改造

平地及坡度在 15 度以下的缓坡地，栽植行向为南北向，与太阳光起落方向垂直。坡度较大的山地，保持水土非常重要，建园时最好修筑水平梯地，栽植行的行向与梯地走向相同，如条件不允许可先栽植成鱼鳞坑（图 3.3），慢慢改造成梯地，采用沿等高栽植；条件许可的可按栽植方式和密度先沿等高线改造成水平梯地后再栽植（图 3.4）。

图 3.3　挖掘鱼鳞坑

图 3.4　先改梯地再等高栽植

山地果园可沿等高线先挖“鱼鳞坑”，将表土堆放在坑的两侧，心土置于坑的下方，回填时将上方的肥沃表土先回填，再回填置于两侧的表土，逐年将“鱼鳞坑”改造成梯地。

第三节　果树栽植

一、确定栽植密度及形式

确定栽植密度和栽植方式非常重要，树苗一旦栽植，以后的管理也依栽植密度和方式而定，在规划果园时一定要根据自己的栽培管理水平、立地条件和砧木种类、品种特性综合考虑。砧穗组合方式是确定栽植密度、方式及配套管理措施最重要的因素。

1. 栽植密度

（1）合理密植：合理密植是提高早期产量和单位面积产量的有效措施。合理密植可以提高光能的利用率，随着栽植密度的增加，单位面积内叶面积增加，光合作用增强，增加了物质积累，可以提高单位面积产量。同时，密植促使根系向深层发展，提高土地利用率，还能改善园地的小气候。由于树冠较小，管理方便，可以提高工效。合理密植除了适当增加株数，还必须狠抓土、肥、水综合管理，合理地进行整形修剪，科学运用促花保果技术，才能达到优质丰产的目的。栽植密度应根据果园的地势、土壤、气候、栽培的品种、砧木类型和管理技术水平确定。一般地势平坦、土层厚、土壤肥沃、气候温暖、雨量充足、生长期长的地方，树势生长旺盛的品种，可适当稀一些；而山坡地、土层浅、土质瘠薄、低温干旱的地方，树势缓和的品种，应适当密一些。

盐源县在确定栽植密度时最主要考虑的是砧木类型、品种特性和立地条件。采用矮化栽培的可采用（1～3）米×（2～4）米，即株距1～3米，行距3～4米（行距至少比株距大1米），每亩55～222株。图3.5为矮化密植栽培的栽植方式。

图3.5　矮化密植的栽植方式

采用矮密栽培在确定栽培密度时还要考虑矮密栽培采取的栽培技术。如图3.6，采用双矮栽培的密度最大（双矮是指采用矮化砧或矮化中间砧加短枝型品种的矮化技术），可采用（1～2）米×（3～3.5）米；仅采用矮化砧的密度其次，可采用（1.5～2.5）米×（3～4）米；半矮化砧、矮化中间砧加普通品种的一般 3 米 ×（4 ~ 5）米，采用短枝型可适当缩短株行距；乔砧加短枝型的一般 3 米 ×（4 ~ 5）米。如图 3.7 短枝型品种节间短、枝条相对较粗壮、萌芽率高、易形成短果枝，成枝率低，不易抽生长枝，树冠紧凑，适合密植。

图 3.6　矮密栽培注“M9T337+首富 3 号”

图 3.7　短枝型与普通品种枝条相比

（2）乔砧稀植：比如盐源县的丽江山定子为砧木的稀植，行距最好 5 米或 5 米以上，株距至少 3 米以上，盐源县多采用（3 ~ 4）米 × 5 米。

（3）计划密植：即先密后稀，按计划间伐或间移临时性加密树，栽植时先确定临时性树和永久性树，永久性树按正常方式和密度栽植，临时性树可栽植在永久性树的株间或行间，整形修剪和肥水管理时分别对待，以后两者发生矛盾时处理临时性树，最后淘汰临时性树，就只剩下栽植密度较稀的永久性树，如图 3.8，栽植密度为 2 米 ×4 米，经过逐渐间伐密度成为 4 米 ×4 米。计划密植园栽植时永久植株和临时植株同时定植。在幼树期间栽植密度较大，以弥补由于树体小、枝量少、叶面积不足的问题，增加了叶面积系数（平均单叶面积 × 叶片数 ÷ 调查的面积，即叶面积/栽培面积 = 叶面积系数），尽快使枝叶满冠，树满园，有利于充分利用光能，形成更多的有机物质，发挥群体结果优势，从而获得较多的果实，提高单位面积产量。待枝叶过密时，再逐年通过回缩修剪或移植、间伐临时果树，调节

图 3.8　计划密植淘汰加密树

群体结构，减少密度使产量稳步上升。

2. 栽植形式

果树的栽植形式，即果树栽植的方式。应以充分利用土地和光照、便于耕作和管理、有利于机械的使用和行间间作、且能提高单位面积产量为原则。栽植时果树的行向一般为南北向，即与太阳起落方向垂直，山地果园可采用等高栽植，常见如下几种形式。

（1）等高栽植：是丘陵山地果园常用的一种形式。果树按等高线栽植，有利于水土保持，管理也很方便。

（2）长方形栽植：行距大，株距小。由于行间距离大，通风透光好，便于耕作和间作，株距小能减少风害，增加株数。

带状栽植：也叫宽窄行栽植，以两行或几行作为一带，带与带间距离加大，带内株数较多，可以合理密植。窄行行距小，是带内距，宽行行距大，是带间距，适合国外机械化操作。

长方形栽植：图 3.9 为长方形栽植，此栽植方式行距大于株距，一般行距比株距大 1 ~ 2 米，行间宽便于果园管理操作，也利于通风透光，是最常采用的栽植方式，不论密植还是稀植都多采用长方形栽植。

图 3.9　长方形栽植

（3）三角形栽植：按等边或等腰三角形栽植。三角形栽植的优点是相对长方形和正方形而言的，主枝的延伸可以对准下一行两株果树之间的空隙处，减小了两行相对的两株果树主枝之间的矛盾（图 3.10）。在相同栽植密度下尽量提高了每株果树的空间利用率，也尽量减小了对另一行果树光线的阻挡。盐源县许多乔砧果园，采用 3 米 × 5 米栽植密度时采用这种栽植方式。在许多较宽的山地梯田或撩壕果园，利用这种形式可以充分利用空间，光照好。即第二行的果树对着第一行的株间，适合稀植整形。

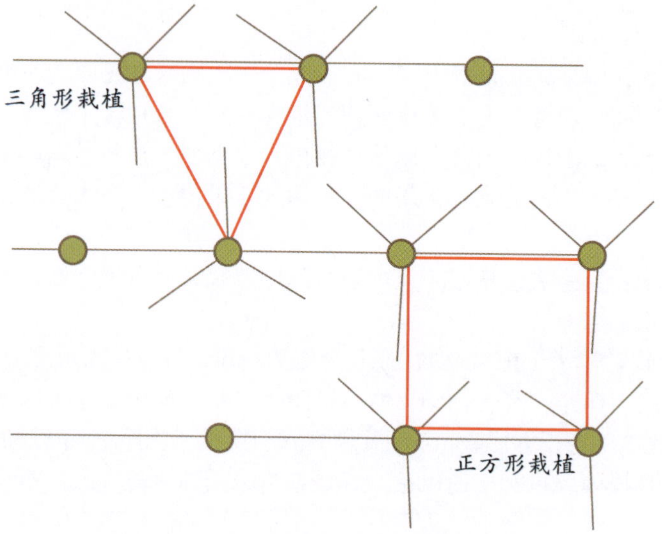

图 3.10　三角形栽植与正方形栽植的比较

（4）正方形栽植：即株、行距相等，是过去采用较多的方式之一，通风透光，便于耕作和管理，但土地利用不经济。盐源县以前很多果园采用 4 米 ×4 米的栽植方式，现在已经很少采用了。

二、栽植时期

栽植时期要根据当地气候条件确定，盐源县一般在秋季落叶到春季萌芽前都可栽植。冬季相对较温暖、土壤湿度大的地区宜秋栽，在苗木落叶到寒冬来临之前进行。秋末冬初栽植时间较长，劳力容易安排，这时苗木贮存养分多，伤根容易愈合，来年春季土温升高根系活动就能吸收水分和养分供应苗木生长，因此成活率高，生长好，但栽植当年冬季必须加强管护。冬春寒冷或干旱、多风的地区，以春季发芽前栽植即春植为好。

第四节　栽植方法

一、定点挖穴

根据栽植密度确定提前挖定植穴或是定植壕，不论哪种方式都要确定果树栽植的位置。栽植前，应按照预定的株行距用石灰、木棍或秫秸标记栽植点。丘陵山地如果已经修好梯田，可按株距顺梯田定点，把点定在梯田外沿向内的 1/3 处。梯田面宽可栽双行时，可按三角形栽植方式定点，若先栽树后修梯田，必须沿等高线定点。

挖栽植穴（沟）最好提前进行，秋栽可夏季挖，春栽必须上年夏秋挖。提前挖穴可以使穴（沟）内土壤和有机肥有较长熟化时间。一般新建园，采用乔砧的，定植穴深 80 厘米，直径 1 米或边长 1 米深 80 厘米。采用矮化砧的深度要浅一些，一般 60 厘米左右。计划密植园，因为株距小，若挖穴操作不方便，应挖沟栽植，沟深 80 厘米宽 1 米。长度应根据园地实际情况决定。挖土时，表土放在一边，底土放另一边，如图 3.11。春植果苗一般在前一年夏秋回填，回填时，先将作物秸秆、杂草、绿肥、炭渣等土杂肥与部分表土混合回填放入底部，边填边踩实。土壤酸性强的可适当撒些石灰。填至一半深时，将有机肥（粪肥和厩肥最好，也可用饼肥、堆肥，适当加钙镁磷肥 1 ~ 1.5 千克）与附近的表土混合填入坑内，离地面 20 ~ 30 厘米时堆成一尖土堆。余下部分，到栽树时再回填。如山地果园，先把挖出表土堆放在两侧，底土放置在下方，定植穴上方的表土先回填，挖出的表土后回填，方便改为梯地。每亩施有机肥最好达到 5000 千克左右，以增加有机质，提高土壤肥力。

图 3.11　定植穴回填土

二、定植技术

1. 乔砧苗木的栽植

乔砧果苗根系发达，定植时先在定植穴内回填表土，堆成一个圆锥形小土堆，把苗子的侧根整理好，根系自然均匀地放置在土堆四周，然后回填，回填 10 厘米左右把松土踏紧，轻轻提一下苗子，再回填，与定植穴平时再踩踏一次，一般回填土壤比定植穴口高 5 厘米（浇水后会下沉与穴口齐平），然后在树干四周把土堆成一个小水库状后灌定根水，最好盖薄膜，再覆盖土壤把薄膜边缘压实，以防大风把薄膜吹开，如图 3.12。如果是带土球的果苗，直接将苗放入穴中，填土后浇水即可，注意不能将土球压散。要浅栽植，即嫁接口应露出地面 5 厘米左右。定植后将苗木周围的土培成外缘稍高、中间稍低的圆盘，浇足定根水。定植后没有盖薄膜的晴天每星期浇水一次，阴天半个月浇水一次，直至成活。

图 3.12　完定根水后覆盖薄膜

2. 矮化中间砧果苗的栽植

在肥水条件中等的地区，栽植时要适当深栽，中间砧露出地面 1/3 左右；图 3.13 箭头所指为中间砧，在肥水条件较好的地区，中间砧露出地面 1/2 左右，甚至更多。具有抗旱、抗寒、抗倒伏能力强，生长健壮，早果、丰产、优质等特点。中间砧入土越多，生根后会降低矮化效应。

图 3.13　中间砧部分入土

三、栽植时苗木的处理

1. 消　毒

如苗木来源地或栽植地有棉蚜及其他土传病害，对苗木要进行集中消毒。可用毒死蜱 800 倍液 + 50%多菌灵 500 倍液蘸根。休眠期棉蚜不易防治。

2. 促　根

（1）促根措施：用生根粉（ABT 1 号）或萘乙酸等处理根系，或兑成泥浆水处理根系，利于促发新根，可显著提高成活率。

（2）苗木最好带土栽植，如未带土栽植，栽前再沾上泥浆。

（3）根系处理措施：如图 3.14，乔砧果树的垂直根如果发育过于粗大，容易造成地上部长势强旺，易徒长，推迟结果。所以，在肥水条件较好的地区栽植乔化果树时，对幼旺树可通过控制垂直根、培养水平根的修剪措施，达到矮化树体促进早结果的目的。为了保护根系，苗木最好随挖随栽，苗木质量是影响成活率的关键，根系越完整成活率越高，矮化自根砧苗木无骨干根，可带土（或营养钵）移栽，减少须根数量损失，提高成活率，如图 3.15。

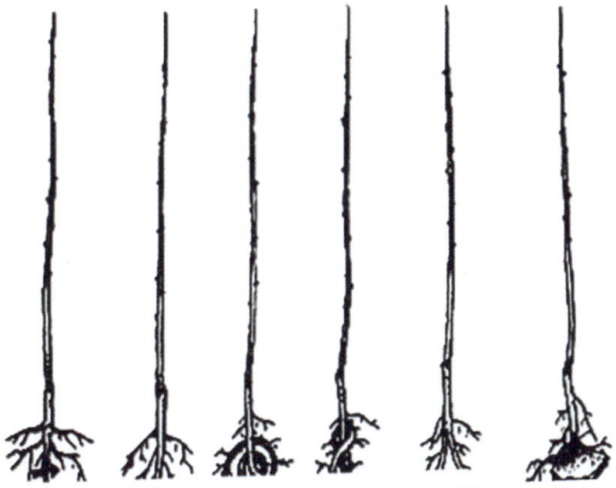

图 3.14　乔砧苗木根系处理示意图

图 3.15　矮砧根系

（4）栽植前将苗木整体浸入清水中浸泡 24～48 小时，使其充分吸水，如果室外有阳光照射要盖遮阳网。

第五节　授粉树的栽植

苹果多数品种自花授粉不结实或结实率不高，即使是自花授粉能结实的品种，进行异花授粉增产、提质的效果更好。因此，建园时必须配置好授粉品种。苹果树的传粉方式是虫媒花，主要依靠蜜蜂传粉，花期放蜂可提高坐果率。红富士可配置秦冠、红星系列、金冠、嘎啦、华冠、华硕等，它们之间可相互授粉。主要的栽植方式为行列式（图 3.16）和中心式（图 3.17）。主栽品种与授粉树之间的比例根据经济价值和管理成本来定，比例可为（1～8）：1，距离越近越好，最远不应超过 50 米。乔纳金、陆奥、北斗等三倍体品种不能用作授粉树。另外，据文献报道，海棠花可作为苹果的优秀授粉树，具有花量大、进入开花的树龄早、开花期较苹果早、花期长、易采集花粉等优势。

图 3.16　行列式（红色品种为主栽品种，黄色与红色品种互为授粉树）

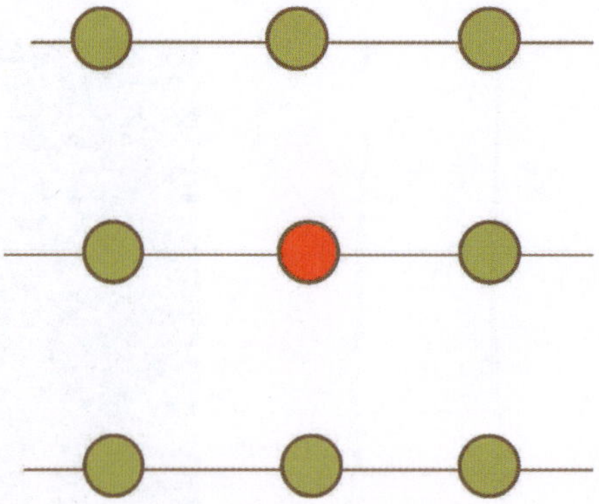

图 3.17 中心式

注：主栽品种经济价值高采用中心式，红色圆点表示授粉树。

复习题与实践

1. 影响苹果栽植密度的因素有哪些？
2. 果园规划要考虑哪些因素？
3. 果树不同栽植方式有何特点？
4. 怎样确定栽植密度？
5. 盐源县苹果苗木的栽植在什么时期？怎样栽植苹果苗？
6. 计划密植是什么含义？
7. 怎样配置授粉树？
8. 实践要求：

（1）实地观察不同栽植方式、不同砧穗组合的栽植密度及其对果树生长结果的影响。

（2）实地考察果园道路、灌溉系统的规划。

（3）栽植 1 株乔砧苹果苗。

第四章　苹果树生长发育的一般规律及与环境因素的关系

【知识要点要求】

（1）了解果树年周期和生命周期的含义。
（2）理解年周期中各物候期含义，理解各物候期果树的生长结果特征及与环境的关系。
（3）掌握各物候期采取的栽培管理措施。
（4）理解果树生命周期中各年龄时期的特点。
（5）掌握各年龄时期采取的相应管理措施。

第一节　苹果树生长的年周期及与环境条件的关系

一、苹果树的年周期

1. 年周期的含义

年周期是指为适应一年中气候条件周期性的变化，果树的各种生命活动也相应地呈现周期性的变化，即随着季节气候的变化，有规律地进行生长发育并表现出的各种外部形态变化、内部生理活动变化的各个生命活动时期，这种周而复始随年份的变化而重复发生的周期性变化叫年周期。

苹果树的年周期可分为营养生长期（从果树根系活动到落叶）和休眠期。

2. 物候期的含义

在一年中，果树随着季节的变化而发生的外部形态及内部生理、生化等方面的规律性变化称为果树气候学时期，简称物候期。

在年周期中苹果树即随着季节气候的变化，有规律地进行着以下物候期：新根生长与活动、萌芽与开花、落花落果、新梢生长与幼果膨大、新梢旺长与生理落果、新梢逐渐停长与花芽分化、根系又一次生长高峰、秋梢生长与果实 迅速膨大、果实成熟、根系再次生长高峰、树体营养积累、落叶、休眠等一系列的生长发育活动，这些生命活动有些交替进行，有些同时进行，有些与前一个物候期有一定重叠，幼树和成年树相比略有不同，比如幼树的新梢生长期更长，成年树根系第一次生长高峰不明显等。

二、苹果树各物候期的生长特点及与环境条件的关系

果树任一物候期的生长都与环境关系密切，温度、水分、光照、土壤、空气是果树生命活动的直接影响因素，称为直接影响因素；地势、海拔、风、坡度、坡向等通过对直接因素的影响而间接影响果树的生命活动，称为间接因素，间接因素通过对直接因素的影响与直接因素共同作用于果树的生长发育。这些因素中，即时的温度、某时段的水分、某物候期的土壤养分等相对变化较快，幅度较大，对果树每个生育期影响较大，我们通过对这些因素或小环境的调整和改善，使之更适宜果树的生长结果，或通过对果树生长结果状态的调整、管理，使之更适于环境条件来达到经营目的。

温度对果树的影响表现在两个方面：一方面是该地气候中常年的温度条件决定了果树的分布和生存。另一方面表现为各物候期对温度的适应性，即温度对果树每个物候期的影响，主要表现为温度三基点最低温、最适温、最高温对果树的影响。最低温：低于这个温度就不能生长，表现为停长，甚至受到低温伤害，如寒害、冻害；最适温：在这个温度范围内随温度升高生长量增大，高于最适温的上限生长量反而降低或停止；最高温；高于这个温度就不能生长，甚至受到高温伤害。于是果树的某器官在各物候期的生长就表现出“慢快慢”的速度节奏。果园管理中要尽量避免极限温度对该物候期果树器官的伤害。

年周期中各物候期对土壤水分要求是随该物候期果树生理特点的变化而变化的，我们通过合理灌溉尽量满足其要求。光照主要是通过对苹果树光合和呼吸作用的影响对果树产量和品质产生影响。

一个地区一年中温度总量和日照时数变化相对较小，主要影响该区域内果树的种类和分布。

（一）根系的结构和活动

1. 根系的结构

图 4.1 为实生根系的结构，主根、侧根合称骨干根，须根着生在骨干根上。根系按分布分为水平根和垂直根。苹果的根系水平伸展范围是树冠的 1.5 ~ 3 倍，深度为树高的 40% ~ 70%，

图 4.1　根的结构和分布

绝大多数吸收根分布于深度 80 厘米以内的土层中，主要根群集中在 20～60 厘米的土层内。矮化栽培的苹果树须根发达，根系集中分布层比乔化砧更浅，多在 50 厘米以内，分布范围也较乔化砧窄，在施肥时应注意观察，以便将肥料施在根系集中分布范围。根系分布的深浅除了受繁殖方法影响外，主要取决于土层厚度和肥沃程度。

2. 根系生长与环境的关系

据文献记载，苹果根系在全年没有自然休眠期，当土温 0 摄氏度时开始活动，3 摄氏度时须根开始生长，7 摄氏度以上时生长加快，7 摄氏度以上根系加快生长，土温 20～24 摄氏度最适于根系生长，低于 0 摄氏度高于 30 摄氏度根系停长。

春、夏、秋季苹果根系各有一次生长高峰，可结合根系生长和果树对肥水的需求进行土肥水管理。在土壤相对湿度 60%～80%、含氧量 10%～15%、土壤 pH 值 6.5～7.0 时根系活跃。因此要通过耕作、深翻等改良土壤理化特性的措施创造良好的土壤环境来促进根系生长。同时通过合理灌溉和施肥促进根系对水分和无机营养的吸收。

（二）苹果树花期

盐源县由于土地面积较大，各地花期有所差异，多为 3 月上中旬至 4 月上中旬。如图 4.2，中心花先现红蕾、已展叶。

1. 苹果开花期的环境因素

（1）影响苹果开花期早晚的气象条件主要是热量因子，尤以气温的影响最大。盐源县 3 月上旬连续多日平均温高于 10 摄氏度时苹果进入花期，据统计苹果花期持续 30～40 天，花期温度高，前一年产量合适，贮存营养充足则开花整齐，花期缩短，相反，花期延长。

（2）花期的适宜温度：花期温度三基点为，最低 10 摄氏度，最适 17～18 摄氏度，最高 30 摄氏度。

天气条件：微风及晴好天气利于果树进行授粉，提高果实授粉结实率，增加产量。

（3）适宜的水分：土壤含水量宜保持在土壤最大持水量的 60%为宜，相对春梢旺长期低。

（4）不利的气象条件：

① 大风：在苹果树开花期，若遇 4 级以上的大风，会影响昆虫活动、传粉，使空气湿度降低，柱头变干，花粉难以发芽。

② 霜冻：盐源县部分年份出现晚霜，在现蕾期气温降至 -2.8～ -4.0 摄氏度时花芽受冻，开花期气温降至 -1.5～ -1.7 摄氏度即有不同程度冻害，继续降温会冻死花器，使子房受冻。

苹果的花是伞房花序，3～7 朵花。多数时候中花先开放，中果先膨大。从图 4.2 可见苹果花序中的中花先现蕾，也会先开放。

2. 开花期

盐源县一般年份，大多地方 3 月上旬开始萌芽（叶芽萌发），几乎同时开始开花（花芽萌发），经历花簇期、现蕾露红（图 4.2）、花蕾分离期（各花分离）、蕾铃期（花瓣隆起）至初花期（一花序中第一朵花开放到全树 25%的花开放）、盛花期（25%～75%以上的花开放）（图 4.3）、终花期（谢花期、落花期）（75%至全部的花开放并有部分的花瓣脱落）等。盐源县苹果花期持续到 4 月中旬。少部分开花期晚的可持续到 4 月下旬。

图 4.2　中心花先现蕾

图 4.3　盛花期

3. 授　粉

苹果是异花授粉果树，常需配置不同品种的苹果树作为授粉树坐果率才高。苹果的花是虫媒花，主要依靠蜜蜂完成传粉，花期放蜂，喷施硼糖液有利于坐果（图 4.4）。传粉后到达柱头的花粉在合适条件下就能萌发。授粉后花粉发芽期适宜温度为 15.5 ~ 21 摄氏度，超过 26 摄氏度花粉发芽力减弱，而蜜蜂等昆虫在 14 摄氏度以下几乎不活动，20 摄氏度左右最活泼，因而花期适温以 15 ~ 25 摄氏度较为适宜，超过 30 摄氏度花粉萌发明显受到抑制。谢花后大部分未授粉的花和未膨大的小果会脱落，如图 4.5（大约在落花后 1 周开始，持续 2 ~ 3 周）。如花期灌水会降低土温、降低树液浓度，虽能促进新梢长势，但一般会加剧落花，不是特别干旱花期一般不灌水。花期花量大或遇大年可疏花，花量小，可通过花期放蜂、人工授粉等措施保花保果。

图 4.4　蜜蜂传粉

图 4.5　谢花后未完成授粉的花会脱落

4. 坐　果

坐果指苹果的花经授粉受精形成的幼果能正常生长发育膨大而不脱落的现象。图 4.6、图 4.7、图 4.8 显示坐果后果实开始膨大，直到果实膨大期前。图 4.6 摄于 4 月 11 日，示坐果后幼果开始膨大，图 4.7 为 4 月 30 日摄于同一枝，图 4.8 为 6 月 3 日摄于同一枝，黑色圈为同一花序坐果后不同时期，红色圈也为同一花序不同时期。

图 4.6　坐　果

图 4.7　幼果迅速膨大期

图 4.8　果实膨大期

（三）新梢生长期和幼果膨大期

在每年春季萌芽后新梢开始生长，生长的初期生长速度慢，在最低温和最适温之间随着温度升高生长速度加快，随着夏季的到来，平均温度超过最适温，生长速度减慢，并逐渐停长，这段时间长成的新梢叫春梢。此时正是叶面积大量形成时期，需要适宜的气象条件和前期的贮存营养及充足的肥水条件配合。而新梢停止生长后，加粗生长仍在继续，直到花芽分化期开始到来，此期影响果树的生长的因素有：

1. 温度对新梢生长的影响

盐源县春梢生长的下限温度是 10 摄氏度，即萌芽，以后新梢开始生长，停止生长期的日均温度在盐源县是 20 摄氏度左右，在此温度范围内温度越高新梢生长越快，超过 20 摄氏度生长速度降低甚至停长。

在盐源县不同树龄的苹果树大约为 6 月上中旬至 7 月初春梢陆续停长，此时月均温达全年最高——18 摄氏度左右。树龄不同新梢生长期长短会有差异，幼树新梢从萌芽到秋季都会生长，其新梢生长量大，春、夏、秋梢间的界限不明显。部分枝条在春梢停长一段时间后，春梢顶芽又会萌发，新梢再次生长，形成的枝梢叫秋梢，图 4.9 为春梢停长后顶芽萌发开始抽生秋梢，秋梢萌发、生长、停长都不如春梢整齐。春秋梢之间有明显交界处是春梢停长后顶芽重新萌发留下的痕迹，叫盲节。

图 4.10 下为春梢，上为秋梢，中间箭头所示为盲节。图 4.9、图 4.10 均为 6 月 30 日摄于同一株苹果树。

春梢基部的芽由于是在萌芽初期形成，气温低、叶面积小，基本是瘪芽，中下部叶片形成时未处于最适温，叶面积未达到最大，利用贮存营养，在叶腋处形成的芽为次饱满芽，中部叶片最大，光合作用最强，往往形成饱满芽，上部形成芽时温度较高即将停长也形成次饱满芽，顶芽常为饱满叶芽或花芽，形成了芽的异质性，即苹果枝不同部位的芽质量或者说饱满程度不一样的特性。秋梢上芽的异质性与春梢相似，但芽的饱满程度均不及春梢。盲节处为瘪芽。

图 4.11 显示冬剪时一年生枝（当年生新梢）上芽的异质性更明显。

图 4.9　春梢停长，秋梢开始抽发

图 4.10　上中下分别为秋梢、盲节、春梢

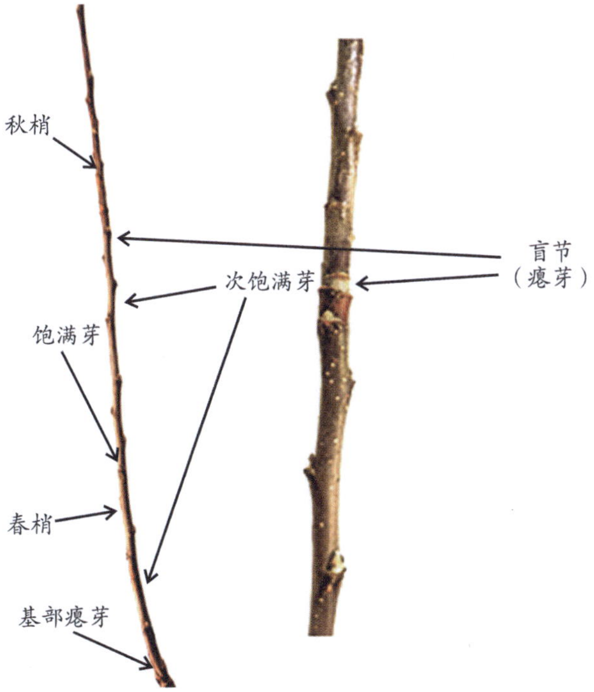

图 4.11　芽的异质性

2. 果树年周期中贮藏营养与新梢生长前期的关系

春季是利用贮藏营养的器官建造期，这一时期包括根系活动、萌芽、展叶开花到新梢迅速生长期前。此期果树的一切生命活动的能源和新生器官的建造，主要依靠上年贮藏营养，一般到萌芽 6 周后才依靠当年新梢光合产物，可见贮藏养分的重要性，不但关系到早春萌芽、展叶、开花、授粉坐果和新梢生长，而且影响后期果树生长发育和同化产物的合成积累。如果前一年开花结果过多，落叶过早，贮藏营养不足，次年新梢和根系生长就会受到抑制，果实大小和花芽形成等也无法得到保证。

此期加强肥水管理能改善新梢中后期叶片质量并促进新梢旺盛生长，增加新梢生长量，增大叶面积。

苹果树入秋采果后，随气温降低，树体内的营养物质的积累大于消耗，这时由于苹果树地上部已停止生长，进入养分贮备时期，贮备营养是果树安全越冬、第二年前期生长发育的物质基础。

苹果树采果后到休眠之间这段时间为养分的贮备时期，增施秋肥明显地提高植株的氮、碳营养水平，促进了第二年新生器官形成的数量与质量，对花器官发育和坐果率的影响大于对春梢的生长影响。果树秋季的有机营养物质运向枝、干、根，贮藏营养对翌年新生器官形成的影响主要是新梢旺盛生长前期。秋施基肥对贮藏养分的增加效果明显（不同品种在采收后，多为 8—10 月），在落叶以前，叶片中的蛋白质水解成氨基酸类物质，主要运输到枝和树干的皮层，部分运转到根系，主要供给后期花芽分化的需要和转化成蛋白质，成为树体的氮素贮藏营养。第二年春，贮藏的氮素再水解，供给初期新梢的旺盛生长、开花、坐果等，其生长好坏主要取决于内因——贮藏营养水平，此时提前灌水也显得很重要。

春梢旺长期及幼果迅速膨大期对水分、温度的要求：两者同时进行，在环境条件适宜时，这两个生长中心生长迅速，也会争夺营养物质，在营养物质不足的情况下，新梢生长往往会占据优势而造成落果，如果花后合理灌水，水肥充足，则利于促进新梢生长，也有助于果实细胞分裂，果形指数增大，可减少两者的矛盾。此期如结果枝平斜、下垂，或通过对旺长果台的控制减少梢果矛盾，则利于坐果和果实膨大。

3. 土壤含水量的影响

春梢旺盛生长期需要大量的水分供应，此时对缺水最为敏感，是苹果树年周期中第一次“需水临界期”。春梢旺盛长期，典型特点是春梢生长速度快，没有形成顶芽的迹象即没有即将停长的迹象，顶端为嫩叶，展叶快，叶片大。图 4.12 显示果台中庸，春梢生长速度相对较慢，春梢生长期较短，停长较早，梢果矛盾相对较平衡，不易落果。图 4.13 果台副梢显示此时为春梢旺长期，春梢直立强旺，易落果。图 4.12、图 4.13 为 5 月中旬同一天摄于同一果园。

春梢旺长及幼果迅速膨大期应维持在土壤最大持水量的 80%左右，如果此时干旱缺水，尤其是发生土壤含水量较低时会使新梢生长量不足，中、长枝减少，叶片增大也受阻，并造成大量落果，产量锐减，称为“6 月落果”或“生理落果”，不同地区落果出现时间不同，一般在 4 月底至 5 月上旬开始出现高峰。此期如雨水早或土壤湿度大，白天晴朗温度高，则新梢生长迅速、幼果也迅速膨大，反之，落果量加大。图 4.14 所示为幼果迅速膨大期，5 月初的生理落果与正常果实比较，摄于 2020 年 5 月 22 日。

图 4.12 梢果矛盾较缓和

图 4.13 梢果矛盾较强

图 4.14 “6 月落果”与正常果实的比较

4. 修剪对梢果矛盾的影响

图 4.15 中结果枝组回缩过急，回缩后枝轴急剧缩短，加之剪口选留的结果枝直立，回缩促进作用较强，造成果台副梢直立旺长，在梢果矛盾中使整个花序唯一膨大的果实形成生理落果。

图 4.15　梢果矛盾大

5. 肥水条件

此期新梢生长需大量氮素营养，适量磷素营养和少量钾肥，中微量元素钙、镁也应及时补充，新梢生长前期所需营养主要来自前一年树体储藏营养，但其分解运输及树体生长还需要大量水分，萌芽大约 40 天后，新梢的光合产物能满足自身需要并外运。

前期新梢生长和幼果膨大都需要大量水分和营养物质，两者相互矛盾（梢果矛盾）的结果往往是新梢占优势，如果水分和营养物质不足或旺长都加剧梢果矛盾造成大量落果。此期为旱季，缺水严重，落果更甚。

（四）花芽分化期

1. 花芽分化的含义和过程

花芽分化是指由叶芽的生理状态和组织状态转化为花芽的生理状态和组织状态称为花芽分化，花芽分化分为生理分花期和形态分花期及性细胞形成期，生长点由叶芽的生理状态转向形成花芽的生理状态的过程称为花芽的生理分化；生理分化后，芽内部从花原基最初形成至花各器官形成完成称为花芽形态分化；经过形态分化的芽并未停止分化，从形态分化开始直到休眠期乃至萌芽开花前为性细胞形成期。只有经过这几个阶段的芽，次年萌芽才能开花。苹果的花芽分化高峰期出现在春梢停止生长后，至秋梢停长后仍有部分花芽形成，在盐源县持续时间较长，从新梢停长至次年萌芽。成年树花芽分化较整齐，幼树持续时间较长，盐源县的富士幼树上 1 米长的新梢有时都会形成顶花芽。此时盐源县温度逐渐达到最高温，适宜日平均温度以 20 摄氏度为宜。此时昼夜温差大，有利于花芽形成。这个阶段应控制水分，保持适当的干旱，土壤含水量保持在土壤最大持水量的60%为宜。适度干旱，可使新梢及时停长，提高生长点的细胞液浓度，促进花芽形成；此期疏除树冠外围和上部或对外围和上部直立旺长枝进行扭梢、拿枝等措施处理，打开光路也非常重要，强光利于花芽形成。此外减少氮肥施用量，增加磷肥用量，适当增加钾的用量利于养分积累，利于花芽形成。多数情况下叶丛枝、短枝停长最早，中枝次之，长枝停长最晚。中短枝停长后多数不再萌生秋梢，停长越早光合营养积累时间越长，越利于形成花芽。而长枝常位于顶端优势位置，易生秋梢，停长较晚，不易形成花芽，相对而言幼树长果枝较大，成年树短果枝比例最大。

如此时遇高温多雨天气，会影响花芽的分化进程，30 摄氏度以上高温天气会减少花芽数量并影响花芽质量。

图 4.16 和图 4.17 为同一株树。图 4.16，长枝已停长，顶芽开始显现。图 4.17，短枝停长较早，芽体已开始向花芽的形态转变。观察图 4.16 上叶芽形态和图 4.17 休眠期的结果枝上花芽形态。

图 4.16　长枝停长，顶芽显现

图 4.17　短枝顶芽已显现花芽形态

2. 苹果的营养枝和结果枝

（1）营养枝：春梢长成后光合时间接近半年，光合产物多，积累时间长，较充实，利用价值大。而秋梢积累时间短，不充实，利用价值小。如图 4.18，新梢的顶芽（就算是花芽也已被剪去）和侧芽都是叶芽的枝叫营养枝。营养枝在次年萌芽后只能抽枝和展叶，进行营养生长，所以叫营养枝。其中萌发的芽占总的芽数的比例叫萌芽率，代表一年生枝上芽能够萌发的能力，也叫萌芽力。萌发的芽能抽生长枝的芽数占总萌芽数的比例叫成枝率，也叫成枝力，表示该品种抽生长枝的能力。次年没有萌发的芽叫潜伏芽，潜伏芽的寿命叫潜伏力，潜伏芽常在外界条件的刺激下萌芽，苹果树的潜伏芽寿命长即潜伏力强，潜伏力强的树种或品种应潜伏芽萌发成幼龄枝而利于更新。而桃树等核果类果树潜伏芽寿命短不易更新。形成营养器官的生长叫营养生长，果树上树体抽枝长叶的生长也就称为营养生长，抽生营养枝多而强就是营养生长旺盛或者说树势强旺。

图 4.18　营养枝

（2）结果枝：植物学上着生果实的枝才叫结果枝，苹果树上就是果台，新梢中着生有花芽的枝次年开花结果叫结果母枝，果树栽培上苹果的结果母枝习惯上就叫结果枝。如图 4.19，按花芽着生的位置，花芽着生在枝顶端叫顶花芽，大多数结果枝都是顶花芽，较少数花芽着生在枝条叶腋处叫腋花芽。苹果的侧芽常螺旋状排列，5 个芽绕枝 2 周，或 8 个芽绕枝 3 周叫芽（叶）序。苹果枝上的芽经花芽分化后形成花芽，着生有花芽的枝就叫结果母枝，习惯上直接称作结果枝。按长短分为短果枝（5 厘米以下）、中果枝（5 ~ 15 厘米）、长果枝（15 ~ 25 厘米），超长果枝（25 厘米以上）。如图 4.20 所示为结果枝的类型。形成花芽、果实、种子等生殖器官的生长叫生殖生长，果树上成花结果都叫生殖生长。果树上营养生长和生殖生长以一对矛盾的方式出现，此消彼长，前者是基础，后者是目的，通过调整两者的矛盾，维持两者的平衡，达到持续丰产优质的目的。

图 4.19　结果枝

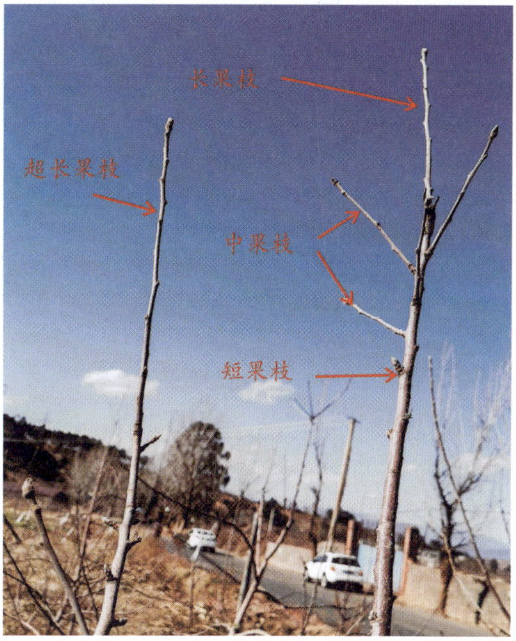

图 4.20　结果枝的类型

注：图中枝条顶芽皆为花芽。

（五）果实膨大期

1. 果实膨大期果实的生长特征

也叫果实迅速膨大期。苹果果实体积在前期增长较慢，至春梢停止生长至花芽分化期增长都较慢，看似未生长，秋梢生长期果实生长速度加快，进入果实迅速膨大期。果实生长的前期从开花期就开始了，到幼果膨大期是细胞数量增加为主的阶段，果实以纵向生长为主，此阶段是高桩苹果产生的关键时期。据相关资料显示，果实细胞分裂的同时细胞体积也在膨大，但前期以分裂占绝对主导地位，该时期持续的长短、早晚与品种有关，早中熟结束较早，晚熟品种会持续到 6 月下旬花芽分化期。图 4.21 摄于 6 月 3 日，所示为红将军果实开始进入果实迅速膨大期，品种特性开始显现，但果实萼凹较平甚至个别果实较突出，看似“小苹果”，此时春梢基本停长，开始形成顶芽，果实直径 4 ~ 4.5 厘米，图 4.22 为 7 月 1 日拍摄的同一枝，直径约 6.5 厘米，萼凹加深，红将军苹果的特性已非常明显。不同成熟期的品种进入果实迅速膨大期的时间及持续时间不同，早中熟品种较早进入果实膨大期，持续时间较短，中晚熟和晚熟品种进入时间略晚，但持续时间较长。盐源县大多数品种在 6 月中下旬至 9 月下旬果实横径生长迅速，以细胞体积膨大为主，细胞数量变化不大，而此前果实体积膨大相对较缓。图 4.23 摄于 2020 年 6 月 30 号，直径 6 ~ 6.5 厘米，红将军苹果处于果实迅速膨大期，果面开始出现品种固有的色泽，明显晚于红将军，金帅固有的品种特性也较明显。此时苹果树已由氮营养期（营养生长）转变成为糖分积累营养期（生殖生长），苹果果实需要有足够的碳水化合物供给与积累，才能迅速膨大起来。

图 4.21　果实膨大前期（直径 4 ~ 4.5 厘米）

图 4.22　果实膨大期（直径 6.5 厘米左右）

图 4.23　果实膨大期

2. 环境对果实膨大的影响

（1）温度：此期白天平均温度以 20 ~ 24 摄氏度为宜，白天温度高，光照强有利于叶片光合产物的生产，据文献记载，24 摄氏度时同化量最大。温度过高过低都会影响生长。夜温适当较低，呼吸消耗较小，光合产物易积累，果实生长快，但夜间温度过低也会降低生长速度。

（2）降水量：果实膨大期是需水临界期，需要大量的水分供应，一般认为宜保持在土壤最大持水量的 70%～80%，否则影响果实的正常增大。盐源县恰好此时正值雨季，基本不需灌水。

（3）光照：果实膨大期要有充足光照，一般认为平均光照不低于 6～8 小时/天。

（4）无机营养：此时，果树需要大量钾肥和适量磷肥，少量的氮肥。并应提前补充钙、镁等中量元素。此期有必要进行根外追肥，喷施磷酸二氢钾。

（六）果实成熟及采收期

1. 果实生育期的长短

一般早熟品种在盛花后 70～80 天成熟（如辽伏），元帅等中熟品种为 120～140 天成熟，金冠等中晚熟品种为 130～150 天成熟，绝大部分红富士、华冠等晚熟品种为 160～190 天成熟。

2. 果实成熟期的生理变化

（1）果皮颜色的变化：果实在成熟过程中，果皮颜色渐渐从绿色依次向黄绿色、浅黄色、黄色、橙黄色转化，最终表现为某品种固有的果皮颜色，其颜色的深浅程度可作为果实成熟度的标志，果皮颜色越接近某品种的固有颜色，说明成熟度越高。

（2）可溶性固形物和糖含量：随着果实的成熟不断增加，当果实达到生理成熟阶段，可溶性固形物和糖含量达到最高值。果实中的有机酸主要在果实生长发育阶段积累，随着果实的成熟，含酸量也逐渐减少，糖酸比增加。果实成熟过程中部分不溶性或难溶性物质转化为水溶性物质，不溶性原果胶转化为可溶性的果胶或果胶酸，使硬度下降，可溶性固形物含量的增加使细胞吸水能力增强，从而使果汁量增加。

（3）果实发育到成熟阶段，各种挥发性芳香物质醇、酯、醛、酮、酚类等合成加快，因而到了成熟期果实即具有固有的香味。

3. 适宜的气象条件

（1）天气晴好，有利于果实的采收。

（2）温度：苹果成熟期以 13.5～20.0 摄氏度为宜。据试验：低温有利于果实着色，温度越高，着色越差；当日平均气温在 13.5 摄氏度时着色度可达 50%，12.8 摄氏度可达 75%。昼夜温差大利于糖分的积累。

（3）光照：每天平均光照不少于 6 小时。

（4）土壤含水量 70%为宜。过高不利于成熟，过低果实增大困难。天气对果实成熟采收期有一定的影响，我国绝大多数苹果产区此时正值秋雨时期，常有持续几天的阴雨，不但给采收带来困难，更重要的是使果实着色差，果子表面光泽度降低，风味变差，商品价值降低。

4. 果实成熟采收期的管理措施

（1）套袋果实取袋：取袋后着色快，颜色鲜艳，高海拔地区果实着色快，可在果实正常采摘前 10～15 天除袋，还应注意补钙肥。此期光照不仅是光合作用的必要条件，晴天多果实着色也好。

（2）铺反光膜也可促进着色，特别是对中下部果实。

（3）采果后应及时施基肥。

（4）此期还应在前期对早期落叶病防治的基础上继续加强早期落叶病的防治，尽量减少早期落叶。

（5）秋季修剪：根据品种特性不同，在8月中下旬到9月下旬开始，最迟11月结束。当新梢已经木质化或快木质化时，对骨干枝延长枝后部萌发的当年生直立新梢中有空间的，进行拿枝软化、圈枝、压枝等，无空间、无利用价值的及早疏除，图4.24中树冠上部的过多过密、直立、竞争枝和主枝外围直立枝最好及早抹除，未处理的没有空间的在木质化前及早疏除，否则阻挡内膛光照。对主枝、侧枝角度不足的应及时开角，结果过多，角度过大的，及时顶回。图（b）所示主枝开角不足，如开张角加大内膛光照条件更好，结果空间更大。

（a）

（b）

图4.24　秋剪调整光照，增强后期营养物质积累

（6）采前落果及防治：采前落果是指有些品种在采收前1个月左右开始落果，越接近成熟，落果越重。祝光、红玉、元帅系等品种采前落果严重，尤其元帅系，据资料介绍蜜脆采前落果较重。采收前土壤含水量低、氮素过多，会加重采前落果。气候温暖的地区或采收前气温持续较高的年份，特别是晚上持续高温的年份，采前落果较严重。部分果园舍不得疏果，留果太多、果实拥挤，树体衰弱也常造成采前落果。从生理上看，采前落果是由于果柄、果台和离层部分的生长素含量下降，而脱落酸、乙烯含量升高，脱落酸/生长素的比值越高及乙烯浓度越高越会增强离层组织中细胞壁分解酶活性，从而促进果柄离层形成，诱发落果。经试验和生产实践证明，喷α-萘乙酸（钠）可防止采前落果，喷1次的可在采前20天左右，浓度以30毫克/升较好。若喷两次可在采前30～40天喷布第一次，相隔15～20天再喷第二次，浓度为20～30毫克/升。喷布重点是果实和果柄部分。在采收前1～2个月，叶面喷施0.2%～0.3%的磷酸二氢钾加0.1%的硼酸液，根据产量喷施1～3次，可减少落果50%～60%。

（七）落叶和休眠

1. 落　叶

苹果树自然落叶是果树进入休眠的标志。随着日照时数的减少和气温的下降，叶片细胞中的营养物质逐渐分解，由韧皮部位向枝干内贮藏；叶绿素分解，叶黄素显现而使叶片发黄，有的产生花青素，使叶片转为黄色、红色等，与此同时，在叶柄基部形成离层，叶片在外力作用下脱落。

苹果树在 9 摄氏度以下开始落叶，在 11 月底至 12 月初开始；树体及其各部位的发育状况也影响落叶的时间，幼树较成年树落叶迟，壮树较弱树落叶迟；在同一株树上，短枝较长枝落叶早，树冠外围和上部较内膛和下部落叶迟；外界条件的作用是果树非正常落叶的主要原因，干旱、水涝和病虫为害都能引起果树落叶；生长后期温度高和潮湿又会延迟落叶，地势低洼的果园后期应注意排涝。过早落叶和延迟落叶对果树越冬和来春的生长结果都不利。

很多果树还未采果就已经开始落叶，也有结果过多、树势衰弱而造成早期落叶的原因；早期落叶病是造成苹果树早期落叶的重要原因，应加强防治。早期落叶对果树次年的前期的生长非常不利。

2. 休　眠

苹果树的芽或其他器官暂时停止生长而只维持微弱生命活动的现象为休眠。休眠期从秋季落叶到翌年春萌芽为止。果树的休眠是在系统发育中形成的，是对低温、高温、干旱等逆境适应的特性。

落叶果树的休眠有自然休眠和被迫休眠两种。自然休眠是由果树本身的遗传特性和生理活动决定的休眠。果树在自然休眠期内即使给予适宜生长的环境条件，也不能发芽生长。

苹果根系在 3 ~ 30 摄氏度都可生长，无自然休眠，可忍耐 – 11 ~ – 12 摄氏度的低温。文献显示地上部需低于 7.2 摄氏度的低温 1200 ~ 1500 小时可进入休眠。苹果树的自然休眠是对环境适应性的遗传表现，也是年周期中顺利进入下一个物候期——萌芽期的必要阶段。

第二节　苹果树的生命周期

自然生长的果树的生命周期是指果树从种子播种开始，经过萌芽、生长，多年后经过果树童期进入结果期，直到衰老死亡的整个过程。盐源县栽培的苹果树是嫁接苗或自根苗，其生命周期是指从幼苗定植到衰老死亡的全部历史过程，其生命周期就可分为幼树期、初结果期、盛结果期和衰老直至死亡期 4 个时期，其中幼树期只要有足够的叶面积就可以开花结果，只是不能形成经济产量。矮砧密植苹果树有时候直接定植两三年生的大苗，其幼树期和结果期界限不明显，进入盛果期所需的年限也很短。

一、幼树期

幼树期是指苗木定植到开花结果这段时期。属于营养生长占绝对优势时期，由于养分几乎全部供应生长，枝梢停长较晚，积累较少，这一时期一般不需要经济产量。图 4.25 为乔砧幼树，乔砧果树一般为 3 ~ 6 年，如栽培管理水平高，肥水条件好，树体就扩大快，叶面积形成快，这个时期会缩短。幼树期苹果树对养分的需求量相对较少，但对养分很敏感。栽培管理上的各种措施以满足树体健壮生长和新梢抽发的需要为目的，培养树体骨架的同时增加小枝量。矮砧密培幼树期较短，栽培中应加强中心干的优势地位。图 4.26 为矮密栽培，对中心干采取了扶干措施，拉开了小主枝，加强中心干地位，为以后的开花结果奠定良好的物质基础和结实的骨架。

本期需氮素较多，磷素、钾素比例较少。

图 4.25　乔砧幼树

图 4.26　矮密栽培的幼树

二、初结果期

初结果树期是指开始结果到大量结果形成经济产量这段时期。乔砧苹果树进入初结果期一般为幼树期结束开始估算，3～5 年，持续 4～5 年进入盛果期。初结果树期是营养生长到生殖生长转化的时期，虽然营养生长仍然占优势，此期既要促进树体贮备养分、健壮生长、提高坐果率，又要控制无效新梢的抽发和徒长，因此，既要注重氮、磷、钾的合理配比并增大施肥量，又要注重氮素的用量，以协调营养生长和生殖生长之间的平衡和转化。微量元素硼、锌等也开始加入。若营养生长较强，要增大磷素肥料，配施钾素肥料，减少施氮素肥料比例，并配合夏季修剪，抑制长势，向生殖生长转化，尽量扩大树冠，争取早成形；相反若营养生长较弱，则以氮素为主，适当增施磷素营养，配施钾素，促进营养生长，扩大树冠、增加叶面积的宗旨不变。图 4.27 为七年生乔砧普通红富士，补缺窝时栽植，二层主枝尚未培养成形，正值初结果期。

图 4.28 为矮密栽培的初结果期树，矮密栽培进入初果期较早，持续时间较短，一般栽植后 3～4 年开始进入初结果期，再过 2～3 年即可进入盛果期。如果采用大苗栽植，第二年即可进入结果期。

图 4.27　乔砧初结果期树

图 4.28　矮密栽培的初结果期树

三、盛果期

是指苹果树大量结果且产量达到最高，并维持在最高产量附近一定年限，直到产量明显下降，树体开始衰老的时期。乔砧苹果树一般 8 ~ 9 年进入盛果期，矮砧密植 5 ~ 6 年进入盛果期，盛果期是苹果树最丰产、稳产的时期。树体达到最大树冠，并成形或达到最大冠幅而封行，骨干枝配备完善，树体应已落头。图 4.29 为不同整形的盛果期树体，图（a）为自由纺锤形，已落头、封行，进入盛果期；图（b）为疏散分层形树形。盛果期持续的长短主要取决于砧木和管理水平，矮砧苹果树相对较短，但容易更新新品种，乔砧苹果树盛果期较长，有的甚至在 30 ~ 40 年以上。盛果期树栽培管理的目的是促进果树丰产、稳产、优质，维持树体的健壮长势，不能为了追求产量忽略树势，尽量避免大小 年的出现，避免果园郁闭。该期对磷素、钾素的需求量最大，氮素的需求量相对稳定，还应注意果树对中量营养元素钙、镁的及时补充，微量元素也较幼树期需求更齐全、量更大。

（a）　　　　（b）

图 4.29　不同树形的盛果期树

四、衰老期

衰老期是指苹果树树龄较大，生命活动衰老退化的时期，此时期树势明显减弱，产量明显减少，品质开始下降，抗逆性减弱，病虫害增多。图 4.30 所示为衰老树果园。但有部分果树因管理不当造成早衰（树龄不大、未老先衰），早衰果树可通过加强土肥水管理和合理修剪得以恢复。随树龄增大，正常衰老的苹果树衰老更新期和衰老期要重视氮素营养，适当配合磷钾肥，延长结果年限，修剪上尽量利用幼龄枝生长结果，做到树龄老枝龄幼。衰老更新期的后期，当更新后的树冠再度衰老难以更新时，大多失去栽培价值，可挖除老树并进行土壤消毒，种植绿肥或别的作物换茬，几年后再栽植新的果苗。

图 4.30 衰老树

复习题与实践

1. 什么是果树年周期和生命周期?
2. 作一张图显示苹果树年周期中各物候期的时间关系。
3. 不同砧木的根系分布有何特点?影响根系分布的因素有哪些?
4. 苹果树开花期对环境的要求是怎样的？有哪些不利因素?
5. 什么是春梢？秋梢?盲节是怎样形成的?
6. “6 月落果”是怎样形成的?
7. 果树年周期中贮藏营养与新梢生长前期的关系是怎样的?
8. 什么是花芽分化？对环境有何要求?
9. 果实膨大期对环境有何要求?
10. 成熟采收期对环境有何要求？果实成熟采收期的管理措施有哪些?
11. 怎样减少采前落果?
12. 果树生命周期各期有何特点?
13. 实践要求：（1）观察土壤施肥时根系的分布。

（2）分辨开花的各个时期。

（3）认识休眠期的营养枝和不同类型的结果枝。

（4）观察并分清楚盐源县落花落果的时间。

（5）采集花粉进行一次人工授粉，并观察坐果率。

（6）参加秋季修剪。

第五章 果园土肥水管理

【知识要点要求】

（1）理解无机营养与树体有机营养的关系。
（2）了解土壤基本知识，理解土壤结构、土壤肥力的含义。
（3）理解土壤改良的必要性，掌握土壤改良的方法，了解改良过程中的注意事项。
（4）了解果园地面管理方法。
（5）掌握果树正常生长发育必需的营养元素种类，理解主要营养元素的作用，知道盐源县常出现的缺素症症状。
（6）理解施肥原则，知道施肥量的计算方法。
（7）理解果树年周期生长特点与施肥时期的关系。
（8）掌握基肥和追肥的土壤施肥方法。
（9）理解根外追肥的特点，知道常用肥料的浓度。
（10）理解苹果树需水临界期与气候特点的关系。
（11）了解涝害发生后的处理措施。
（12）了解冲施肥的种类。
（13）理解水肥一体化的原理，了解智能水肥一体化原理，了解远程智能水肥一体化原理。
（14）掌握简易水肥一体化的操作方法。

第一节 树体有机营养水平与土肥水管理的关系

果树生物产量（果树根、枝、叶、花、果实等的全部重量）中除去水分，剩下的为干物质，干物质中90%以上为果树光合作用产生的光合产物，剩下百分之几的物质称为灰分，是果树根系从土壤中吸收的矿物质。果树根系吸收的这些矿物质也称为无机营养物质，是由自然土壤所含的土壤矿物质和肥水管理提供的，这些来自根系的矿质营养和水分参与了地上部的各种生理活动，包括有机营养物质的合成、运输、分配、储藏、分解、利用等。比如氮肥多以铵根离子的形态被根系吸收后参与了氨基酸的合成，是形成叶绿素的主要原料，叶绿体是光合作用的场地，充足的氮肥是果树的各种生理活动能正常运行的重要条件。其他无机营养元素也同样重要。

树体营养物质中通过光合作用合成的树体营养物质，称为有机营养，是果树整体生物产量和经济产量的物质基础，苹果树长势的强弱、果实的大小、品质的优劣、产量的高低、地下部根系生长量的好坏，取决于树体有机营养物质的多少。果树的根系从地下吸收的水分和矿物质称为无机营养，无机营养中大部分直接输送到树上部的叶片等器官，部分在根系或合成、或分解、或转化后再运输给地上部，叶片在获得来自根系的无机营养和水分的基础上，才能顺利吸收和利用光能和二氧化碳，生产有机营养物质。叶片越多、越健康，光能利用率越高，无效消耗越少，光合产物合成也就越多，越有利于提高树体有机营养水平。果树生长发育的好坏，关键是看叶片的质量、数量和分布，即有效叶面积的大小，它决定了树体的光合效能，只有在合理的土肥水管理基础上，有充足的无机营养提供给大量的叶片，并配合合理的修剪、病虫害防治等管理措施，让树体高效地合成有机营养，较少损耗，并合理分配利用，才能使果树达到较高的营养水平，树体才有足够的有机营养物质分配到果实中，才能使果树丰产、优质。营养物质也是使根系良好生长的必要条件，反过来才能更好吸收无机营养。无机和有机营养相辅相成，两者的关系是：无机营养须通过有机营养才能在果树生产中起作用，无机营养水平是有机营养水平提高的基础，也是其他管理措施的基础，有机营养水平提高是果树生产中各项管理措施的目的。

提高树体整体营养水平必须以高效的土肥水管理为基础，并协调配合其他果园管理措施来实现。

第二节　土壤管理

一、土壤基本知识

要搞好果园土肥水管理，首先应了解一些土壤基本知识。

1. 土壤的含义和特性

土壤是指地球表面的一层疏松的物质，由各种颗粒状土壤矿物质、土壤有机质（是指存在于土壤中来源于生物的所有含碳的有机物质，包括土壤中各种动植物残体、微生物体及其分解和合成的各种有机物质）、水分、空气、微生物等组成，能生长植物的未固定的结构层。我们人类可通过各种措施改良土壤，让土壤更适合我们的果树栽培需求。土壤结构是指这些土壤颗粒（包括团聚体）的排列与组合形式。按形状可分为块状、片状和柱状三大类型；按其大小、发育程度和稳定性等，再分为团粒、团块、块状等。最适合苹果树根系生长的是团粒结构。

土壤是由固体、液体和气体三类物质组成的。土壤颗粒是固体，土壤固体颗粒之间的细小缝隙是土壤孔隙，土壤液体和气体存在于土壤孔隙中。固体物质包括土壤矿物质、有机质和微生物等。液体物质主要指土壤水分。气体是存在于土壤孔隙中的土壤空气。土壤中这三类物质构成了一个矛盾的统一体。果树生长过程中根系吸收的土壤养分主要来自土壤固体，但土壤养分必须存在于土壤水分中以离子形态才能被果树根系吸收，而土壤水分存在于土壤孔隙中；果树根系在每年根系萌动时必须吸收大量存在于土壤孔隙中的氧气才能发生大量沿土壤孔隙延伸的须根，须根是果实吸收养分的最重要器官，孔隙中水多则气少、气多则水少，所以土壤中这三类物质构成了一个矛盾的统一体，它们互相关联，互相制约，为果树提供必需的生活条件，也是土壤肥力的物质基础。

土壤中各颗粒粒级（不同大小的颗粒）占土壤重量的百分比组合，叫作土壤质地。土壤质地是土壤的最基本物理性质之一，对土壤的各种性状，如土壤的通透性、保蓄性、耕性以及养分含量等都有很大的影响，是评价土壤肥力和对果树适宜性的重要依据。

土壤按质地的不同，一般分为三大类：沙质土、黏质土、壤土三类。沙土：土壤颗粒较大，孔隙大，有机质含量少，肥力低，虽然通透性很好，但漏水漏肥，生产上要小水勤浇，施肥要少量多次。壤土：土壤颗粒适中，孔隙度均匀，通透性好，肥力均匀，耕性好，适合各类作物生长，生产上根据作物生长需要，易进行肥水管控。黏土：土壤颗粒细碎，孔隙小，养分丰富，有机质含量高，保水保肥能力强，生产上应加强中耕松土并及时排水，根据果树生长规律适时适量施肥灌水。

2. 土壤肥力

土壤肥力是衡量土壤能够提供植物生长所需的各种养分的能力。它是反映土壤肥沃性的一个重要指标，是土壤各种基本性质的综合表现，是土壤区别于成土母质和其他自然体的最本质的特征，也是土壤作为自然资源和农业生产资料的物质基础。土壤肥力是土壤的基本属性和本质特征，是土壤为果树生长发育提供和协调土壤养分、水分、空气和热量的能力，是土壤物理、化学和生物学性质的综合反应。简单理解就是土壤能为果树根系生长和吸收提供充足协调的水、肥、气、热条件的能力越强，则该土壤的肥力也越强。

二、土壤改良

1. 土壤改良的必要性

苹果根系在 pH5.7 ~ 6.7，土温 7 ~ 25 摄氏度，田间持水量 60% ~ 80%，有机质含量 1%以上，土壤通透性良好的土壤环境中生长良好。苹果树的根系正常生长除要求适宜的温度和湿度外，土壤的通气状况也很关键，一般要求土壤疏松，孔隙度在 10%以上，当土壤孔隙度小于 10%时，根系生长不良，孔隙度为 1.5%左右时，苹果树的细根便开始死亡，孔隙度在 15% ~ 20%时，根系生长良好。一般情况下果树需要土壤空气中氧气的含量不能低于 12% ~ 15%。土壤通气不良时，根系生长受阻，根际空间狭小，减少了根系对土壤养分的吸收，也抑制地上部生长。如进行矮化密植栽培，由于矮砧根系较浅，对土壤肥力的要求更高，平地果园要求果园土壤为排灌水条件好和有机质含量高的沙壤土至壤土，坡地果园要求果园土壤为灌水条件好和有机质含量高的壤土至轻黏壤土，土壤酸碱度（pH 值）以微酸性到中性为宜，最好在栽植前改良完毕。

2. 土壤改良的方法

（1）深翻改土：果园土壤活土层要求达到 60 ~ 80 厘米（视栽培密度和砧木而定，乔砧稀植时由于骨干根发达要求活土层深厚），且土壤通气状况良好。对不同土壤质地的果园要进行分类管理，瘠薄山地要扩穴深翻，沙地果园要抽沙换土，黏土果园可客土压沙，以利于根系生长和吸收养分，深翻在采果后至晚秋前结合施有机肥和秸秆还田进行。密植果园活土层可浅些，但密植栽培对土壤的结构、有机质含量、排灌水条件要求更高，栽前必须进行改良并提前在定植壕内增施有机肥。乔砧稀植果园可随幼树的增大结合做树盘、施肥逐年改良。

（2）全园深翻：对即将栽植的土壤进行一次性全面深翻，深度 60 ~ 80 厘米。有条件可定植前用机械一次性深翻并配合施入有机肥改良土壤。没有条件的也可定植后隔行、隔株结合施肥轮换深翻，2 ~ 3 年内完成。

（3）隔行深翻或隔株深翻：为避免一次伤根过多或劳力紧张，也可隔行或隔株深翻。平地果园可隔行或隔株深翻，隔行深翻分两次完成果树两侧的土壤改良，也可进行机械操作。等高撩壕坡地果园和里高外低的梯田果园，第一次先在下半行给以较浅的深翻并结合施肥，下一次在上半行深翻，把土压在下半行上，同时施有机肥料，深翻与修整梯田相结合。

（4）扩穴深翻：又叫放树窝子。扩穴深翻是在结合施秋肥的同时对栽后 2 ~ 3 年内的幼龄树果园，从定植穴边缘或冠幅以外逐年向外深挖扩穴，以诱导根系向外扩展，直至全园深翻完为止的深翻方式。图 5.1 为扩穴深翻，每次可扩挖 0.5 ~ 1.0 米，深 0.4 ~ 0.6 米。在深翻中，取出土中大石块或未经风化的母岩或底土，并填入有机肥料及表层熟化土壤。一般 2 ~ 3 年内可完成全园深翻。

（5）中耕：中耕是指耕作的深度低于深耕，主要作用是改善土壤表层孔隙度和结构性，一般在生长季节后期降雨后进行，恶性杂草多的果园中耕同时结合消灭杂草。生草覆盖果园不用中耕。

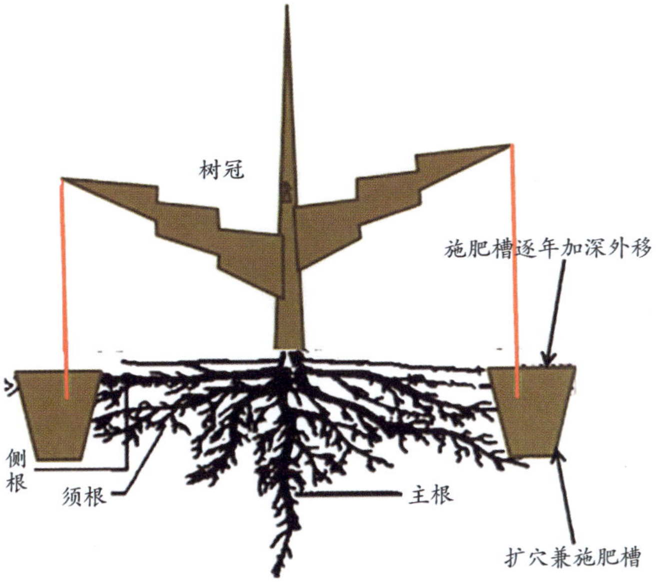

图 5.1　扩穴深翻

3. 果园土壤改良过程中的注意事项

（1）切忌伤根过多，以免影响地上部生长。深翻中应特别注意不要切断 1 厘米以上的大根，如有切断，则切头必须平滑，以利愈合。如根部带病，可适当晾根，切掉并刮除病部，再涂抹杀菌剂消毒。

（2）深翻时结合施有机肥，效果明显。深翻结合株施有机肥如绿肥、蒿秆、落叶等 100 千克左右，分层施入，有利于腐熟分解。

（3）随翻随填，切忌根系暴露太久。干旱时期不能深翻，排水不良的果园，深翻后及时打通排水沟，以免积水引起烂根。地下水位高的果园，主要是培土而不是深翻，更重要的是深挖排水沟。

（4）做到心土、表土互换，以利心土风化、熟化、增施有机肥。增施有机肥，不仅可改善土壤结构，调节土壤孔隙度，增强土壤保肥、透气、调温的性能，而且还可提高土壤有机质含量，增强土壤蓄肥性能和对酸碱的缓冲能力，从而防止土壤板结。

（5）秸秆还田。农作物秸秆是重要的有机肥源，最好能做到秸秆粉碎还田可提高土壤有机质含量，增加土壤孔隙度，协调土壤中的水肥气热，为土壤微生物活动创造良好环境，有利于有机质分解、软化，改善土壤理化性状。

（6）适度深耕。运用大型耕作机械进行深松整地，当深松深度达到 30 厘米以上时，可打破犁底层，改善耕层构造，从而防止土壤板结。

（7）合理灌溉。大水漫灌由于冲刷大，对土壤结构破坏最为明显，易造成土壤板结，沟灌、滴灌、渗灌、小管出流等相比较为理想，沟灌后应及时疏松表土，防止板结，恢复土壤结构。如果在秋季进行正好是盐源县雨季可不必灌水。

（8）彻底清除果园残膜。在使用后若不能彻底清除残膜，塑料胶状物大量残留在土壤中，不但会形成有毒物质，而且还会破坏土壤结构。

（9）配合改土调节土壤酸碱度。在酸性土壤中施用石灰，对碱土施用石膏，可改善土壤结构，促使土壤疏松，防止表土结壳。

三、果园地面管理

常见的有清耕法、生草法、清耕覆盖法、覆盖法等几种方法。

1. 清耕法

果园内地面不留草，地面清耕可采用一年浅锄数次或机械翻土 2～ 3 次，使土壤保持疏松和无杂草状态。长期采用清耕法易造成土壤有机质含量减少，土壤蒸发量也增大，会减少土壤持水量。

2. 生草法

（1）作用：果园生草可有效增加土壤有机质含量，减少水土流失，改善土壤的物理、化学性能。在土层较深厚，水土易流失的果园，生草法是较好的土壤管理方法。

（2）草种的选择原则：果园生草的草种选择原则，应具有浅根系，覆盖率高，植株矮小，茎叶质嫩等特点。果园常见的野生杂草，经人工选择，也可作为生草品种使用。

适宜的草种：幼龄果园行间空地大，可选择生长快、产草量高、覆盖度好的草种。选用豆科类三叶草、聚合草、紫花苕等与禾本科的黑麦草等混种，达到快速提高土壤肥力；成龄果园选择耐阴性好、植株低矮、匍匐性能强的草种生草效果最佳。左下图黑麦草、聚合草等生物产量高，适合幼龄果园。图 5.2（a）为聚合草，（b）为三叶草，都较低矮、匍匐产草量大。苕子表现较好，但易染白粉病，可与果树相互传播。

（3）生草管理技术：

① 幼苗期管理：及时除去杂草、灌溉和增施氮肥，促进草的生长。对出现缺株的地块，应及时补栽。刈割：草长起来覆盖住地面达到 30 厘米以上时，要及时刈割，促进分蘖或分枝、提高覆盖率、增加产草量。幼龄果园，果树行间空闲地面大，草可以留得高些，成年果园相反。把割下的草覆盖在树盘下。

② 肥水管理：在生长季节前期要施肥，生草地一般施用氮肥，施肥后灌水。

③ 草的更新：多年连续生草，会使果树的根系上移，和草根一起在土壤表层形成盘根错节的“板结层”，要进行更新，在秋季结合施有机肥料，深翻埋入地下。

④ 防鼠防火：果园生草，特别是冬春季，要提防鼠害。秋后果树树干涂白或包扎塑料薄膜防止鼠害。生草果园，要把果树行间的落叶清扫干净，放置在树间和覆盖物一起覆上一层薄土预防火灾。

（a）

（b）

图 5.2　生草法

3. 清耕覆盖法

即在果树生长需肥水最多的前期采用清耕法，雨季和后期采用生草法。雨季一般在春梢生长后期来临，前期较缺水，雨水下地后采用生草法，后期连同双子叶杂草一起打草，覆盖于树盘，草多时可全园覆盖，草腐烂后增加土壤有机质。

4. 覆盖法

平地和山地都可进行。山地果园坡度超过 15 度，未及时进行地形改造，应考虑树盘覆盖，减少水土流失。树盘覆盖分杂草、秸秆覆盖（图 5.3）和地布、塑料薄膜覆盖（图 5.4）两种。

图 5.3　打草后覆盖

果园覆草在春季施肥、灌水后进行。草覆盖在距主干 15 ~ 30 厘米以外的树盘内。采用这种方法，树盘内土壤水分消耗约为清耕土壤的 1/3，又可防止土壤温度的急剧变化。利用秸秆、杂草、塑胶膜等覆盖于树冠下，覆草厚度为 10 ~ 20 厘米，上面压少量土，并补充草量，连覆 3 ~ 4 年后浅翻 1 次。覆草后追肥可扒开草层施入。

图 5.4　覆盖地布

第三节　肥水管理

一、苹果树正常生长发育必需的营养元素

果树的生命活动中，需要碳、氢、氧、氮、磷、钾、钙、镁、锌、铜、锰、硼、铁、硫、钼、氯 16 种必需营养元素，这些营养元素不论果树需要多少，它们的作用是同等重要的，而且不可替代。如果果树在生长发育过程中缺少其中任意一种，都会表现出不良症状。这些营养元素中有些在果树生长周期中需要的数量多，在果树干物质中所占的比例为 1%左右的，称为大量元素；有些只需要吸收少量果树就能正常生长发育，称为微量元素；部分介于它们之间，称为中量营养元素。这些营养元素在果树生长发育周期中所起作用和需要量各不相同，但它们都是果树生长结果所不可缺少的。

这些营养元素中有部分果树可以通过栽培的自然环境比如空气、土壤自行吸收，如碳、氢、氧，可以通过苹果树吸收水和二氧化碳吸收。有些虽然土壤可以提供，但苹果树年复一年的年生长周期和生命周期中需要量是自然土壤不能满足的，必须人为补充，就是我们所说的施肥。苹果树需要补充的大量元素有氮、磷、钾，中量元素有钙、镁、硫，微量元素有铁、硼、锌、铜、钼、氯。每个地方自然土壤的种类不一样，施肥补充的营养元素也不一样。

除了大量元素必须补充以外，微量元素常需要补充硼、锌，少部分果园需补充铁，大部分果园中量元素需要补充钙，少部分果园需补充镁、硫。

现在有果树营养专家认为硅元素也是果树必需营养元素，按果树需要量为中量元素。

二、主要营养元素的作用

1. 氮（N）

氮是构成蛋白质的主要成分，在蛋白质中，氮的平均含量是 16%～18%，而蛋白质是构成细胞原生质的基本物质。一切有生命的有机体都是处于蛋白质的不断合成与分解之中。所以氮被称为苹果的生命元素。氮也是苹果叶片中叶绿素的重要组成部分，氮素的丰缺与叶片中叶绿素的含量有着密切的关系，苹果缺氮时，新梢短而细，整个树体皮层泛红色或棕色，果实皮层变厚而硬，泛红，在绿色果实如 金冠上更明显；初期上部叶小而薄，淡绿色，随后到夏季从基部老叶开始变黄，以后蔓延到枝条顶部。缺氮严重的幼叶很小，甚至新梢旺长期叶脉都呈现橙红色，叶柄和小枝的角度变小。花芽和花都少，果实小，着色早、易早熟、早落。很多小老树都是缺氮造成的。氮素供应充足，合成较多的叶绿素，苹果叶片叶色浓绿，叶大而厚，枝条长势旺。氮素过多时新梢徒长，不充实，不易形成花芽，落叶晚，果实着色差。图 5.5 中果园从定植苗木就未施肥，到后期也从未施肥，图中所示为苹果生长前期缺氮表现，新叶颜色浅、淡、小而薄，新梢停长早。图 5.6 所示为继续缺氮时从基部老叶变黄蔓延到新叶，老叶颜色变化较正常叶片快，早落。

图 5.5　缺氮初期

图 5.6　缺氮后期

2. 磷（P）

磷是组成细胞核、原生质的重要元素，是核酸及核苷酸的组成部分，对果树的生长发育和新陈代谢都有重要作用。磷参与构成生物膜及碳水化合物，含氮物质和脂肪的合成、分解和运转等代谢过程，被称为果树的能量元素。所以磷和氮元素常同时补充。苹果缺磷时叶片稀疏，小而薄，呈暗绿色，叶柄及叶下表面的叶脉呈红色、紫红色。如图 5.7，与枝条的夹角成锐角，枝条短而细弱，不充实，果实小，含糖量低，花芽分化不良，花芽少。严重缺磷时，老叶发生黄绿或深绿色斑点，果树抗寒能力差（图 5.8）。

图 5.7 缺磷叶柄与枝条夹角成锐角

图 5.8 缺磷症状

3. 钾（K）

钾对果树的生长发育的重要的作用，不像氮、磷一样直接参与构成生物大分子。它的主要作用是：在适量的钾存在时，果树的酶才能充分发挥它的作用，有利于蛋白质的合成，促进光合作用，并能促进果树经济用水，促进碳水化合物的代谢并加速同化产物向贮藏器官输送，被称为果树的“品质元素”。有文献表明含钾高的叶片比含钾低的叶片多转化光能 50%～70%。因而在光照不好的条件下，钾肥的效果就更显著。此外，钾还能增强果树的抗逆性，由于钾能够促进纤维素和木质素的合成，因而使枝条粗壮。此外，钾充足时，果树抗病能力大为增强并提高果树的抗性。缺钾的症状：图 5.9（a）缺钾时苹果枝梢从老叶的尖端和边缘开始发黄，并渐次枯萎，叶面出现小斑点，严重时叶片呈蓝绿色，发皱卷曲，叶脉间黄化干枯或呈焦枯焦状，最后叶脉之间的叶肉也干枯；图 5.9（b），并在叶面出现褐色斑点和斑块，花芽少且变小，结出的果实也小，着色差。

4. 钙（Ca）

钙是构成细胞壁的重要元素，它与蛋白质分子相结合，是质膜的重要组成成分。苹果树缺钙，首先反应在根系上，新根过早地停止生长，根系短而膨大，有强烈分生新根的现象。图 5.10 为苹果缺钙症状，缺钙时苹果果实不耐储存，果实还易发生苦痘病、水心病等缺钙生理病害。

（a）

（b）

图 5.9　缺钾症状

图 5.10　缺钙症状

5. 铁（Fe）

铁是光合作用、生物固氮和呼吸作用中的细胞色素，叶绿素-蛋白复合体合成需要铁元素。苹果树缺铁时，症状首先表现在新梢嫩叶，叶片变黄，俗称黄叶病（图 5.11）。其表现是叶肉发黄，叶脉为绿色，呈典型的“网状失绿”。缺铁严重时，除叶片主脉靠近叶柄部分保持绿色外，其余部分均呈黄色或白色，甚至干枯死亡。随着病叶叶龄的增长和病情的发展，叶片失去光泽，叶片皱缩，叶缘变褐、破裂。

6. 硼（B）

硼可促进碳水化合物的运输，促进生殖器官的建成和发育，促进生长素运输，同时硼还参与果树传粉受精作用，抑制酚类合成对幼芽的伤害。苹果树缺硼时花器官发育不良，授粉受精不良，落花落果加重发生，坐果率明显降低。缺硼时叶片变黄并卷缩，叶柄和叶脉质脆易折断。

严重缺硼时，根和新梢生长点枯死，根系生长变弱，还能导致果实畸形（即缩果病）（图 5.12）。病果味淡而苦，果面凹凸不平，果皮下的部分果肉木栓化，致使果实扭曲、变形，严重时，木栓化的一边果皮开裂，形成所谓“猴头果”。

图 5.11　缺铁症状

图 5.12　缺硼症状

7. 锌（Zn）

锌的主要生理功能是参与生长素（吲哚乙酸）的合成。缺锌时生长素不能顺利合成，新叶不能正常生长，最明显的症状是簇生小叶，所以又称小叶病。发生过程是春季新梢顶部轮生一些小而硬、有时呈花斑的叶，以下部位有时暂没叶片而形成“光腿”，以后抽生新枝（图 5.13）。初期叶片生长较正常，后来才变得窄长，叶缘无齿，出现花斑；花芽形成减少，果实小而畸形。受害一年后，小枝可能枯死。

图 5.13　缺锌症状

8. 镁（Mg）

镁是叶绿素的组成成分，能加强酶促反应；镁还参与氮的代谢作用和促进脂肪的合成，有利于提高果品的品质。

幼树缺镁，新梢下部叶片先开始褪绿，并逐渐脱落，仅先端残留几片软而薄的淡绿色叶片。成龄树缺镁，枝条老叶的叶缘或叶脉间先失绿或坏死，后渐变黄褐色，新梢、嫩枝细长，抗寒力明显降低，并导致开花受抑，果小味差。

9. 锰（Mn）

锰是光合作用中不可缺少的元素，在硝酸还原过程中是催化剂，并对果树体内糖分的积累和转化起着重要作用。

果树缺锰，常出现缺锰性失绿。从老叶叶缘开始，逐渐扩大到主脉间失绿，在中脉和主脉处出现宽度不等的绿边，严重时全叶黄化，而顶端叶仍为绿色。锰素过多时，树皮发生疹状病斑，俗称“生理性粗皮病”，在新红星系列部分品种上表现明显。

10. 铜（Cu）

铜是作物体内许多氧化酶的成分，或是某些酶的活化剂。参与光合作用，与叶绿素形成有关，而且具有提高叶绿素稳定性的能力。铜还参与氮素代谢作用。

缺铜：顶梢在旺盛生长以后开始枯梢，其叶片出现坏死斑和褐色区域，接着枝条顶端凋萎死亡。下年在死亡的生长点下面又长出新梢，然后又接着枯梢。如此反复几年后树冠生长受影响，树形变成丛状。

11. 钼（Mo）

钼离子是硝酸还原酶的金属成分，起着电子传递作用。钼又是固氮酶中钼铁蛋白的成分，在固氮过程中起作用。缺钼时，老叶叶脉间缺绿，坏死。

三、施　肥

（一）施肥的原则、时期及施肥量

1. 施肥原则

（1）苹果园施肥应根据土壤条件施肥。有条件的应当推行测土配方施肥。即先分析土壤有效成分，再根据果树需要进行补给。果树年复一年的生长发育，所需土壤营养元素仅靠土壤原有营养元素供给是远远不够的。凭栽培经验而言，生土施重肥并配合改良土壤，使土壤水、肥、气、热更协调，从而提高土壤肥力；熟土前期可稍少施肥，但随果树的增大和产量的增加必须适时补充肥料。

（2）有机与无机肥料配合施用。增施有机肥料是改良苹果园土壤物理结构和化学性质的基本措施。有机肥料肥效持久而缓慢，化学肥料肥效快而短暂，两者配合施用可缓急相济、互补长短，在苹果生长期间可平衡供应所需养分。

（3）大量元素、中、微量元素等配合施用。苹果正常生长发育所需营养元素具有同等重要性，只是需要量不同而已，而且不可相互取代。养分均衡供应才能发挥最大肥效。在增施有机肥深翻改土的基础上，还必须重视氮磷钾及中、微量元素等化肥的配合施用，注意多元复合（或复混）肥料的施用，使各种营养元素的比例协调，以满足苹果树生长结果与丰产优质的需要。目前在苹果生产上仍存在着重氮磷钾，轻钙镁及微量元素的倾向，造成苹果树供应营养不平衡，从而易引发缺素症。盐源县在刚包产到户时，很多果园的果农只知道施氮肥，果树出问题后增施磷、钾肥，很多果园容易出现小叶病、缩果病、黄叶病、苦痘病、水心病等，一般在出现后才急忙补充中量、微量元素，造成了很多不必要的损失。

（4）根据苹果树年周期和生命周期各时期的生长发育特点施肥。

2. 施肥量

据我国很多苹果老产区有关研究表明，苹果树形成产量以后，结果量的多少与土壤营养的消耗呈正相关，而且对氮、磷、钾的消耗是成一定比例的，幼树期营养生长旺盛，结果量少，需氮肥多，应以氨态氮肥为主，辅以适量的磷肥、少量钾肥，所以氮、磷、钾肥的比例幼树常为2∶1∶0.5，初结果树为2∶2∶1。盛果期，因其结果量增大，对磷、钾肥需求量增多，在保证氮肥用量的基础上，要增加磷、钾肥的施用量，重视钾肥的施入，以提高果品质量。成龄果园氮、磷、钾一般为2∶1∶2。衰老期树，在保证磷、钾肥的同时，适当增加氮肥，以促进衰老树的更新生长。果树氮磷钾的施肥比例不是一成不变的，还要看土壤肥力与果树长势、结果量等综合考虑，一般长势不足应增加氮肥的比例，花芽量少增加磷的比例，结果量大应增大钾的比例并适当增加氮的比例。从果树一年的需肥情况看，前期需氮肥较多，磷肥全年需求都较平稳，结果树中后期随果实的膨大应增大钾肥施入量。此外，有文献根据果实有效成分分析，每生产50千克果需要吸收纯氮275克，纯磷140克，纯钾275克。因此以结果量及结果能力的多少为依据计算施肥量是比较科学的，经多年推广取得了比较好的效果。一般氮利用率为50%，磷为30%，钾为40%，以尿素为例，其有效成分为46%，利用率为50%，每生产50千克果实则需施入1.2千克左右，磷钾则按与氮肥的比例施入。稀植果园施肥时可根据树体大小及挂果量计算出每株全年施肥量，再按不同施肥时间分配；密植果园一般按亩产量计算每亩施肥量，再分配施入；在考虑施肥量时，每个果园具体的情况都不尽相同，施肥时可参照前一年的施肥量，结合产量和长势的变化情况综合考虑，在两相比较的情况下决定数量和比例。

测土配方施肥是根据土壤和叶片养分含量的分析结果来确定施肥量，是目前比较科学的施肥方法。配方施肥是根据苹果需肥规律，苹果园土壤供肥性能和肥料效应，在合理施用农家肥的基础上，提出氮、磷、钾及中微量元素等肥料的施用品种、数量、施肥时期和施用方法。目的是用此法调节土壤供肥与苹果树营养需求之间的平衡，使施肥更加科学化、合理化、定量化。

3. 施肥时期

苹果树最佳的施肥时期、施肥的种类、每次施多少，应与果树根系生长的特点及苹果树的需肥特性、肥料特性及施肥方法相结合。

（1）苹果树根系活动规律：苹果树地下部根系的生长高峰与地上部的生长高峰是交替进行的，萌芽前，由于表层土温上升快，根系生长第一次高峰于萌芽前持续到春梢旺长前到来，土温回升较快的地区，按时间来算，在春季一般在2月底至3月上中旬即达到高峰，新生根的活跃期一般在1个月左右，以后随着新梢的生长，开花结果，生长中心转移到地上部，根系活跃性显著减弱，故应在此次高峰到来之前早灌水，并于新梢旺长前提前进行一年的第一次施追肥，施肥深度可以相对较浅，少断根。根系第二次生长高峰在春梢即将停长时开始到来，由于表层土温较高，高于根系生长最适温度，下层土温正在上升，达到根系生长最适温，此次根系生长高峰以下层根的生长量较大，此时正值春梢停长和果实迅速膨大之前。随地上部果实迅速膨大和秋梢的生长，根系生长明显放慢。随地上部秋梢的停长和果实采收，根系出现第三次生长高峰，这次高峰持续时间长，上层土温也降至根系生长适温，下层土温下降慢，所以整个层次土壤根系都有生长，所以秋施基肥可比追肥更深些。以后随土温的逐渐降低，根系也逐渐停长并进入休眠。成年树第一次生长高峰生长量较小。掌握根系生长规律后，我们应在果树根系生长高峰到来之前提前进行土壤施肥。

（2）苹果树对养分的需求规律：果树在生命周期和年周期中各个时期不同，需肥特点不同，合理的施肥要根据果树不同时期的需肥特点结合果树根系的生长高峰期适时施入。

苹果树在不同的生长发育阶段和不同的立地条件下对肥料的需求不同。一般而言，幼树对氮肥需求量大，所以氮磷钾的比例中应加大氮的比例，进入结果期后对氮磷钾肥需求量都增大，相对而言钾肥的比例增大，老树特别是衰弱树要增加氮肥使用，以恢复树势。

在一年当中果树对大量营养元素氮的需求分为 3 个时期，从萌芽到新梢加速生长为大量需氮期，虽然这之前树体消耗养分以贮存营养为主，但随根系对肥水的吸收，当年施肥能改善新梢叶片质量和新梢旺长期对氮肥的需求而增加新梢生长量、改善叶片质量，增加有机营养合成数量，从而提高树体营养水平。从新梢生长后期到果实采收前为稳定需氮期；从果实采收后到落叶前为氮素贮备期。总体而言苹果树前期需氮较多，后期较少。果树周年营养对磷的需求平稳，从新梢旺长期开始吸收量增加，到后期需求都较平稳，基本无高峰和低谷；随果实的膨大，苹果树对钾的需求量开始增加，以果实膨大期最多。故从新梢旺长和幼果膨大期，应开始增加磷钾肥的施用量。总的来看，年周期发育过程中，前期以吸收氮为主，中、后期以吸收钾为主，磷的吸收全年比较平稳。

中量元素钙通过叶片的蒸腾随水向上运输，其在叶片中移动性差，钙主要表现在果实上，尤其是套袋果实，很多果树的果实表现出缺钙症状，但是叶分析并不缺钙的原因就在于此。解决果实缺钙最好的办法在幼果期就开始喷施速效钙肥。当然土壤施肥时补充钙肥也是必要的，据相关资料显示，氮磷钾施用过多易造成缺钙。中量元素镁可促进根系的健康生长，也是叶绿素的重要组成成分，但镁过量也会减少钙的吸收，有机质缺乏的酸性土壤或施钾肥过多的土壤，容易诱发缺镁病。酸性土壤以施用钙镁磷为好，碱性土壤以施用氯化镁或硫酸镁较好。钙镁磷肥可作为基肥或追肥使用。微量元素如硼、锌、铁、锰、铜、钼也是果树生长必需的营养元素，锌、硼和铁是最需及时补充的养分，对果树正常的生长发育非常重要。

（3）肥料特性及施肥方法：化肥等速效肥发挥肥效所需时间较短，未腐熟的农家肥腐烂分解需要较长时间，不借助加温设备或加入发酵菌一般应至少提前 1 个月以沤肥、堆肥等方式腐熟再施入。如结合深翻改土可与粪肥、化肥等作为基肥混合提前施入，在土壤中缓慢腐烂分解。根外追肥发挥肥效快，可在需肥高峰期适时喷施。水溶肥、液肥等发挥肥效快，结合灌溉式施肥发挥肥效非常快，可于需肥高峰来临时稍微提前几天施入。

城镇垃圾或工业废角料等如果要用作肥料，必须符合 NY525—2002《有机肥料》和 GB8172—1987《城镇垃圾农用控制标准》的要求。

（二）土壤施肥的时期和施肥方法

1. 基　肥

基肥是果树全年需肥基础的肥料，尽量长时间稳定的供给果树需要，一般在采果前后及时施入，早熟至中晚熟品种采果后施入越及时越好，采果较晚的可在采果前施入。苹果采收后如及时施足基肥，此时秋季土温尚高，墒情较好，有利于土壤微生物活动，施入的有机肥腐熟快，化肥转化快，苹果树的地下部根系又处于生长和吸收高峰，由于地上叶片多而老化，基肥有利于叶片光合效能恢复，起到地下地上双促进，更有利于光合产物的形成与积累，及时补充因大量结果而亏损的树体营养，提高树体贮存营养水平，提高树体的越冬能力。苹果树次年春季发根、开花、萌芽、幼果膨大、前期新梢生长所需营养都来自树体贮存营养，苹果树贮存的养分充足，新梢生长才会壮实，坐果率也才会高。当新梢叶片达到一定面积并满足自身消耗外，此时树体所需有机营养才依靠新梢产生的光合产物供给。假设贮存的养分缺乏，即使春季再怎样施肥也不能满足苹果树前期生长和结果对养分的需要。

基肥的施肥深度应根据树龄和土壤熟化程度来定，生土应结合深翻改土进行，配合施有机肥，在株间和行间逐年交替进行，最终把全园土壤深翻改造完。幼树可适当浅些，一般 40 ~ 50 厘米，成年树适当深些，树冠越大施肥深度应越深，以诱导根系生长，乔砧苹果树可深达 60 厘米左右，稀植大树如配合深翻改土还可略深一些；密植果园可适当浅些。基肥的施肥量占全年施肥量的 1/2 ~ 2/3。为提高并延长晚秋苹果叶片的光合能力，基肥要以经发酵或沤制、堆制过的有机肥即腐熟的有机肥为主，可适量加入尿素等速效氮、钾肥。磷易在土壤中变成不溶性状态或被土壤所固定，降低肥效，一般也多混入有机肥中做基肥深施，也可提前做成堆肥一并施入。施基肥时还可配合改土加入绿肥、切断的作物青绿秸秆、土杂肥等与表土混合拌匀施入。有机肥主要用厩肥（鸡粪、羊粪、猪粪等）、堆肥、沤肥和人粪尿等，在苹果老产区有“斤果斤肥”的说法，即施肥量按每生产 1 斤（1 斤 = 0.5 千克）果需 1 斤优质有机肥计算，每亩施 3000 ~ 5000 千克有机肥。高产、稳产果园施有机肥的数量还可增加到 5000 千克以上。

基肥施肥的方法：如图 5.14，株距小的结合深翻可在行间利用挖掘机械挖壕沟施入。如图 5.15，株距大的，在树冠滴水线下挖施肥槽施入，也可在株间和行间隔年隔行轮流施入。矮砧果树根系浅，施肥槽距主干较近，很多时候只有 50 厘米左右，施肥槽深度也比稀植栽培的浅，根据树体大小，多数时候 30 ~ 50 厘米。

图 5.14　行间壕沟式施基肥

图 5.15　施肥槽施肥

2. 追　肥

追肥又叫补肥，是对基肥的补充，因为基肥发挥肥效平稳而缓慢，而果树地下部根系吸收有高峰期，地上部生长需求也有高峰期，故需追肥补充。追肥一般施用化肥或腐熟的农家肥，也可两者相结合，一般追肥施用量占全年施肥量的 1/3 ~ 1/2，分几次施入。

（1）施肥原则：

追肥应以速效肥为主，要根据树势强弱、产量高低以及是否缺少微量元素等来确定施肥种类、数量和次数，一般挂果量大追肥次数多，施肥量大，反之减少。果树长势差可多施，反之适当减少。

（2）追肥次数和时间：

由于气候原因，前期大多较干旱，追肥必须结合灌水（先灌水后施肥或灌溉式施肥），后期追肥要根据土壤湿度实际变化情况考虑是否需要结合灌水进行。追肥一般每年进行 1 ~ 3 次，根据具体情况来定。第一次追肥在萌芽前进行（花前肥），肥料以氮肥为主，速效氮肥可达到全年施肥量的 50%，如花后不追肥也可适量加入磷肥、少量钾肥，适当配合微量元素，如锌、硼以满足花期所需养分，提高坐果率，促使新梢生长。第二次在花后（4 月下旬至 5 月初）追肥，肥料为氮肥、大量的磷肥、少量钾肥，最好为速效性肥，可结合施入中量元素钙肥（钙肥也可进行根外追肥），并配合灌水，以减少生理落果，促进枝叶生长和花芽分化。花前肥施肥量大时，挂果量少的幼树果园可以不施花后肥。第三次在进入果实膨大期时（6 月上中旬至 7 月上中旬）追肥，以磷钾肥或复合肥为主，减少氮肥施用量，根据挂果量和长势及前期施肥量也可适当补充 10% ~ 20%的氮肥，追钾肥总量的 60%、磷肥 20%左右，这次追肥有利花芽分化和果实膨大，对提高产量、增加果实含糖量、改善风味、促进着色有很好的作用，对增加翌年开花量也有明显作用。

（3）追肥的施肥方法：

① 施肥槽追肥：追肥方法与基肥相似，如图 5.16，最常用的方法还是在株间或行间挖施肥槽，施肥槽根据树冠扩大的程度和施肥量的增大（随产量增大），逐年向外扩，并适当加宽加深。追肥在苹果树需肥高峰期前提前施入，与灌水相结合。但追肥的施肥槽要浅，一般掌握在 20 ~ 40 厘米。

图 5.16　槽状追肥

② 穴状施肥法：即在树冠外围挖多个施肥小穴，数量和深度根据树冠大小确定，可在每个主枝外围挖 1 ~ 4 个施肥穴，树冠大的 1 株树可打施肥穴 6 ~ 12 个，树冠小 3 ~ 6 个，一般穴深 20 ~ 40 厘米，果树小则浅一些，树冠大可深一些，施肥穴一般都挖在树冠滴水线附近，树冠较大时，滴水线内外可多挖一些施肥穴，开好穴后施入肥料，盖土封严（图 5.17）。土壤墒情差时，追肥要结合灌水进行。

图 5.17　穴状追肥

③ 放射状追肥（图 5.18）：距树干 50 ~ 100 厘米处向外挖放射状沟 4 ~ 6 条，挖在主枝投影两侧，尽量减少伤大根，近树冠处施肥槽浅而窄，向外逐步加深加宽，以诱导根系生长，施肥槽从树冠滴水线内延伸到滴水线外，深度一般为 20 ~ 40 厘米，内浅外深，肥料施入槽内后填土平整树盘，隔年更换放射沟的位置。

④ 环状施肥法：在树冠外围稍远处挖一环形沟，沟宽 30 ~ 50 厘米，沟深 20 ~ 40 厘米，按肥、土 1 : 3 比例混合回填，然后覆土填平。图 5.19 为环状施肥，一般挖在须根密集的地方稍微外围一点，以诱导根系生长，也可用于幼树深翻扩穴。此法具有操作简便、经济用肥等优点；但易

图 5.18　放射沟内窄外宽，内浅外深，诱导根系向深远扩展

切断水平根，且施肥范围较小，一般多用于幼树。

图 5.19　环状施肥

（4）灌溉式施肥：将在本章第四节详细讲述。灌溉式施肥是将灌溉与施肥有机结合的一项农业新技术，主要是借助新型微灌系统（图 5.20），如滴管、微灌、小管出流、喷灌、冲施肥等，在灌溉的同时将物理性质较好、易溶解的肥料（图 5.21）配兑成肥液输入果树根际土壤，可以精确控制灌水量、施肥量、灌溉及施肥时间，也可与其他灌水方式结合施肥。由于微灌过程主要是根部灌溉，肥料也随水直被输送到根系的周围，直接被作物吸收利用，极大地减少灌溉用水和肥料的投入，提高水资源和肥料的利用率，肥效高、省工、省时。

图 5.20　灌溉式施肥

图 5.21　选择易溶解、配兑的肥料

（5）根外追肥：又称叶面施肥，是将水溶性肥料或生物性物质的低浓度溶液喷洒在生长中的作物叶上的一种施肥方法。根外追肥时如果要与杀菌剂，杀虫剂等混合使用，在药剂混合前要分析肥料和其他农药的性质，酸性肥不能与碱性农药不能混合，同样碱性肥料也不能与酸性农药混合，喷施前最好先试混一下。如图 5.22，物理性状好的肥料才适合灌溉式施肥和根外追肥，钙镁磷肥只能浸水后取上部清水或用磷酸二氢钾复合肥。

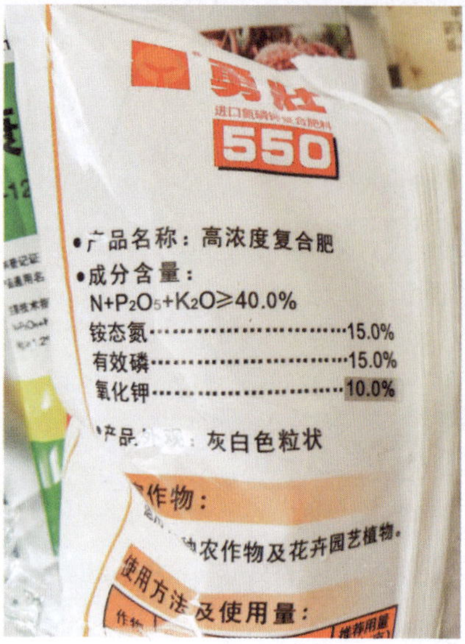

图 5.22　根外追肥需选择物理性状好的肥料

① 根外追肥法施肥的时间：采用根外追肥法施肥可迅速补充果树养分，促使正常结果和预防缺素症。追肥时间宜在早晨或傍晚进行，喷洒部位应以叶背为主，每次间隔 7～10 天。生长期间可多次进行根外追肥。应注意，根外追肥虽然几个小时就开始发挥作用，但不能代替土壤施肥，应互为补充，起辅助作用。根外追肥喷后 10～15 天叶片对肥料反应最明显，以后逐渐降低，25～30 天则消失。

② 根外追肥常用的肥料种类和浓度：

a. 尿素：萌芽、展叶、开花、果实膨大至采果后均可喷施，施用浓度早期用 0.2%～0.3%，中、后期用 0.3%～0.5%。

b. 磷酸二氢钾：早期用 0.2%，中、后期用 0.3%～0.4%。

c. 硼肥：发芽前后用 1%，盛花期用 0.3%。

d. 硫酸锌：花期、新梢生长期 0.2%～0.3%。

e. 缺钙时可在果实膨大期喷施硝酸钙溶液等钙肥，连续 4 次或在苹果补钙关键临界期（落花后第三周至第五周）连喷 2 次 600～800 倍液，间隔 10 天，能有效地防治苹果苦痘病。

四、灌水与排涝

（一）苹果树年周期中的几个主要需水时期

1. 苹果树的需水临界期

苹果树的需水临界期是指苹果树年周期内生长生育对水分缺乏最敏感的时期，如果此时缺水果树最易受伤害，损失最大。新梢旺长及幼果膨大期是苹果树第一个需水临界期，果实迅速膨大期是第二个需水临界期。

（1）萌芽期：土壤含水量应达到田间持水量的 70% ~ 80%。

（2）开花期：土壤含水量应达到田间持水量的 60% ~ 70%。

（3）新梢生长和幼果膨大期：土壤含水量应达到田间持水量的 80%。

（4）花芽分化临界期：土壤含水量应达到田间持水量 60%。

（5）果实膨大期：土壤含水量应达到田间持水量的 80%

（6）成熟期：土壤的含量应达到田间持水量的 70%。

（7）休眠期前（生长期后期，落叶前）：60%。

苹果树春季发根、萌芽、开花、幼果膨大、前期新梢生长所需营养都来自树体储藏营养，而树体储藏营养物质从储藏状态需要分解转化后才能运转并提供给果树萌芽前后的一系列生理活动，所以苹果树在春季萌芽前必须灌水，且春季灌水宜早。

2. 苹果年周期中的需水临界期与气候

苹果树在新梢生长和幼果膨大期及果实膨大期需水量最大，应及时灌水。整体而言，前期需水多，以后下降，花芽分花期相对需水较少利于干物质积累而有利于花芽分化，以后需水增大，采果后需水降低利于有机营养积累，有利于休眠期安全越冬。

我国苹果产区多为温带季风性气候，干湿两季明显，多数年份 6 月上旬前是旱季，对苹果树需水临界期中的前一个临界期——新梢旺长及幼果膨大期灌水影响很大。此时正值春梢旺长、幼果细胞迅速分裂期，需水量大，同时由于此时期温度不断上升、蒸发量大，叶面积增加，需水量剧增。务必保持水分供应充足，特别是花后 1 个月内，如果缺水，就会导致苹果出现果个小、畸形、果偏、落果严重等多种症状。

果实迅速膨大期是第二个需水临界期，气温高，叶幕厚，果实迅速膨大，水分需求量大。不同品种不一样，中熟及以后成熟品种在 6 月中下旬以后，此时大多数年份已进入雨季，一般不用灌水，且需要注意排水防涝。当然具体仍需以实际情况判定。此期如温度高，叶幕厚，果实膨大快，耗水多，如久旱不雨可浇一次水。

（二）果园灌溉中应注意的问题

（1）应结合果园所在地年周期中土壤水分的变化情况及水源条件。

（2）应结合当地年周期中气候和天气的变化情况。

（3）应结合果树的需水规律。

（4）应结合果树的需肥规律及施肥方法，合理利用灌溉设备。例如，第四节讲述的水肥一体化，利用设备既可灌溉也可施肥。

（三）常见的果园灌水方式

1. 沟灌、树盘漫灌

图 5.23 为沟灌和树盘漫灌，是果园灌水常采用的传统灌水方式。图中通过灌水渠道或用提水设备把水抽到果园高处，然后利用沟灌渠道通过人工锄、挖引水沟，把进入行间的水引到树盘内的沟灌方式。水分本身就是肥力因素之一，此外肥料的溶解，吸收、合成、运转、和利用也必须在水的参与下进行。所以施肥必须结合灌水肥效才能充分发挥肥力。

图 5.23　树盘漫灌

2. 滴　灌

如图 5.24，滴灌省水，是喷灌量的 1/2，是地面漫灌量的 1/3 甚至更少。滴灌后不需要整地，产量高，品质优，管理省工，效率高。滴灌需要较高的物力投入，对水质要求也严。滴灌的主要特点是灌水量小，灌水器每小时流量为 2 ~ 12 升，因此，一次灌水延续时间较长，灌水的周期短，可以做到小水勤灌；需要的工作压力低，能够较准确地控制灌水量，可减少无效的棵间蒸发，不会造成水的浪费；滴灌还能自动化管理。水源启开后所有滴头同时等量地滴水灌溉。这种供水方式，使果树根系周围土壤湿润，而果树株行间保持相对干燥。

图 5.24　滴　灌

杂质、矿物质沉淀的影响会使毛管滴头堵塞，滴灌的均匀度也不易保证。这是难以大面积推广滴灌技术的原因之一。

3. 喷　灌

上述设施灌溉中，将滴灌的灌水器改造为喷头，调节压力，灌溉就成了喷灌（图 5.25）。喷灌有利于改善果园小气候。喷灌也需要一次性投入较高的物力，而且在多风地区灌溉效率受一定影响。喷灌按竖管上喷头的高度分有三种形式：一种是喷头高于树冠的，每个喷头控制的灌溉面积较大，多用高压喷头；一种是喷头在树冠中部，每个喷头只控制相邻 4 株树的一部分灌溉面积，用中压喷头；另一种是喷头在树冠下，一株树要多个小喷头，每个喷头控制的灌溉面积很小，这种低喷灌又称微喷，只用低压喷头。微喷一般不受风力的影响，比中、高喷灌更省水。图 5.25 中喷头高于树冠。

图 5.25　喷　灌

4. 小管出流

（1）小管出流的原理：它是一种适合果树林木灌溉的新型节水灌溉方式，图 5.26，小管出流指在 PE（聚乙烯）支管上用打孔器打孔安装紊流器以后，在紊流器另一端安装一截紊流器毛管，直达作物根部的节水灌溉方式，将设施灌溉中灌水器直接换成毛管即可。对于稀植果树，一般株间距比较大（3～5 米），对于这样的栽植方式，使用滴灌的话必须有适合的滴灌方式，加之灌水器易被堵塞，且滴水量小，耗时长，地面蒸发量大，滴灌管的费用相对较高。这时常采用小管出流的方式灌溉。灌水器可根据树体大小和需水量采用内径为 3 毫米、4 毫米、6 毫米的 PE 塑料管及管件组成，呈射流状出流，可使水流集中于果树主要根区部位。一般滴头流量从每小时几升到几十升水不等，可以自行选择。

图 5.26　小管出流

（2）小管出流的优点：

① 小管出流系统较喷灌、滴灌来说，以 PE 塑料小管代替滴头、喷头，并辅以树盘渗水，形成一套以 PE 管出水的微灌系统。对水源和过滤设备要求降低，堵塞问题小，水质净化处理简单。② 灌溉同时可以施肥，水肥结合。高效节水节肥，通过输配水管网可直接将水、肥导入果树的根系土层，避免地表蒸发，提高肥水利用率。③ 省水效果好，比地面灌（漫灌/畦灌等）省水 60%以上。

（3）小管出流的组成：系统前面组成与滴灌系统相似，灌水器为软管材料。包括以下几部分：

① 水源工程：一套灌溉系统，必须有充足的水源（或水池蓄水）做保证。通常灌溉所用的水源主要有蓄水池、地下水及河水三类。

② 首部系统：一套完整的首部枢纽，主要有水泵、控制阀门、过滤器、施肥器（机）、量测装置（水表）等。

③ 输配水管网：输配水管网主要由主管、支管、毛管（图 5.27）组成。毛管、支管为 PE 管材，主管可采用 PVC 管材或 PE 管材。为了方便机械操作，干支管应埋设于地下，毛管也可埋于地下不影响正常工作。也可支在树盘中。

④ 灌水器：小管出流的灌水器比较简单，由紊流器及小管组成。小管长度 30 厘米左右。管口也可安装地插和滴头，但安装滴头对过滤设备要求提高。

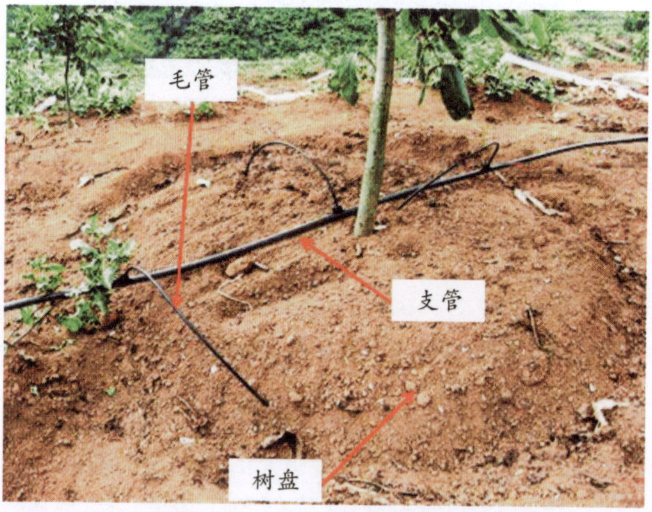

图 5.27　小管出流末端的组成

五、涝害及防治

苹果树受到长时间积水时表现出涝害。涝害首先受害是根系，长时间积水土壤孔隙水多气少，根系无氧呼吸，产生有毒物质，根系停长。如继续积水，根系开始腐烂，地上部先是停长，叶片和叶柄偏上弯曲，扭曲，新梢生长缓慢，先端生长点不伸长或弯曲下垂；严重时，叶片萎蔫、黄化，亦提早落叶（老叶先落），但新叶可能发生青干，长时间在枝梢顶端不脱落。根系变黑褐枯死，特别是地势低洼、土壤黏重、下层土壤有不透水的夹淤层或岩石层的果园涝害更重。因此，对水淹的果树必须积极采取有效措施，减少损失，促进树势恢复，应采取以下具体措施：

1. 及时排除积水，降低湿度

低洼地平时深挖排水沟，灾后抓紧疏导，排除积水，降低土壤和园内的空气湿度。没有排水沟的立即在果树行间，挖深排水沟，使水渗入沟内排出。地势低洼的果园，在果园低洼处挖一深水塘。

2. 排水后清除泥沙、及时浅翻松土，促进根系尽快恢复吸收功能

清除树盘的压沙及淤泥，将根茎的土壤扒开以利晾根，并在距树干 1.5 ~ 2 米的地方，用锄头浅翻进行晾晒，以加速土壤水分蒸发，加强通气，利于土壤有益微生物活动，从而恢复根系发育，促进新根生长。对被洪水冲倒的果树进行扶正，露出的根系也应培土。

3. 施肥养树，加强栽培管理

结合浅翻地增施速效氮肥恢复树势的同时，还应增施磷、钾肥及有机肥，追施叶面肥，对有缺微量元素症状的果树应及时喷施微肥。常用的叶面肥有：人尿 5% ~ 10%、尿素 0.3% ~ 0.5%、磷酸二氢钾 0.2% ~ 0.4%、草木灰浸出清液 1% ~ 6%、光合微肥 0.2%、稀土 0.06%等。如正值盛夏，气温、土温高，蒸发大，施肥要在早、晚进行，避免在高温下灌水施肥伤根，同时减少结果量，恢复树势。

4. 合理修剪、涂白

对受害较轻的果树，应合理剪除过密枝、交叉枝及病虫枝，达到通风透气的目的。对浸水时间较长的果树进行涂白，可以预防一些病虫害。

5. 及时注意病虫害的防治

果树被淹后，由于土壤和空气的温度偏高，高温多湿的气候环境，利于多种病害的发生和蔓延，也适于多种害虫的滋生。因此应及时喷药防治。因此，要特别注意病虫害的发生。根据生产实际情况，及时有效地加以防治，可喷 1 ~ 2 次杀虫、杀菌药剂，以防止病虫害的流行发生。

第四节　果园灌溉式施肥

常见的灌溉式施肥有水肥一体化和冲施肥（又叫水冲肥）。

一、冲施肥

狭义理解冲施肥就是水溶性的肥料、可以冲施的肥料，主要指可溶性氮钾肥；广义理解它是一种追肥的方式,叫冲施肥。实际就是把固体的速效化肥溶于水中并用以水带肥的方式施肥。冲施肥通常用水溶性化肥，主要是氮肥和钾肥，两者的水溶性强，通过肥水结合，让可溶性的氮钾养分渗入土壤中，再为果树根系吸收。冲施肥也是灌溉施肥的形式，而灌水方式较多，如盐源县常采用地面灌溉的沟灌、树盘漫灌等，也包括滴灌、喷灌、小管出流等。肥料冲施要防止大水漫灌，沟灌时沟深与水量相适宜，防止溶于水中的养分随水流失，用大水漫灌来冲施肥，必须做树盘，都容易造成肥料的大量损失，使肥料的利用率低。

要想很好的利用冲施肥，首先要掌握冲施肥的种类和性质。冲施肥大概分以下几大类。

第一类：大量元素类，包括氮肥、钾肥、磷肥，中量元素钙肥、镁肥、硫肥等单一肥料，也可以是复合肥，复混肥和配方肥等，但都必须可溶于水，一般亩使用量为十几千克到几十千克。

第二类：大量元素加微量元素类，即在上述肥料的基础上添加锌肥、硼肥、铁肥、锰肥、铜肥、钼肥、氯肥等，也可以是几种的复配肥，它们同样均溶于水，且不可起反应，不能产生沉淀，亩施用量在十几千克至几十千克。这类冲施肥比单独大量元素肥料效果好，补充了微量元素，对于增产和改善品质效果更好。但此类冲施肥在复配时具有一定的技术要求，要采用配合技术和螯合技术，避免沉淀问题和肥料的拮抗问题。

第三类：微量元素类，以锌肥、硼肥、铁肥、锰肥、铜肥、钼肥、氯肥为主的微量元素冲施肥，一般为几种混合复配，且加一定的螯合剂，增加果树对它们的吸收，减少被土壤吸附和固化，一般亩施用量在几百克到几千克之间。这类肥料对缺素果树施用，对于缺少某种元素补某种元素增产增收效果显著。

第四类：氨基酸类，是以多种氨基酸为主要原料，一般用工业副产物氨基酸，为提高效果，一般加入多种微量元素，由于其酸性较强，因此，施用于一般酸性不太强的土壤。亩施用量一般为十几到几十千克。根据果树营养需求施入。

第五类：植腐酸类，是以风化煤为主要原料，经酸化、碱化而提取的一种肥料。为增强效率，一般添加大量元素，由于其是碱性，施用于偏酸性土壤。亩使用量一般为几千克到几十千克。此类肥料对于改善土壤，增加果树抗旱性效果较好。

第六类：其他类，包括甲壳素类、海藻类、其他有机质等、工业发酵肥类、菌肥类等，它们均有增产效果，可作为冲施肥。尤其是菌肥类，该类肥料不仅具有很好的增产效果、改善果实的品质、增强抗逆性，还可防止土壤板结、增加土壤有益菌群数量和种类，减少各种土传病害的发生等。

二、水肥一体化

水肥一体化技术是将灌溉与施肥融为一体的农业肥水管理新技术。水肥一体化有两层内涵：一是借助压力系统（或地形自然落差），将灌溉水或将可溶性固体、液体肥料经水肥混合相融后的肥液，根据土壤养分含量、果树的需肥规律和特点，由可控管道系统来供水、供肥，这些水、肥液通过不同类型的主要管道、中小型的支管等管道可输送至果园行间，再经喷枪或喷头、滴头等灌水器，均匀、定时、定量地施入果树根系生长发育区域内，使果树根系主要生长发育区域内的土壤结构不致被破坏，且又保持了适宜的含水量和肥料浓度；二是同时还可根据土壤环境中养分、水分含量状况及果树不同生育期的需肥、需水特点及规律，对肥、水需求来设计灌溉、施肥系统及智能化程度，把水分、养分定时定量，按比例直接提供给果树根际附近。

不同果园采用水肥一体化技术进行肥水管理时，应结合果园规模予以考虑，规模小可采用简易一体化系统，规模加大可采用固定装配的不同类型供水管网及不同智能化程度的操控系统。

（一）简易水肥一体化施肥

1. 简易水肥一体化的操作技术

小型果园常采用简易肥水一体化施肥，末端用施肥枪施肥（图 5.28）。

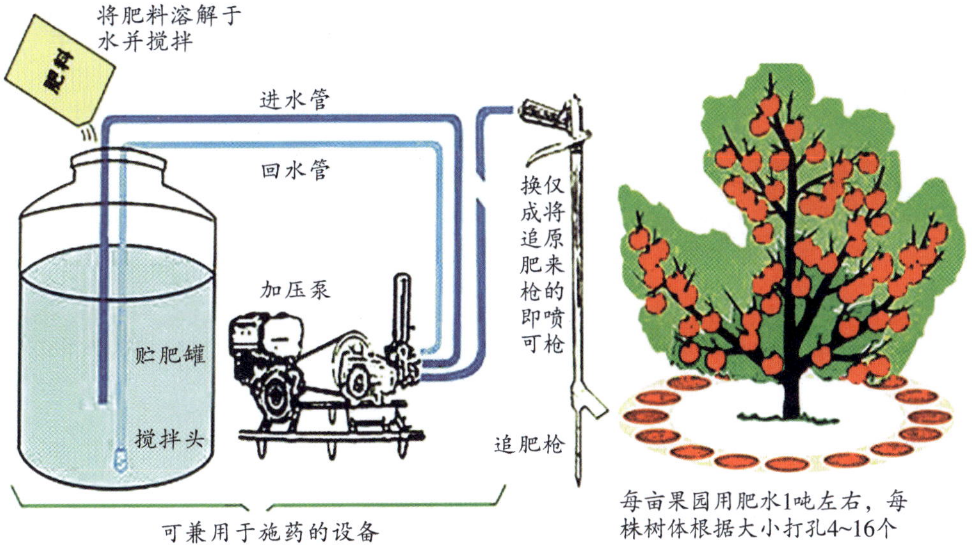

图 5.28　简易水肥一体化

液体施肥枪的使用技术要点：可根据树龄和结果量确定施肥量，每棵成龄果树施 10～15 个点，幼树 4～8 个点；肥料液浓度为 1%～3%（即 100 千克水加 1～3 千克水溶肥）；每亩用水溶肥 10 千克。根据果树需水情况和土壤含水量增减用水量。一般情况下每亩用水量 500～1000 千克，干旱季节、果实在膨大期等需水量较大，建议最少的水量在 750～1000 千克。压力在 1.8～2.0 大气压（180～200 千帕）时，普通四眼施肥枪 10 秒钟即可射出 1 斤水。肥料的用量与配水无关系，即每棵树多少量的肥料是一定的，旱情严重的时候配水量相对多一些，一般都应在 200 倍以上。

在果园操作时可将施肥罐和加压泵、管道等用拖拉机拉至果园，在果园组装好即可使用（图 5.29）。

（a）施肥枪手柄，未接入进肥液管

（b）追肥枪未插入土壤，手柄捏开后喷水状态

（c）踩入根际土壤状态

图 5.29　施肥枪的结构和施肥方法

2. 使用液体肥水施肥枪的优点

（1）省肥：可提高肥料利用率，比沟施或地面撒施节省肥料 30%～40%。

（2）肥效快：肥料是水溶态，可迅速被苹果树根系吸收。

（3）省时、省力、功效高：不弯腰，不挖土，劳动强度低；每棵成龄树 10～15 个施肥点，2～4 分钟即可完成，比沟施、穴施效率提高 10 倍，更适合郁闭果园。

（4）对地膜和根系伤害最小：不伤根、不破坏地膜或覆草即可追肥。

（5）控制施肥深度：根据根系趋肥性，诱导和促进根系下扎生长，只有根深才能叶茂。

（6）控制施肥量：可以精准控制施肥量，平衡供应每棵树所需的营养。

（7）利于根部病虫害防治：对于已经感染根部病害的果树，可以将杀菌剂加入液体肥料中，结合追肥进行根部地下施药，既可有效防治病害，又避免了因大水漫灌造成病菌的快速扩散和传染。

（8）增产提质效果突出：在干旱果园或干旱季节使用，增产幅度可达 15%～20%。

（二）普通水肥一体化系统原理

普通水肥一体化系统（图 5.30）通常包括水源工程、首部枢纽（加压设备、过滤设备、施肥设备等)、果园行间输配水管网系统(管网、闸门)和灌水器(滴头、滴灌管或滴灌带、微喷头或微喷带、涌流器、小管出流器、渗灌管等)等四部分，实际生产中由于供水条件和灌溉要求及智能化水平不同，施肥系统可能仅由部分设备组成。

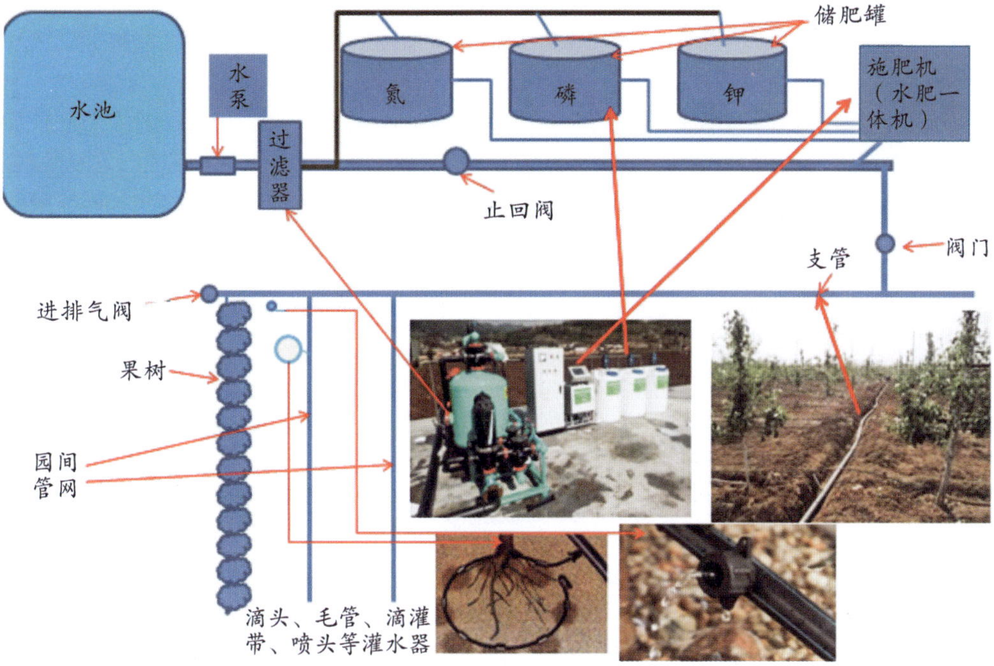

图 5.30　果园普通水肥一体化系统

1. 水肥一体机的作用

一体机是首部系统中的重要设备，水肥一体机系统结构包括：控制柜、触摸屏控制系统、混肥硬件设备系统、无线采集控制系统(智能化的还支持 PC 端以及微信端实时查看数据以及控制前端设备)。水肥一体化智能灌溉系统可以帮助果农很方便地实现自动水肥一体化管理。系统由上位机软件系统、区域控制柜、分路控制器、变送器、数据采集终端组成。通过与供水系统有机结合，实现智能化控制。可实现智能化监测、控制灌溉中的供水时间、施肥浓度以及供水量。变送器(土壤水分变送器、流量变送器等)将实时监测灌溉状况，当灌区土壤湿度达到预先设定的下限值时，电磁阀可以自动开启，当监测的土壤含水量及液位达到预设的灌水定额或预设上限后，可以自动关闭电磁阀系统，并可根据时间段调度整个灌区电磁阀轮流工作，且手动控制灌溉和采集果园土壤墒情。整个系统可协调工作实施轮灌，充分提高灌溉用水效率，实现节水、节电，减小劳动强度，降低人力投入成本的目的。

2. 施肥系统的组成和作用

水肥一体化施肥系统由灌溉系统及肥料溶液混合系统和果园内输配水管网系统两部分组成。

(1)灌溉系统主要由灌溉泵、稳压阀、控制器、过滤器、园间灌溉管网以及灌溉电磁阀构成。肥料溶液混合系统由控制器、肥料罐、施肥器、电磁阀、传感器以及混合罐、混合泵组成。

(2)输配水管网系统的组成：由干管、支管、毛管组成。干管一般采用 PVC 管材，支管一般采用 PE 管材或 PVC 管材，管径根据流量分配置，毛管目前多选用内镶式滴灌带或边缝迷宫式滴灌带；首部及大口径阀门多采用铁件。干管或分干管端进水口设有闸阀，支管和辅管进水口处设球阀。

（3）作用：输配水管网的作用是将从水源地经处理过的水，或混合肥料后按照要求输送到灌水单元和灌水器，毛管是微灌系统的末端管道，在滴灌系统中，即为滴灌管，在微喷系统中，毛管上安装微喷头，如去掉滴头、喷头等灌水器，如直接采用毛管灌溉，流量增大就成了小管出流。

（4）灌水或施肥时间的确定：果园根际土壤结构特点及墒情变化、果树需水需肥规律、肥力特征、土壤和大气环境因素如土壤含水量、矿质养分含量等都是采取果园肥水管理措施的主要依据，以前主要根据管理经验和园间调查获得，也可通过对土壤和气象数据取样、采集、实验室分析或文献资料获取，现在可通过土壤、大气等环境数据的采集获得，作为果园水肥一体化管理的依据。

（三）智能水肥一体化系统

如图 5.31，在上述水肥一体化系统基础上，智能水肥一体化系统的关键设施还应包括：

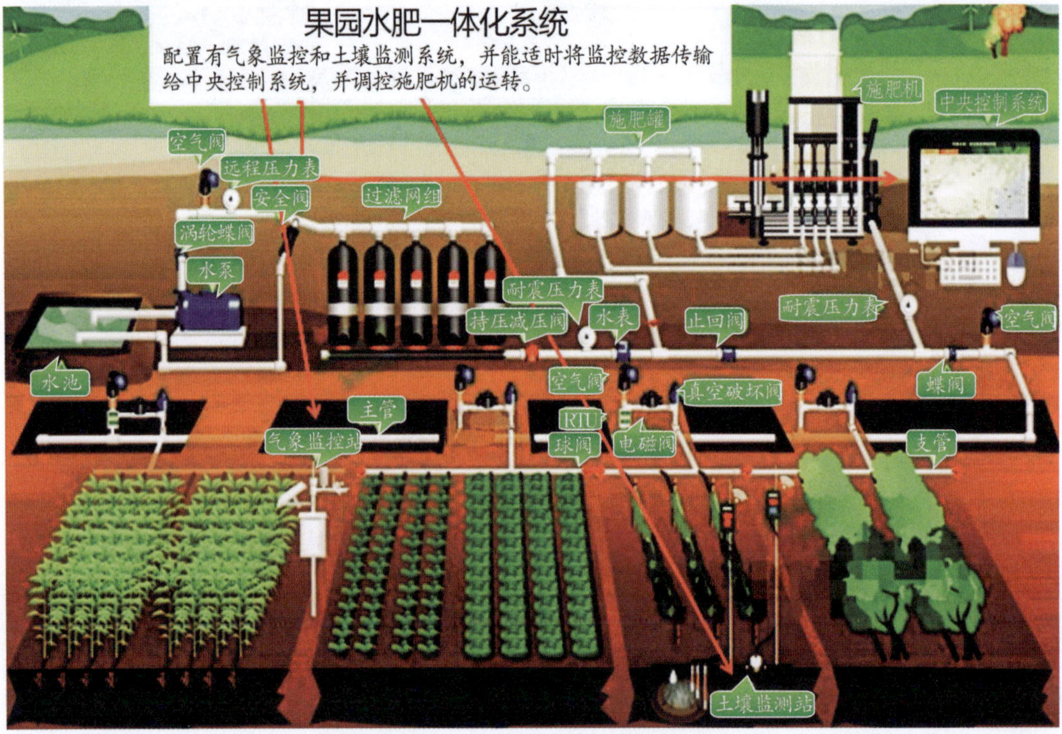

图 5.31　智能水肥一体化系统

1. 果园肥水环境数据采集器

由低功耗气象传感器、低功耗土壤、气象数据采集控制器和计算机气象软件三部分组成。可同时监测大气温度、大气湿度、土壤温度、土壤湿度、雨量、风速、风向、气压、辐射、光照强度等诸多气象要素；具有高精度高可靠性的特点，可实现定时进行果园肥水环境及气象数据采集、实时的时间显示、果园肥水及气象环境数据定时存储、定时上报、参数设定等功能。

2. 中央控制系统及无线阀门控制器

中央控制系统接收果园土壤、气象环境数据采集器的数据，并由操控人员处理。处理阀门控制器是接收由果园间工作站（果园中央控制系统）传来的指令并实施指令的下端。阀门控制器直接与管网布置的电磁阀相连接，接收到果园间工作站（果园中央控制系统）的指令后对电磁阀的开闭进行控制，同时也能够采集果园间信息，并上传信息至果园间工作站（果园中央控制系统），一个阀门控制器可控制多个电磁阀。电磁阀是控制果园间灌溉的阀门，电磁阀由果园间节水灌溉设计轮灌组的划分来确定安装位置及个数。

3. 灌水器系统

微灌灌水流量小，一次灌水延续时间较长，灌水周期短，需要的工作压力较低，能够有效地控制灌水量，能把水和养分直接地输送到作物根部附近的土壤中去。也可根据实际情况采用其他功能相似的灌水器。

水肥一体化智能控制系统得到了果农广泛的认可和应用，不仅提高了果园管理中的效率，增加了效益，降低了成本，也反映出了我国现代农业发展的方向和良好势头。

4. 与普通水肥一体化系统相比差异

增加了气象监控站、土壤监测站和果园中央控制系统，中央控制系统可根据监测站的实时数据调控施肥机的工作状态，将不同施肥罐中的肥液按一定浓度、比例、压力，在一定工作时间内经主管输送至支管、毛管，经滴头、喷头等灌水器施入。

（四）远程调控智能施肥一体化系统原理及功效

该系统原理如图 5.32 所示。

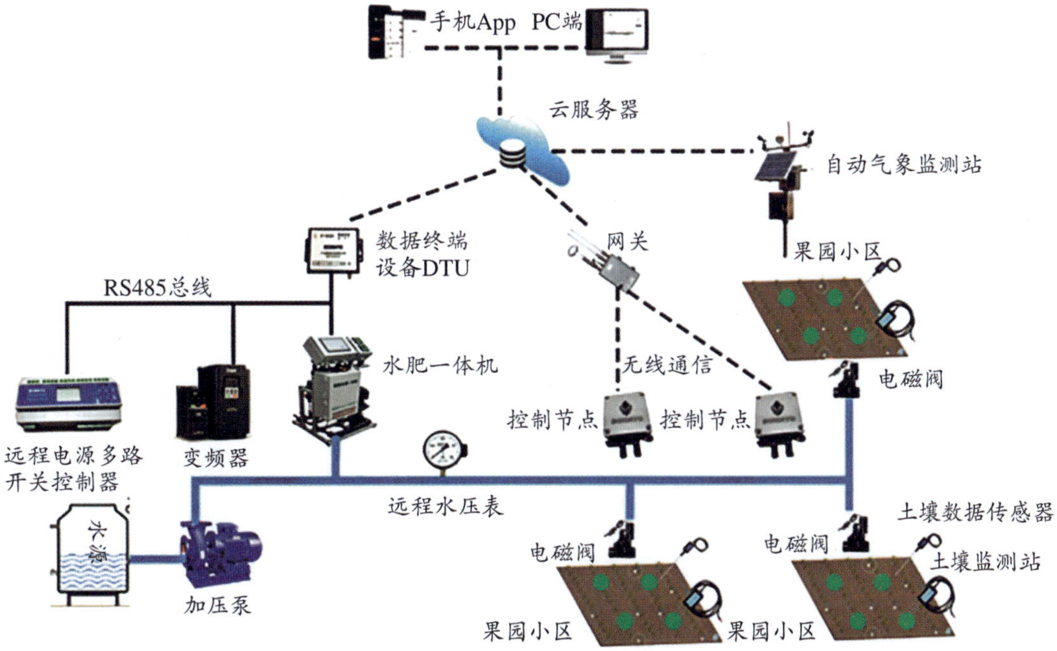

图 5.32　果园智能施肥一体化系统远程调控原理

1. 用水量控制管理

实现两级用水计量，通过出口流量监测作为本区域内用水总量计量，通过每个支管压力传感采集数据实时计算各支管的轮灌水量，与阀门自动控制功能结合，实现每一个阀门控制单元的用水量统计。同时水泵引入流量控制，当超过用水总量将通过远程控制，限制区域用水。

2. 运行状态实时监控

通过水位和视频监控能够实时监测滴灌系统水源状况，及时发布缺水预警；通过水泵电流和电压监测、出水口压力和流量监测、管网分干管流量和压力监测，能够及时发现滴灌系统爆管、漏水、低压运行等不合理灌溉事件，及时通知系统维护人员，保障滴灌系统高效。

3. 阀门自动控制功能

通过对果园土壤墒情信息、小气候信息和作物长势信息的实时监测，采用无线或有线技术，实现阀门的遥控启闭和定时轮灌启闭。根据采集到的信息，结合当地果树的需水和灌溉轮灌情况制定自动开启水泵、阀门，实现无人值守自动灌溉，分片控制，预防人为误操作。

4. PC 展示平台

通过物联网水肥一体化智能监测平台，能够为用户提供传感器数据、图片远程、采集、传输、储存、处理及报警信息发送等服务。该平台以集中式分区化的方式为用户提供便捷、经济、有效的远程监控整体解决方案。通过物联网智能监测平台，用户可以不受时间、地点限制对监控目标进行实时监控、管理、观看和接收报警信息。

5. 移动终端

建立手机系统，客户直接采用客户端就可以控制和查看实时数据，手机端具有手动启动、关闭电磁阀，水泵等设备功能。

6. 运维管理功能

包括系统维护、状态监测和系统运行的现场管理；实现区域用水量计量管理、旱情和灌溉预报决策、信息发布等功能的远程决策管理；以及对用水、耗电、灌水量、维护、材料消耗等进行统计和成本核算，对灌溉设施设备生成定期维护计划，记录维护情况，实现灌溉工程的精细化维护运行管理。

节水灌溉自动化控制系统能够充分发挥现有的节水设备作用，优化调度，提高效益，通过自动控制技术的应用，更加节水节能，降低灌溉成本，提高灌溉质量，将使灌溉更加科学、方便，提高管理水平。

复习题与实践

1. 无机营养与树体有机营养的关系是怎样的？
2. 什么是土壤？什么是土壤结构？什么是土壤肥力？
3. 为什么土壤须改良？土壤改良的方法有哪些？

4. 土壤改良过程中应注意哪些问题？

5. 叙述果园地面管理的方法。

6. 果树正常生长发育必需的营养元素有哪些，需要量如何？苹果树缺硼、缺锌、缺铁的缺素症症状有哪些？

7. 叙述苹果树需肥规律。

8. 果树年周期生长特点与需肥种类的关系是怎样的？

9. 怎样确定施肥量？

10. 怎样施基肥？

11. 怎样确定追肥的次数及追肥的时间？

12. 涝害发生后应采取什么措施保护果树？

13. 冲施肥采用的种类有哪些？

14. 简易水肥一体化施肥枪施肥有何优点？

15. 智能水肥一体化关键设施有哪些？

16. 远程智能水肥一体化原理是怎样的？

14. 叙述简易水肥一体化的操作方法。

15. 实践要求：

（1）挖掘一个土壤施肥槽，了解土壤基本知识，认识表土和底土土壤结构、土壤肥力的差异。

（2）参加一次果园土壤改良的劳动，掌握土壤改良的方法，记住改良过程中的注意事项。

（3）参观果园地面管理方法。

（4）参加果园施基肥和施追肥劳动，记住果树年周期生长特点与施肥时期、施肥量、肥料种类的关系。

（5）参加一次果园根外追肥，知道常用肥料的浓度。

（6）参观水肥一体化的设施，知道智能水肥一体化原理，了解远程智能水肥一体化原理。

（7）参观简易水肥一体化的操作，学会使用施肥枪施肥。

第六章　苹果树整形修剪

【知识要点要求】

（1）理解整形修剪的作用、原则、依据。
（2）掌握不同修剪时期采取的修剪方法，树体会表现出什么修剪反应，起到什么作用。
（3）认识苹果树的树体结构，辩证理解树体结构中各部分所起的作用。
（4）理解不同栽植方式采取的树形及优缺点。
（5）掌握乔砧稀植苹果树的整形修剪方法，辩证理解怎样用修剪方法调节树体内部及与环境的各种矛盾。
（6）辩证理解乔砧密植的优缺点，理解怎样用修剪方法调整乔砧密植树体的各种矛盾。
（7）辩证理解矮密栽培的群体结构优势，掌握矮密栽培的修剪方法。

第一节　整形修剪的作用、原则、依据

一、整形修剪的作用

（一）果树整形修剪的含义

果树整形是指人们利用一定手段或措施，人为地把树体整理成一定的形状即树形的过程。这种树形既要符合果树自身的生长发育特点，又要符合人们的栽培目的。比如观赏果树的整形和栽培果树整形的目的就不一样。栽培果树整形是使树形结构合理，能充分利用空间及栽培环境中的各种资源，使果树丰产优质，能符合经营者自身管理水平，利于管理，能在这种管理水平下获得最大经济效益。

果树修剪是指人们通过一定的措施，在果树生长发育特点的基础上，调节果树生长结果方式，使之能充分利用栽培环境中的各种资源，达到经营者栽培目的采取的各种措施。

故凡是对果树树体采取的各种机械的、化学的、物理的手段、方法、措施，凡是能够调节果树的生长结果方式，能改善果树对环境中的光照、土壤、肥水、气体、温度（热量）等条件的利用水平，达到经营者目的的各种方法、措施都可以称为修剪。整形和修剪两者密切相关，但有区别。整形主要目的是把果树整理成某种树形，使之能充分利用光能，常采用一系列修剪措施来达到目的，如留枝、开角、剪切等，调整果树的树高和冠幅并整理成某种树形；修剪是整形采用的手段，修剪的主要目的是体现修剪的调节作用，比如剪去部分枝、剪去部分花芽，调节生长、调节结果、调节光照等，修剪是在某株或某园果树的树形或群体结构的基础上进行的。

（二）修剪的作用

果树栽培管理过程中采取的所有措施与其他农业生产的措施都一样，目的只有一个，就是提高果树对光能的利用率（光能利用率是衡量一定面积果树利用光能程度和生产水平的指标，是指单位土地面积上一定时间内果树光合作用积累的有机物所含能量与同期照射到该地面上的太阳辐射量的比例）。

这些措施包括培育高光效品种、合理栽植、合理整形修剪、土肥水管理、病虫害防治等，当然整形修剪也不例外，其主要作用就是配合土肥水管理等其他管理措施来提高果树光能利用率，从而提高有机营养水平。从理论上计算光能利用率值一般可达 6%～8%，而实际生产中仅为 0.5%～1%，最大可达 2%。一般农田光能利用率平均只有 0.4%，有文献认为，如果苹果的光能利用率能达到 2%，亩产可达 10 000 千克左右。在果树生产中光能的截获量是影响光能利用率的重要因素，光能的截获量与叶片大小、数量、质量、分布直接相关。如单叶大、数量多、叶色浓、叶片栅栏组织发达、总面积大，着生分布又均匀，互不重叠，则受光量就大，光能利用率就高，有机营养生产就多。但是，若过高地要求叶面积大，则又会导致叶片生长过密、互相荫蔽严重，异化作用占主导的叶面积增加，净同化产物就会下降，反而降低光合效率。因此，任何果树的果园叶面积系数，只能允许在某一适当范围，大多文献认为苹果树 3～4 比较合理。生产上通过采用合理整形修剪的方法，来形成合理的冠群和个体树冠结构，使之吸收更多的光能，并提高光合效能，降低消耗，增强有机营养物质的生产力，在此基础上大幅度提高苹果的品质和产量。

从理论上讲修剪的全部作用都源于修剪的双重作用——“整体抑制，局部促进”，即不管怎样修剪都会减少果树的枝量和生长量，修剪虽然减少了果树的总体生长量（生物产量），但通过修剪的调整作用，按经营者的修剪目的，果树或果园局部得到了促进或调整，所以在整形修剪过程中不论采取什么修剪措施，修剪量越少，光能利用率越高，果树经济产量越高，越能达到经营者的目的，则修剪及管理水平就越高。如图 6.1，乔化栽培和矮密栽培的比较，图（a）为

（a）乔化栽培　　（b）矮密栽培

图 6.1　乔化栽培与矮密栽培的树体比较

乔化栽培，树冠大，骨干枝多，级次多，成形晚，修剪量大；图（b）为矮密栽培，通过四季修剪调控树体的生长状况，修剪量大幅减少，对树体整体抑制较少，加之树体骨架级次减少，相对于大树冠需形成稳固的树体大骨架结构而言，矮密栽培树体营养中较大比例用于结果，所以投产快、产量高、品质好。在修剪的具体操作中，整形修剪的作用就是调节果树生长结果过程中内部各种矛盾及果树内部与环境及栽培措施之间的矛盾，使矛盾中各个因素与果树生长结果的要求相协调，从而达到栽培目的。整形修剪从以下几个方面入手：

1. 通过整形修剪调节果树与果树之间的矛盾，使果园群体结构合理

高水平的整形修剪并不局限于调整某一株树体的结构使之合理，而应该是要通过整形修剪调整并使整个果园的群体结构合理，这样的果园单位面积和整园的光能利用率才高。这就要求经营者在规划和栽植果树时就要根据砧木、品种特性和立地条件确定合理的密度、栽植方式、行向与间距，从而在整形修剪时才能通过调整合理的树形、树高、冠幅等措施来调整行与行、树与树之间的关系，让行服从园、株服从行，行与行之间、株与株之间矛盾小。很多果园就是规划不合理，造成果树与果树之间矛盾大，整个果园都直立向上，交叉重叠严重，果园郁闭，行走都困难，这时再考虑某一株树体的结构又有何意义？图 6.2 显示稀植果园中树体之间的矛盾，图（a）成年树第一层主枝交叉，第二层主枝也开始交叉，树冠还有第三层主枝，造成树冠中下部郁闭，未调整好树体与树体之间的关系。图（b），栽植密度大，树体密挤，主枝难以开张，造成满园直立枝，尤其是骨干枝直立，主枝与中心干直立、并生，中下部光秃，密挤，行人通行困难，观察另一株树体也是中心干和主枝直立向上，树冠中下部郁闭，下层结果能力差，结果外移，产量低，品质差。

（a）

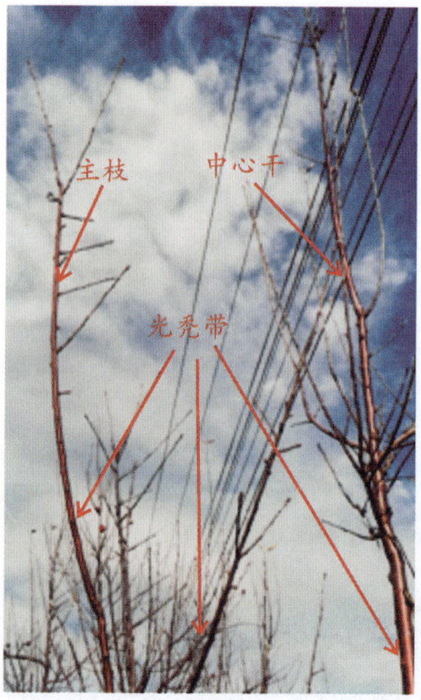

（b）

图 6.2　稀植果园中树体之间的矛盾

2. 通过整形修剪来调节果树的生长与结果的矛盾

在其他管理措施的基础上通过整形修剪，使树体生长与结果维持在一个较高水平的平衡状

态，即两者都量大而平衡，并不易打破平衡，尽量长久的保持平衡，延缓衰老；尽量避免出现虚旺、徒长、早衰、大小年、郁闭等现象。如图 6.3，短切过重，幼树期开始主枝开张角度就不足，新梢多而直立旺长，结果枝严重不足，营养生长占据绝对优势，现需结合夏剪，通过环割、环剥、扭梢等措施，配合减少氮肥比例，增施磷钾肥，将部分营养枝转化为结果枝，使生长和结果趋于平衡。

3. 通过整形修剪，调节树冠上下部，同类枝之间、不同枝与枝之间的平衡

协调中心干与主枝之间、主枝之间、侧枝之间、主枝与侧枝之间、骨干枝与辅养枝，骨干枝与枝组之间的关系，避免出现上强下弱、外强内虚、主从不明、骨干枝交叉重叠、偏冠、卡脖等现象。利用地上下部的相关性，调节合理的产量及树体消耗，合理的积累，促进地下部根系生长，保持地上下部的平衡协调。

如图 6.3，主枝轮生，层内距不足，中心干生长明显受到抑制，中心干与主枝之间主从关系不明显，主枝开张角度不足，极性强，生殖生长不足，急需合理的整形修剪措施调整。

图 6.3　生长与结果不平衡、中心干与主枝的从属关系不明显

4. 调节果树与环境之间的各种矛盾

修剪最主要的作用之一就是让枝叶合理分布，使果树能最大限度利用光照条件，并减少无效光区，在与其他管理措施的协调配合下，提高光能利用率，达到整形修剪的目的。图 6.4（a）短切过多，萌枝强而直立，叶幕过厚，内膛无效光区大，无效叶多，光能利用率低，坐果少，着色差，树冠内膛着生了少量“青富士”苹果。图 6.4（b）叶幕厚度合理，侧生结果枝组随果

实膨大而下垂，从地面漏光和上部观察，骨干枝上部无多余层次的枝叶阻挡，有效叶面积大，果树光能利用率较高，无效损耗小，果实品质好、产量高，经济效益好。

（a）

（b）

图 6.4　通过修剪增强果树光照条件

5. 调节果树树龄与结果量的矛盾

正确调整树龄与枝龄的矛盾，幼树至初果期，通过调整长树与结果的矛盾，使部分营养生长逐步向生殖生长转化，达到生长结果两不误，盛果树通过修剪使生长与结果的矛盾在较长时期内处于较好的平衡状态，延长盛果年限，衰老树通过修剪调节树龄与枝龄的矛盾，达到树龄老、枝龄幼的效果，延缓衰老，延长结果年限。

6. 调节树体生理活动

使其利于养分的制造、吸收、运转、分配、贮藏，并减少消耗，提高利用效率，获得最佳效益。

如秋拉骨干枝，增强光照、延缓落叶，利于营养积累与贮藏；花芽分花前期环剥辅养枝，增大辅养枝结果量，以果控枝，调节养分分配，促进树体其余部分枝的长势；刻芽增加萌芽率，增加枝量，分散营养物质缓和长势，促进分枝形成花芽；剪除病虫枝、无光照的下垂枝、重叠枝，从而减少了无效叶面积，减少了无效消耗等，使养分分配利用利于提高树体营养水平，达到丰产优质的栽培目的。

二、整形修剪的原则和依据

（一）苹果树整形修剪的原则

简单理解修剪的原则就是在整形修剪过程不能违反的东西。因枝（树）修剪，随树（枝）造形，有形不死，无形不乱，冬夏结合，这是果树整形修剪的基本原则，这个原则是辩证唯物主义具体问题具体分析原则在整形修剪中的运用。此外，整形修剪过程中还要遵循：三稀三密即“大枝稀、小枝密，上稀下密，外稀内密”的原则；主从分明的原则；长远规划的原则；所有管理措施要方便管理、协同管理，提高效益的原则。

在果园规划建园后，管理者按计划选择了砧木和品种，进行了栽植，随幼苗的生长，才发现每株果树与原来想象的有差距，这时就需要随树造形，有形不死，不能削足适履，要因势利导，根据每株树体各枝的长势、着生位置、方位和能占据的空间大小来修剪；每一株树也不可能都长一样，应随具体的每一株树各自的树形来整形，不能为了整出形来而大砍大锯。

随树龄的增加，更多的枝生长出来，每一枝都有不同的利用价值，尤其是幼树，一定要有长远的眼光，多年以后每锯掉一枝大枝都是锯掉若干的肥水和汗水，才发现当年那枝小枝与采取的措施未能很好协调。大树也一样，若干的大枝、小枝构成了树冠，每一枝所处的位置、空间与这枝的大小、长势、生长特性决定了它的利用价值，所以要因枝修剪。

在具体操作中树形、树势、修剪反应与栽培管理预期更相近的，按原计划整形修剪。但随树龄增大，结果量、土肥水管理，甚至小气候也发生了变化，导致树体发生了变化，与预期不一样了，这时就要具体问题具体分析，整形修剪措施也随之变化，化解矛盾，体现修剪的原则。

在年复一年的修剪过程中，一定要观察修剪反应，及时调整修剪策略和方法，才能达到整形修剪的目的。苹果树仅靠冬季修剪来达到整形修剪的目的是不行的，必须冬夏结合，夏剪并不是夏季时按冬剪的方法修剪，而是生长季节各种修剪方法的统称，采取的方式方法也不一样，比如生长期果树枝质柔软易开角，冬剪就不易调整角度等，所以必须冬夏结合。

在整形过程中还要长远规划，比如幼树时主枝不开角成年后就要付出更大代价来开角，计划密植时加密树不及时控制后期就会严重抑制永久树的生长等。

果园管理过程中每个措施都是有联系的，整形修剪一定要与别的管理措施相配合，并方便其他管理，才能尽量降低管理成本，达到果园经营管理的目的。在栽培管理过程中只强调修剪的重要性、为了修剪而提高成本、降低整体效益，是不值得提倡的。

（二）整形修剪的依据

就是整形修剪的凭据，简单理解就是这株树或这一枝是根据什么来修剪的。

1. 根据品种特性

不论何种果树，何种品种，修剪前都要经常观察，熟悉该树种、品种的生长、结果习性，主要从以下两个方面去观察和熟悉：

（1）生长习性：包括顶端优势（极性）的强弱、萌芽率（力）、成枝率（力）、节间长短、干性、层性（由于顶芽的优势和芽的异质性，枝条在骨干枝上形成层次的特性）等。

① 顶端优势的强弱：一般来说顶端优势越强，成枝力越强的品种抽生较长枝的能力也越强，相对而言中短枝抽生少，进入结果所需的年限也就较长，如国光、普通红富士品种的幼树，对于这些品种，整形时尤其是直立强旺枝注意多开角，注意多促发分枝，培养枝组时应注意配合生长季节修剪，采取刻芽、摘心、扭梢、拿枝、开角等措施促生中短枝，以增加萌芽率，增加中短枝量，才能增加花芽量，提早结果。相反萌芽力较强，树势较开张的品种，如金冠、秦冠及短枝型品种，萌生的中短枝较多，易形成花芽，进入结果期的时间较早，整形修剪时应尽量延长结果年限，避免树体早衰。

② 层性：由顶端优势及芽的异质性形成了中心干上不同部位的芽成枝的特性不同，造成了苹果树中心干上逐年萌发的长枝分层排列的习性就是层性，极性强、芽的异质性明显的品种层性也较强，利于在萌枝中选留和培养各层主枝。

③ 干性：中心干在树冠中的地位叫干性，中心干优势越明显干性越强，干性弱的品种可采取扶干和增大干主比的措施来增强干性。观察图 6.5 普通红富士幼树的成枝习性、干性及极性，

可见普通红富士幼树树冠上部，成枝力强，顶端优势明显，中心干摘心后干性仍然很强。

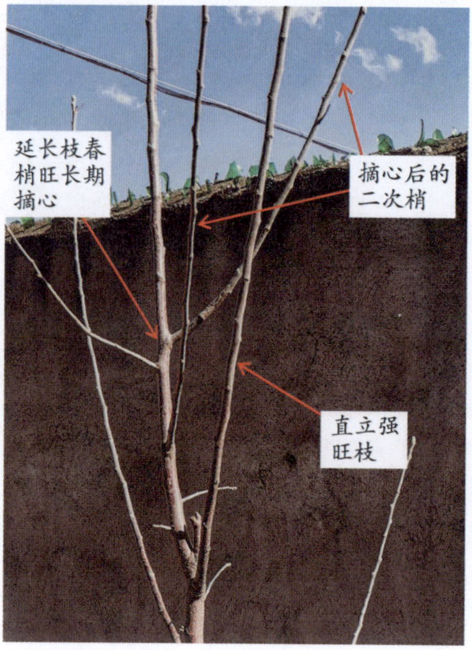

图 6.5　普通红富士幼树顶部生长习性

④ 不同品种的萌芽力、成枝力：萌芽率（力）、成枝率（力）还与砧木、枝势、树龄有关。图 6.6（a）与图 6.5 同为普通富士，随树龄的增大，枝条枝势（姿势、长势）的改变，萌芽率明显增大，相对而言，萌芽多，营养分散，抽生长枝的能力下降，萌枝显现出多而短，更易成花结果。整形修剪过程中就要根据枝条在树体结构中不同的枝势、枝位（枝条所处的位置、方向、所能占据空间的大小），采取不同措施，做到固枝修剪，使其发挥应有的作用。图 6.6（b），观察短枝型品种的萌芽率。由于其萌芽率极高，成枝力相对较低，栽培中可适当密植，由于成枝率低，如密度较稀时常常需要促发中长枝来扩大树冠和增加营养枝，修剪枝组时也常促发中长枝以降低枝龄，用于更新。

（a）　　（b）

图 6.6　观察影响萌芽、成枝能力的因素

（2）结果习性：包括花芽形成的难易、结果枝类型及比例、连续结果能力、坐果率等。

① 形成花芽的难易程度：一般而言，乔砧树相对矮砧和短枝型品种而言不易形成花芽，矮化砧、矮化中间砧、短枝型品种易形成花芽。不同品种形成花芽的能力也不同，修剪前也应先观察清楚，做到心中有数。

观察图 6.7，图中枝条、果台副梢顶芽全为花芽，可见该品种的成花能力和连续结果能力有多强。在修剪时即使不认识某品种也应该从成花能力上做出判断，以便为修剪时为平衡生长和结果的矛盾提供依据。

不易形成花芽的品种，如以前的国光，修剪时应注意开角，并配合夏剪，提高萌芽率以促生短枝，在年周期中，中后期氮肥不要施用过多，注意磷钾肥的施入，中后期控水，促生花芽。

图 6.7　结果习性

② 结果枝的类型和比例：观察图 6.8 结果枝的类型、比例。观察图中右边两枝，在该管理条件下形成花芽能力较强，短果枝比例大，生产中应注意疏花疏果，结果枝组应及时更新，否则易衰老。

图 6.8　观察结果枝类型和比例

如果一株树体短果枝比例最大，说明树龄、枝龄较大，或矮化、或为短枝型品种，需加强营养生长、合理疏果以平衡生长与结果的关系。相反，如果长枝、长果枝多，中短果枝少，说明这株树体树龄幼或树势旺，则应冬夏结合，促生更多花芽，平衡树势。

③ 连续成花和结果能力：观察图 6.9，图中枝组为一个枝轴，前一年回缩至短果枝处，留 3 个短果枝，今年 3 枝仍形成结果枝，可以观察到果台副梢（箭头所指）抽生中长结果枝，说明该品种在这个树龄和肥力条件下可连续结果。观察图 6.10，如果果台缩短、分枝减少、花芽不饱满、病枝增多，甚至出现果台不能抽生，说明连续结果能力下降，需要加强肥水管理、减少挂果量，并及时更新，一般短果枝比例增大，说明树龄、枝龄增大。

图 6.9　观察结果枝连续成花能力

图 6.10　果台枝都不能抽生更别说连续结果

2. 根据修剪反应

（1）不同修剪程度的反应：修剪时我们除了要了解修剪对象的生长结果习性外还要学会观察修剪反应，也就是往年怎样剪的，现在的生长结果情况怎么样，理论和实际是不是一致的？从而根据修剪反应指导修剪，为整形修剪提供依据。如图 6.11，同为短切，短切的轻重不同，反应也不相同。所以在整形修剪时，就要根据不同的修剪反应，结合树体的长势、空间的大小、结果量、品种特性，采取与之相适应的修剪方法，才能取得更好的修剪效果。

（2）不同树势、不同品种、不同部位的修剪反应：盐源县刚引进红富士系列时很多人不认识红富士幼树的超长果枝毛茸茸的花芽，把它当作营养枝剪切，不了解其幼树抽枝习性，主要结果枝类型，在修剪过程中仍按金冠的修剪方法，结果造成红富士满树长枝，不易形成花芽，进入结果期的年限较金冠晚 2 ~ 3 年；在修剪三红系列时枝条较直立，如修剪时不熟悉其萌芽、成枝及结果习性，就会造成结果较晚，果台副梢直立强旺、梢果矛盾大、坐果率低等现象；在修剪国光时按照金冠的修剪方法常造成满树棍棒，中短枝极少，结果就更晚。

如图 6.12，乔砧稀植的普通红富士，前一年中心干长势强，操作人员希望采取重短切来降低中心干高度并减少萌枝而抑制树体高度和长势，避免上强，重短切往往发枝少而旺（参考图 6.47），而这枝的实际修剪反应是：中心干上发枝更多，成枝率极高，上部强枝越剪越多，极易形成上强，所以通过对实际修剪反应的观察和思考，今年对中心干延长枝的修剪就应根据其长势和与下部的长势平衡协调关系进行综合判断，不能再这样修剪，长势强修剪要偏轻，促进分枝量，分散养分，成花结果，以果压冠。

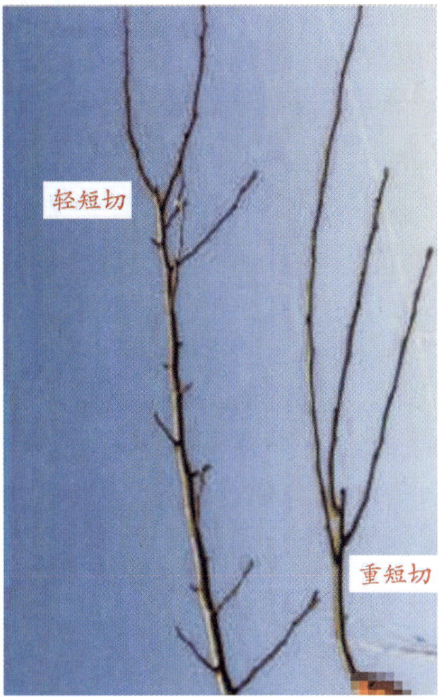

图 6.11 观察修剪反应

图 6.12 直立枝重短切反应

在修剪时不管是熟悉的或不熟悉的品种都要认真观察、善于观察往年修剪反应，不能照搬理论，而应根据修剪反应勤于思考，结合辩证法的观点，具体问题要具体分析，才能找出适宜的对策，经验才会逐渐丰富，做到理论到实践，经过实践检验又回到理论，如此反复多年，苹果树怎样剪会怎样生长、结果都会了然于心，修剪水平也才会逐步提高。

（3）不同修剪方法的修剪反应：图 6.13（a）为剪口留外芽的中短切常见反应，形成三叉枝；图（b）为连续短切后的反应，易造成树冠外围枝量大，而形成外密，延长枝受背上枝的抑制而延伸困难。所以在枝量充足时一般会及时疏除三叉枝中的背上枝或竞争枝等上位枝。因为背上枝常常会抑制延长枝的生长。在修剪后同样应学会观察不同修剪方法对生长结果的影响。

3. 根据树龄和树势

幼树以整形为主，采用的修剪策略应尽量多留枝，尤其是中庸枝、小枝，快速增大叶面积，促进树冠的扩大。初结果期枝量要迅速增多，并促使营养分配从营养生长向生殖生长方面转移，促进早结果。树势与树龄关系密切，通常情况下，随着树龄的增大、产量的增加，长势由强逐渐减弱。修剪时应根据不同果树的树势及年龄时期特点，采取适宜的修剪措施。树势偏旺时，修剪宜轻，少切多疏开张角度，缓和长势，适当增加花芽量；树势偏弱时，加强肥水管理，减少负载量，增加营养枝数量，衰弱骨干枝适当抬高角度。观察图 6.14，主枝腰角梢角开张过大，主枝头单轴延伸过快，造成树体不牢固，大量结果后主枝先端下垂，背上枝增多。现被迫选择主枝前部的背上枝作为新延长枝以恢复树势。修剪时应控制背上枝，无利用价值的可尽早疏除，树体中上部过密枝也应少留，以便打开光路。

（a）

（b）

图 6.13　中短切修剪反应

图 6.14　主枝开角过大，背上枝过多

4. 根据立地条件和栽培水平

一般来说，平坝果园，肥水充足，土壤肥沃，树势强旺，整形修剪时应控制树高，留足行间的距离，主干宜高，适当减少上部和外围枝量，加大层间距，减少骨干枝级次，加强通风透光性。而在低温、肥水缺乏、土壤瘠薄的山地、坡地条件下则相反。

栽培水平的高低，对果树的生长结果状况有着重要影响，土肥水管理水平高的，树体长势一般较健壮，平衡树体矛盾的能力强；反之，土肥水管理水平低的，树体长势相应也较弱，仅依靠修剪去调节、平衡内外的矛盾是不可行的。在修剪时一定要根据土肥水管理水平、病虫害防治水平、花果管理水平、整形修剪水平及各项措施的相互配合和协调水平等用长远、综合的眼光看问题，按适宜的砧穗组合确定合理的栽植密度，在此基础上设计最适宜的群体结构，在此基础上选择适宜的树形，按照“因枝修剪，随树造形”的修剪原则，才能逐年培养出丰产果园果树的群体和个体结构，达到整形修剪目的。如果不考虑整个果园的群体结构，只知道对一株果树进行修剪是盲目、缺乏整体观的，也是修剪能力不足的表现，没有着眼全园和长远眼光，会给整个果园的经济收益造成很大损失。

5. 根据栽植密度和方式

不同的砧穗组合、栽植密度和栽植方式，对树体的生长结果表现影响很大，其整形修剪的方法也不同。一般情况下，栽植密度较大的，整形宜为小树冠、低级次、小骨架的树形，修剪时应强调开张角度，以果压冠，重点在早果和更新修剪，以延长盛果年限。而栽植密度较小、树冠较大时，则要适当增加骨干枝的级次和数量，培养大树冠，重点在骨干枝和枝组的培养。不同栽植方式，如单行和双行栽植、计划密植栽植，都应采用不同的整形修剪方法。图 6.15 为计划密植栽植方式中临时树和永久树的修剪方法。

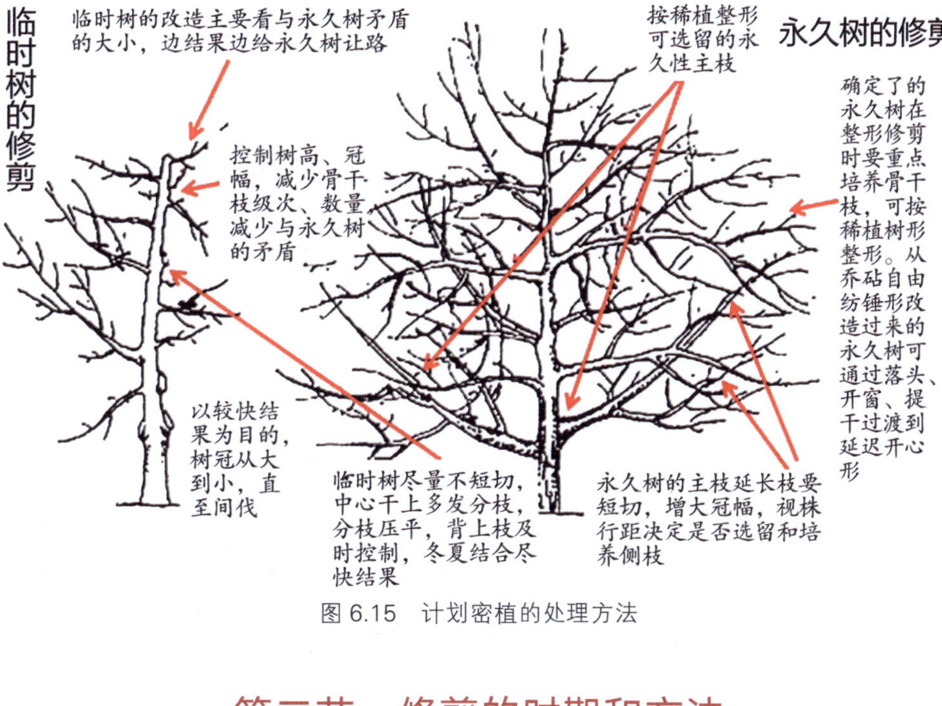

图 6.15　计划密植的处理方法

第二节　修剪的时期和方法

根据修剪的时期不同，修剪方法可分为生长季节修剪（又叫夏剪）和休眠期修剪（又叫冬剪）。管理中可根据整形修剪的目的和需要进行冬夏配合。生长季节修剪可在春季、夏季和秋季进行修剪。

一、春季修剪的主要方法和作用

1. 花前复剪

一般在萌芽后到开花前进行，它是冬季修剪的继续和补充。也是在冬剪的基础上，再进行细致的修剪，以弥补冬剪的不足，也可以不进行春季修剪。

也有冬季未修剪而延迟到春季修剪的，但据观察，树势较冬剪有所削弱。常为树势较强、不易成花的果园采用。

2. 刻芽（也叫刻伤、目伤）

（1）刻芽的时间和方法：在春季萌芽前半月左右，用刀、剪、钢锯等工具，在芽上方 0.5 厘米左右处，横刻皮层，深达木质部，造成一眼目形伤口的方法，称刻芽或刻伤。刻芽有促进伤口下的芽萌发抽枝的作用。刻芽基本上都在芽上刻，目的是促进该芽萌发，也有在芽下刻的，可起到抑制该芽萌芽促进养分的积累而成花的作用，如在背上芽下部刻芽。刻芽时伤口深达木质部，不宜太深，长度比芽的宽度略大就行了。刻芽的作用是促进芽萌发抽枝，一般在发芽前进行，刻芽时间早一点抽枝增长，但迎风口芽易风干，如刻得晚一点在临近萌芽时刻芽抽枝要短一些。

（2）刻芽的应用：如图 6.16，幼树上定干后有些幼苗发枝量不足，经常不能按整形需要选出主枝，可采用刻伤的方法，在整形带内刻芽，弥补分枝数量的不足。在纺锤形中心干强延长枝上刻芽常代替短切促进萌芽抽枝；在主枝延长枝上刻芽易于培养侧生枝；在枝轴上刻芽利于形成分枝，增大枝量，减少光秃带利于枝组的培养，提早结果。

图 6.16 刻 芽

图 6.17 中心干上刻芽

（3）刻芽的修剪反应：刻芽是密植栽培时与拉枝一样最常用的修剪方法。观察图 6.17 密植树中心干上刻芽，刻芽时注意 2 个芽之间的距离，一般隔 2 ~ 3 个芽刻 1 个，芽的方向宜错开。

把废钢锯条一端缠上布条做握把，另一端在芽上一拉就完成一次刻芽，很方便。观察图 6.18，在侧生枝上刻芽时尽量选侧芽，两侧相间一定距离刻，尽量避免在一侧连续刻。图 6.18 中显示萌枝在达到一定长度后结合拉枝、扭梢、拿枝、压枝等措施，分枝易形成结果枝。

图 6.18　主枝上刻芽

3. 春季拉枝

（1）春拉的时间和作用：春季树液开始流动后，根据树形要求，将枝条拉至适宜角度，可以扩大树冠，春拉与夏季拉枝目的有所不同，春季主要用于抑制顶芽的优势，促进中下部多萌芽，增加枝量，如配合刻芽效果更好，当然拉枝也改善了光照条件，缓和树势，有利成花，是幼树增加枝叶量、早结果、早丰产的关键措施之一。骨干枝长势强也可运用，萌芽前拉枝越早，对顶芽抑制越强，中部饱满芽萌枝越多。图 6.19（a）为春季拉枝，图（b）为次年萌芽期，可观察到春拉反应。与春季拉枝不同的是，夏季拉枝开角在春梢停长时进行，主要目的是调整树形，打开光照，促进花芽分化，调整枝条角度，有利于固定枝条。

（a）　　　　　　　　（b）

图 6.19　春季拉枝及拉枝反应

（2）春拉时应注意以下事项：

① 注意拉枝所用材料：拉绳最好选用混纺毛线，不但价格低廉而且经久耐用，比习惯使用的塑料绳、麻绳等要好。盐源县因光照强，用塑料绳、麻绳常分解腐烂，纸箱打包用的编织带常陷入枝干。也可用铁丝做成两端弯钩，方便拉枝、方便取下，可重复使用。如图 6.20，用铁丝拉枝。

② 拉枝时根据整形要求拉枝：骨干枝长势强的，按整形要求和树冠结构来拉枝，如稀植树形，由于冠径大，主枝拉枝要考虑基角、腰角和梢角，应充分占据空间，向四周插空拉开，利于骨干枝延伸，使之分布均匀，树冠丰满，冠径增大。辅养枝或纺锤形的小主枝拉枝时要尽量与下面的枝错开，避免重叠，在中心干上呈螺旋状分布，开张角度往往大于 90 度。图 6.21 为改良纺锤形树冠中上部拉枝角度与基部主枝拉枝角度的差异。

图 6.20 用铁丝拉枝开角

图 6.21 改良纺锤形基部与上部主枝拉枝的差异

③ 拉枝时要考虑修剪反应及配套措施：图 6.22 中主枝与辅养枝开角不一样，主枝萌芽前开角往往剪口下背上枝长势旺，常配合抹芽、扭梢等控制。辅养枝拉枝的部位不合理易造成中部弯弓，背部易抽生背上直立强枝，如图 6.23，背上直立枝应及时配合春夏其他措施（如萌芽、刻芽、扭梢等）控制。春季拉枝后萌芽率明显提高，如要增加成枝率和调节发枝部位可结合刻芽，常用于单轴延伸结果枝组的培养。

④ 绑绳不宜太紧，并经常检查，及时松绑，防止枝条加粗后勒成“细脖子”，影响生长发育，也易折断。

⑤ 春季枝条虽比冬剪略软，但仍较硬，大枝要注意防止枝条劈裂，拉枝前要先进行捋（拿）枝，即用手从枝条基部到中上部反复揉拿，使枝条柔软后再拉。这样，可以减轻线绳的拉力，枝条不易劈裂，开张角度和变换方位都比较容易。小枝可改变方向或稍加扭曲拉平，也可避免枝条基部劈裂。拉枝时一定要注意拉枝部位，避免枝条中部饱满芽处于顶端优势位置，否则易抽生背上直立强枝，不利于整形，图 6.22 中辅养枝于前一年夏秋拉枝效果更好，春拉易如图 6.23 抽生背上强枝。

图 6.22　春拉中部不宜弯弓

图 6.23　易抽生背上强旺枝

4. 抹　芽

（1）抹芽时间：抹芽就是将无用的萌芽及早抹除，也可理解为及早疏枝，在春季刚萌芽时进行，在春梢旺长前尽早结束。如冬剪疏枝后的剪（锯）口容易发出大量萌蘖、拉枝后的背上芽容易形成直立徒长枝等，这些无用的萌芽都应及时抹除，减少养分消耗，改善通风透光状况，减轻以后夏剪和冬剪的工作量，如图 6.24，抹芽过晚，形成大量直立枝。

（2）抹芽部位：

① 除上述部位外，嫁接后砧木上萌发的枝趁早抹除，接穗上多余的萌枝也趁早抹除。矮密栽培剪锯口常呈平口即“马耳朵”形，这时剪口萌枝可根据枝势枝位加以利用，常用于更新，或培养成结果枝，过多的或没有利用价值的才及早抹除（如图 6.25 剪口 3 枝萌枝中可根据全树枝量的多少及时抹除 1～2 枝）。

图 6.24　拉枝后背上直立强旺枝没有利用价值的应及早抹除

图 6.25　萌枝过多可抹除 1～2 枝

② 稀植树在中心干延长枝和主侧枝延长枝短切后剪口下第二三芽常常形成竞争枝或背上枝，如图 6.26，没有利用价值的应及时抹除，以免抑制延长枝的生长。纺锤形整形过程中为了加强中心干的地位也常常将中心干延长枝下第二三芽抽发的竞争枝抹除，枝量少的时候拉平，以削弱竞争枝的长势。

图 6.26 及时抹除背上枝、竞争枝

二、夏季修剪的主要方法和作用

夏季修剪常与冬季及其他季节修剪相配合，达到冬剪不能达到的目的，在密植栽培中往往是主要的修剪手段。利用生长季树体营养及内源激素的合成、输导、积累与消耗的规律来调整树体生长结果过程中树体内部及树体与环境的矛盾。主要方法有：

1. 疏果调整负载量

普遍采取人工疏果，也是把疏果延缓到春末夏初的原因。疏果可以提高果树树体营养水平，提高果实品质，提高抗性延缓衰老，减少大小年的发生，提升果树连续丰产的能力。理论上讲疏果应疏得早，疏得早也不如疏花。以后随管理水平的提高，应以疏花为主。目前，疏果有以下几种方法：

（1）因树定产，看枝疏花疏果：疏花疏果的基本理论根据是叶果比，大量试验材料认为，苹果乔化砧的叶果比正常叶片（30～40）：1，矮化砧由于树体叶幕厚度较薄，叶肉厚度较大，单叶面积较大，多为（20～25）：1。常在花后 1 周开始到 6 月生理落果时结束。旺壮树可适当多留结果枝，关键还是叶果比。

（2）因树定果，看果台副梢疏果。主要看整株树长势和结果量的平衡关系，观察图 6.27。

图 6.27 一个花序坐果，一个副梢，根据长势应及时疏去 5 个果

① 坐果花序数过多，超过树体负担量的树，但树势尚强，如结果量过大，易造成树势衰弱或大小年，此时一个副梢留单果，强壮副梢留双果，两个副梢留双果，无副梢的一般不留果，如空间大、结果枝条强也可以留 1 个果。

② 坐果花序基本上和树势负担量相适应的，一个副梢的留双果，副梢细短留单果，两个副梢的留两果，无副梢一般不留果，空间小枝条弱的一部分果台不留果。

③ 总坐果花序数少，不能达到丰产要求的弱树，没有副梢的不留果，一个副梢的留单果，一个壮梢留双果，以扶持树势为主。

留果的多少不能一概而论，应根据市场的需求变化而变化，市场对果品质量要求较高时，疏果更多，留果更少，并减少树体层次和骨干枝级次，增强通风透光性和光照强度，增加着色度。

2. 开张角度、压枝

（1）主侧枝拉枝开张角度：采用撑，拉，吊对树体骨干枝角度进行调整，在幼树定干后 2 ~ 5 年，在 6—7 月或迟至秋季进行拉枝。此时骨干枝相对较软容易开角，以利于开张角度。个别大树，幼龄树时未开角，骨干枝直径较大，可以采用连三锯后再撑拉吊开角。骨干枝调整角度后明显增强树体内膛光照强度，增大树体有效空间，形成更多有效结果部位，延缓树体内部枝条衰老，增加经济产量，提高果实品质。主枝开角时一般基角 50 ~ 60 度，腰角 70 ~ 80 度，梢角根据长势确定为 40 度左右较为合适。图 6.28（a），如幼树开张角度较晚则不利于基角的开张，树龄大了以后基角就不易打开了。图 6.28（b），连三锯后，撑或拉开角。骨干枝中侧枝开张角度稍大于主枝，以避免与主枝的竞争。纺锤形根据砧木决定，改良纺锤形基部主枝与乔砧树一样。自由纺锤形基部主枝 70 ~ 90 或 80 ~ 90 度。高纺锤形和细长纺锤形基部主枝≥90 度。

（a）

（b）

图 6.28　夏季开张角度

（2）主侧枝方位角的摆布和压枝：主侧枝除了开张角度，主枝之间夹角为 120 度左右较为理想。图 6.29（a）中树体左右两侧的这两大主枝之间夹角太大，近 180 度，在幼树期应及早拉枝调整，使两主枝之间夹角调整为 120 度左右以利于合理利用空间。图中通过调整相邻主枝间的侧枝来填补空间，图中右侧主枝上两大侧枝合理分布于主枝两侧，与主枝的夹角、开张角度较合理。图中还可观察到骨干枝开角后背上直立枝太多，春季可及早抹芽，也可配合春夏剪摘心、扭梢、曲枝、圈枝等措施及时控制，未处理的很多枝到秋冬季就只有疏除了。压枝：春梢即将停长到秋季都可进行，主要是对有枝位但枝势不合适，较直立强旺的背上枝、背斜上枝等上位枝条，通过拿枝、拉枝、撑枝或吊枝、甚至扭梢等措施来压低顶端优势，促进花芽形成，而侧生枝、背斜下枝、背下枝则缓放，图 6.29（b）中被压枝条多数情况下易形成单轴延伸枝组。

（a）夏季调整骨干枝的分布和角度

（b）夏秋压枝

图 6.29　主侧枝方位角的摆布和压枝

春拉和夏拉的区别：观察图 6.30，图（a）为春季拉枝开角，图（b）为夏季拉枝开角，春拉枝多萌发背上枝，萌芽率增大，萌枝长度缩短；夏拉枝开角多为萌芽成枝后才开角，不同方向的枝都有，夏季开角枝质较软，基部不易劈裂，开角后利于萌枝及时停长，增强内膛光照，利于花芽形成。

（a）

（b）

图 6.30　春季拉枝和夏季拉枝的区别

3. 摘　心

摘心即是把新梢尖端摘去 5 ~ 10 厘米，如图 6.31，摘心的时间和枝条姿势不同所起作用不同。

（1）春梢旺长期对直立旺长枝摘心可削弱新梢的长势，促使其发生分枝，增加分枝，如图 6.32，中心干摘心缓和长势，增加分枝。如果对多年生枝上着生的直立枝摘心有利于营养物质积累而缓和树势，使中下部枝芽充实，饱满，易于形成花芽。有时新梢长势太强可间隔 10 天左右连续摘心控制长势，促发分枝。

图 6.31　摘　心

图 6.32　中心干摘心促发分枝

（2）对秋梢即将停长的平斜枝摘心，促使秋梢及时停长使该枝的芽体饱满并容易形成花芽，也可配合化学修剪，喷施生长调节剂促使秋梢及时停长，促使营养物质积累，提高树体营养水平。

（3）对强旺果台副梢摘心可减缓新梢长势，增加坐果率，尤其是小年树对副梢摘心可减缓梢果矛盾，减少落果，增加产量。

（4）主干摘心代替定干：除了上述作用，还经常用于幼苗，起到定干的作用，常在坐地砧上使用（坐地砧是指在定植穴中直接栽植砧木，如山定子，然后直接在定植穴中嫁接栽培品种，不移栽苗木的方法，坐地砧根系发达、长势强旺，利于早成形），图 6.33 为在定植穴中直接定植山定子，次年在砧木上嫁接了普通红富士，长势强，5 月上旬摘心，促发了 5 个分枝，摄于当年 7 月。图 6.34 为前一年 5 月上旬摘心，促发了多个分枝，摘心愈合位置清晰可见，摄于次年 7 月。

4. 扭　梢

在新梢生长即将停止期（5 月下旬至 6 月上旬），根据枝位大小将直立新梢、枝位小的背上枝，在枝条基部以上几厘米处，用手捏住枝条中下部，然后向顺时针旋转 180 ~ 360 度，扭转枝条使其枝头向下，改变其顶端优势，从而改善养分的分配，削弱其长势，如图 6.35。扭梢利于顶芽养分积累形成花芽，如未成花次年可缓放一年，一般成花结果后再根据枝位大小再行修剪。扭梢枝易形成花芽，但占据空间小，空间大的可摘心、刻芽或圈枝等。

图 6.33　坐地砧摘心代替定干

图 6.34　坐地砧摘心次年

图 6.35　扭　梢

5. 环割、环状剥皮（简称环剥）

环割就是用环割剪或刀在被处理枝条基部进行环状切割，如图 6.36，深达木质部，呈圆环状绕枝条一圈。环割可以促进营养物质在伤口以上部位积累而抑制营养生长，促进数量较多的花芽形成。有时为了增加效果可相距几厘米共环割 2 ~ 3 圈。环剥就是两刀相邻环割并取下之间的皮层（韧皮部）。环割和环剥对伤口以上部位起抑制营养生长的作用，环割对处理对象的抑制作用没有环剥强，所以环剥一般在多年生枝上才使用。为了促进花芽分化，可在 6 月上中旬，春梢停长花芽分化前对内膛较旺的枝或辅养枝进行环剥或环割；为了调节树体长势的平衡可对上强部位的中心干进行环剥或环割，也可对长势较强的主枝或侧枝基部进行环割或环剥；为了提高坐果率，减少生理落果，也可在开花末期进行环割等。环剥剥皮宽度一般为 3 ~ 5 毫米（为枝条直径的 1/10 ~ 1/15），细枝比例略大，粗枝比例略小。环剥过宽，当年不能愈合，枝条容易枯死，过窄愈合快，起不到应有的作用，为此可采取大半环剥，或半环剥，半环剥时两个半环相对，错开位置就不易造成枯枝。也可采取多道环割增加环割效果。环割、环剥经常与拉枝、刻芽相结合促进单轴延伸枝组成花结果，简称刻拉割（剥）。图 6.37 对环割伤口下萌枝进行扭梢。

图 6.36　环　割

图 6.37　环割伤口下萌枝扭梢处理

6. 拿枝软化

当年生直立强旺枝于 6 月上中旬开始拿枝直到采果后都可进行，拿枝时如图 6.38 从基部几厘米处开始，向下弯压一两下，弯压要掌握好度，双手拿住枝条，左手在前，右手在后，右手挨近左手，向下弯压枝条节间，可损伤枝条木质部，枝条内有时能听到木质部细微响声但不能折断才算是恰到好处，然后拿枝部位逐渐向枝梢先端移，枝条被拿软后平斜向下，不再恢复直立，改变了枝条姿势，利于机物营养积累而形成花芽。在纺锤形整形修剪过程中中心干上的分枝拿枝配合开角时最好在新梢半木质化时进行，当年生新梢拿枝后使拿枝部位变软，可用牙签在基部撑开新梢而开角。而 2 ~ 3 年生强旺枝也可在基部拿枝软化后容易下垂而容易配合撑拉吊开角。冬剪时部分直立强枝也可对基部进行多次弯压而软化，只是需要的力度要大些。拿枝后枝势发生改变，利于将软化的枝条培养成单轴延伸枝组。

图 6.38　拿　枝

7. 圈枝、曲枝、别枝

把 1 枝或 2 枝相邻的 1～2 年生长枝圈成一个圈或中上部相互缠在一起，或别在其他枝上，降低枝头的顶端优势，促进中下部萌芽。在春梢停长前圈枝利于养分积累形成花芽、促进枝条多萌发。圈枝前最好结合拿枝，也可圈枝后结合刻芽。让枝条改变延伸方式，并削弱枝的长势，并控制被圈枝的发展空间，图 6.39 圈枝后中下部萌芽率提高。圈枝时应注意枝条顶端优势的变化，尽量让所圈枝条平斜，增加萌芽率，以利于后期改造成枝组，其枝位较扭梢的空间大。圈枝随时都可进行，被圈枝萌枝后可在冬剪时解开，也可齐花回缩改造成结果枝组。圈枝后位于顶端优势位置的背上芽萌发常形成直立枝，可视枝条空间大小抹除或扭梢等处理。此外，图 6.40 为曲枝、别枝，也可改变枝条的顶端优势，抑制其长势，从而改变萌芽率、成枝力，也常用于辅养枝的处理和枝组的培养。

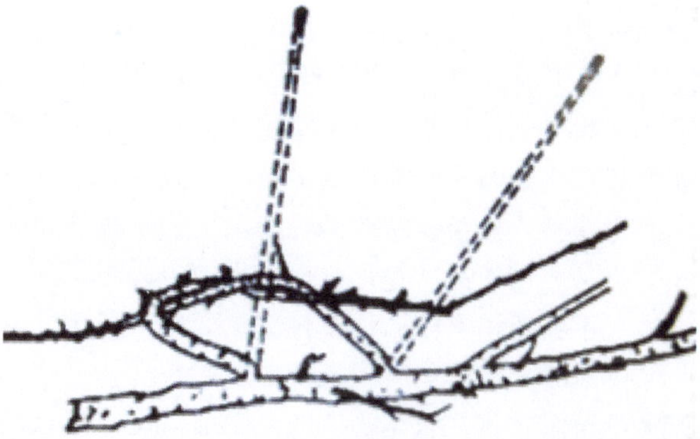

（a）

（b）

图 6.39　圈　枝

图 6.40　别枝、曲枝

三、秋季修剪

前面第四章讲果实成熟采收时已经简单讲过秋季修剪，在此再复述一次。

秋季的主要作用就是调整树体结构，提高后期树体的光合效能，延长光合时间从而提高树体贮藏营养水平。秋季修剪主要有以下方法。秋季修剪一般在采果前后进行，多在采果后进行，树龄、品种不同，修剪时间有所差别，早采早剪，晚采晚剪，晚熟品种也可在采果前开始，11月前结束，幼树可提前进行。主要有以下措施。

1. 拉枝整形

根据树形要求拉枝，拉枝定型以秋季拉枝最好，因为秋季正是养分回流期，秋季拉枝的好处是枝条柔软，拉开后背上不会再萌发强旺枝。通过拉枝达到“拉出层次、拉出平衡、拉出树形”的效果。开张角度后，养分容易积存在枝条中，芽体饱满，利于后期花芽分化。纺锤形的小主枝也可在秋季拉、春季刻、夏季根据长势决定是否配合环割、环剥。

2. 疏除树冠外围直立旺长枝，打开光路

可以改善树冠内膛光照状况及附近枝的营养状况。采果后到落叶前，因为叶片齐全，树体的通风透光容易掌握。疏除树冠外围、上部部分直立强旺枝、竞争枝，可以改善树体光照，使剩下的叶片功能增强，有利于花芽形成和养分积累。

图 6.41 中上部直立枝太多，对下部光照阻挡较强，应及早处理。秋剪疏枝的伤口也容易愈合。

图 6.41　秋剪疏除上部外围无用的直立枝，避免“打伞戴帽”

3. 秋季疏枝、摘心

在疏除外围和上部强旺直立、徒长枝的同时也可配合清理树冠内膛无效枝。如图 6.42，采果后，根据叶幕厚度，疏除内膛部分无用的直立旺长枝，部分内膛无用的秋梢，对即将停长的

图 6.42　秋季疏枝、摘心部位

秋梢进行摘心，促使秋梢及时停长，一般在9月左右进行，如发生二次梢，说明摘心时间早了，抹除二次梢，也可喷药进行化学修剪，促使秋梢及时停长。疏枝完成后中午阳光照在树冠上，地面有少许斑驳的漏光，叶幕厚度比较合理。如下部不能躲阴凉，光照较强，说明叶幕厚度不够，如地面没有斑驳的漏光，说明叶幕厚了，下部无效叶较多，果实着色也不会好，树体无效消耗也会增大。

秋季整形修剪要与果园的枝叶量、树龄、长势、产量、立地条件、管理水平、整形方法密切配合，依据果园的实际情况，合理确定修剪程度。

四、冬季修剪方法及作用

冬季修剪也叫休眠期修剪，一般在落叶至萌芽都可进行，多数情况在冬季落叶后一两周的时期开始进行，成年树落叶早，可适当早些。部分树势较旺的可适当延迟修剪，以促发分枝，缓和树势。多数情况在12月中旬开始至萌芽前进行冬剪。

1. 短切（也叫短截）

短切就是把一年生枝剪去一部分。短切的目的主要是促进被剪切的枝条发生分枝，增加枝量；其次，短切可缩短枝轴的延伸长度，增加枝的粗度，即减少了枝条长粗比，使枝条更加牢固；在枝质柔软，延伸幅度较长的树种或品种上短切可增加被短切枝的牢固性，避免披头散发状的出现。枝越细长，越不牢固，负重能力越差，相反，负重能力越强；栽植密度较稀的果树冠径大，要求骨干枝负重能力强，所以稀植果树一般中心干和主侧枝等骨干枝的选留和培养都要短切。而在纺锤形等密植树形上，由于不需要选留稀植树上那种大主枝，中心干上的小主枝都应提早结果，避免长得粗大的主枝的出现，尽量将营养物质用于结果，所以应少短切或不短切，但中心干延长枝一般都应短切。再次，短切改变了枝的延伸方式。比如：幼树定干时短切有利于在中心干上发生分枝，利于在分枝中选留枝条来根据栽植方式培养成主枝或辅养枝等；同样道理在其他枝上短切也有利于产生分枝，在分枝中选留枝条按整形修剪目的进行培养，如培养多轴延伸枝组。

短切还可调节营养枝与结果枝的比例：苹果树主要以顶花芽结果为主，短切时由于剪除了顶花芽，增加了分枝，当年这些分枝都成了营养枝，所以短切还增加了营养枝的比例。在结果枝太多的果树上（如大年树）破除顶花芽可增加营养枝比例。

根据短切的部位及留枝的长短将短切分为以下几种方式：破头切、轻短切、中短切、重短切、极重短切、带帽、抓盲节等，其修剪反应也各不相同。在修剪过程中要根据被剪切的枝条所处位置空间的大小（枝位），长势和姿势（枝势）及目的来决定短切的程度和方法。

短切反应除了与枝条的姿势、长势有关外，还与剪口芽的异质性即饱满程度、剪口芽位置方向、剪口芽顶端优势位置的高低有关。短切常用于枝组的培养、调节营养枝与结果枝的比例、枝组的更新、骨干枝延长枝的延长和分枝等，是冬剪最常用的修剪方法之一。有时枝位较小，为了抑制枝条的姿势，形成小型结果枝组，可将剪口留在春秋梢交界的瘪芽处，叫抓盲节；剪在一年、两年生枝交界处叫带帽，都是抑上促下，促生剪口下部发生较多中庸枝的剪法。短切如果延迟在春季进行相对冬剪而言发枝更多，但长势较冬剪稍弱。夏季也可进行，叫夏切或夏截，类似夏剪的摘心，相对对冬剪而言，夏切发枝为二次梢，长势较冬剪更弱。

（1）破头短切又称为破头剪、破头：是最轻的短切，由于剪除了顶芽，消除了顶芽的顶端优势，剪口以下的芽体不及顶芽饱满，除剪口芽发枝稍微长一些外，抽生枝条都不长，中部饱满芽也常萌芽抽枝，抽枝长度主要看枝条的直立或平斜程度，枝条越平，中部抽枝越长，顶部抽枝缩短，如被剪切的枝条长而直立除中部附近外下部几乎不发枝，中部萌枝短，一般破头剪不用于直立枝。如枝条平斜，中部发枝较长，萌芽率提高。破头切常用于枝位较小的中庸枝，促发中短枝，以后可齐花回缩或缓放，改造成中小型结果枝组，常配合拉枝、拿枝促生花芽。破头剪最常用于果台副梢花芽较多时破头，以减少结果枝增加营养枝（预备枝）。如图 6.43，图（a）为破头剪；图（b）为短切剪法：剪口多为芽的背部，略倾斜，利于伤口愈合，多数情况下剪口芽留外芽；图（c）为直立枝破头的修剪反应，与轻短切相似。由于两年被剪切枝条直立，前一年破头剪，剪口发枝稍微长一些，中部饱满芽常常也能抽枝，中下部发枝很少，枝势与前年相比缓和了很多。

（a）　　　　　　（b）　　　　　　（c）

图 6.43　破头短切

（2）轻短切：剪口在新梢中上部，大概整个枝条 1/4 ~ 1/3 次饱满芽处。剪口抽枝较多，长势比中短切弱，比破头剪强，中部萌芽较多，但萌枝短。如配合开角，剪口萌枝长势会削弱，中部附近萌枝增多。常用于枝势较强的或较直立的延长枝短切，由于枝轴长，树冠扩大较快。图 6.44 为轻短切，图（a）为冬剪轻短切，图（b）为春梢旺长期的修剪反应。

观察图 6.45 中轻短切反应：图中两红线之间的枝段为前一年短切的长度。轻短切时如枝条较直立，加之剪留的枝较长，易形成光腿现象，常配合刻芽、拉枝促进萌芽增加枝量，减少光腿现象。在新梢上轻短切主要目的是剪口促发相对较短的新梢，缓和树势，枝条中部附近可产生较多的短枝易形成花芽，枝轴延伸较中短切快。结果枝组培养时，轻短切常配合拉枝、刻芽促发更多分枝。如长势强，基部可环割。

（a）　　　　　　　　　　（b）

图 6.44　轻短切

图 6.45　直立枝轻短切反应

（3）中短切　剪口在新梢中部附近的饱满芽处，目的是促发长势较强的多个分枝。在树势中庸偏壮的延长枝上基本采用中短切，既可使骨干枝适度延伸，又可维持树势。也可用于多轴延伸的大型枝组的培养。图 6.46（a）为中短切，图（b）中短切反应，剪口常发三叉枝。

（4）重短切：剪在新梢中下部次饱满芽上，短切反应一般为发枝少，发枝长，在长势较弱的枝上采用重短切可促进新梢长势。图 6.47（a）为重短切，图（b）两红线之间表示前一年剪留的长度，图（c）为修剪反应。

（a）

（b）

图 6.46　中短切

（a）

（b）

（c）

图 6.47　重短切及修剪反应

（5）极重短切：图 6.48（a）为极重短切，注意观察剪口留芽。剪口在被剪切枝基部的瘪芽上，一般剪口向上平剪或斜剪成“马耳朵状”或“马蹄状”留有一短橛或短桩，次年基部瘪芽（一年生强枝一般发弱枝或中庸枝，易形成结果枝）或潜伏芽（多年生枝平剪萌生新梢可降低枝龄）可抽生 1 ~ 3 枝长势中庸的新梢。图 6.48（b）两枝前一年冬剪为极重短切，左边那枝剪口截面小而圆，更像疏剪，留芽少发枝也少，有时不发枝；右边那枝的平剪口易产生愈伤组织，有时发 2、3 枝。极重短切常用于枝位小而长势强的枝的处理，所以枝位小的直立枝因不易形成花芽常采用此法。纺锤形整形时，常用于单轴延伸小主枝及结果枝组的更新，或增大干主比中心干与主枝粗度之比，如图 6.48（b），结果几年后小主枝在疏除时也可这样平剪，以促发新梢用于替换老枝，达到更新的目的。

（6）抓盲节、带帽：图 6.49 为抓盲节，剪口在春秋梢交界处；图 6.50 为带帽剪，剪口在一两年生枝交界处。两种剪法的目的都是抑上促下，即抑制剪口发枝，一般剪口不易发强枝，或发枝弱，对下部枝条生长有一定促进作用，多用于枝位已经被合理利用的枝，将被剪切枝控制在剪口以下部范围内。

（a）

（b）

图 6.48　极重短切

图 6.49　抓盲节

图 6.50　带帽

（7）观察短切剪口留芽及反应：骨干枝延长枝短切时剪口一般留外芽，根据苹果枝的芽序规律，第二三芽常有 1～2 个芽是背上或背斜上芽，观察图 6.51（a），萌发后应根据枝位大小及时处理（背上枝多数情况春季及早抹除，有一定枝位的夏季扭梢，空间大一点的春梢旺长期摘心，如夏季未处理，冬剪一般疏除，以免长成强旺竞争枝影响延长枝的生长）。图 6.51（b）有时为了选留培养侧枝的，考虑第二芽为侧芽（延长枝剪口芽可留除背上芽以外的其他任何方位的芽），次年侧芽所发新梢留侧外芽短切，或配合拉枝，拉向有空间的位置，培养成侧枝。

（a）

（b）

图 6.51　短切与剪口留芽的关系

（8）观察短切修剪反应：图 6.52（a），中短切常形成三叉枝，剪口发的 3 个枝，第二芽背上芽易形成竞争枝，第二芽夏季应及时处理或冬春剪时拉开角度，否则疏除。第三芽背斜枝，可根据枝势、枝位修剪，培养成侧枝或枝组。图 6.52（b），有时第二层主枝延长枝长势强，为了开角和抑制上强，选留第二芽为外芽，不考虑剪口第一芽方位留第一芽短切，次年剪至第二芽发枝部位[图 6.52（b）中红线]，留第二芽发枝为新延长枝，达到降低顶端优势和开角的目的，称为里芽外登。

2. 缓放（也叫长放）

（1）方法和运用：就是对一年生枝不剪。缓放多针对长势中庸，姿势平生或斜生的枝条（图 6.53），小型枝组在生长结果矛盾较平衡的情况下，也可缓放，冬剪时大部分枝都缓放。缓放的枝如果其枝势平缓，萌芽率较高，也易形成花芽，如枝势较强，较直立，顶芽优势就强，侧芽萌发较少，可结合夏剪拉枝，改变枝势，最好拉枝时把基部拿伤，也可配合刻侧芽提高萌芽率，降低背上枝长势，未刻芽萌芽的背上枝及时抹除或扭梢。枝位较小的结果后可回缩，改造成中小型结果枝组，未形成花芽的也可继续缓放。矮密栽培上拉枝，缓放、不打头，多用于小主枝的培养，小主枝经缓放萌枝多形成花芽，如图 6.54。

（a）

（b）

图 6.52　短切反应

图 6.53　中庸枝缓放及缓放反应

图 6.54　纺锤形小主枝拉枝后缓放

（2）缓放的反应与枝条枝势（姿势、长势）的关系：缓放时枝条的长势主要影响新梢抽生的长度，长势强的枝条缓放后抽枝要长些。枝条姿势主要影响萌芽率，枝条越直立，缓放后顶芽优势越强，越平生顶芽下部的芽萌芽越多。如拉枝弯弓后缓放顶端优势位置改变，弓背处由于常常处于顶端优势位置而抽生直立旺枝，生产中可根据枝量的多少抹除或扭梢。

观察图 6.55 中两个箭头所指的枝条的反应。缓放后的反应是由顶端优势和芽的异质性共同作用的结果，也是枝条的长势和姿势共同作用的结果，枝条角度越开张，顶芽的顶端优势越下降，背上芽萌芽率大幅提高，枝条的修剪反应受芽的异质性影响也增大，饱满芽萌芽率和成枝率都增强，中部萌芽多，抽枝的长度增加。相反，枝条直立时顶芽易萌发抽生长枝，侧芽发枝少而短。

图 6.55 中红箭头所指的枝条拉枝成平斜枝缓放时，顶芽由于高度降低，抽生的新梢长度相对缩短，背上芽萌芽多，中部芽萌生的枝量增多增长，中上部、中下部萌生的枝量和长度都增大。图中黑色箭头所指为斜生枝缓放时的反应，各部位的芽受顶端优势的影响比平生枝的大，顶芽生长占绝对优势，多抽生长枝，中部、中上部萌芽稍多，可抽生少量中、短枝，中下部几乎不萌发。

图 6.55　不同枝势的缓放反应

3. 疏剪（也叫疏枝）

（1）疏枝的剪法：疏剪就是把一年或多年生枝从基部剪除，如图 6.56，夏剪时叫疏梢。疏剪的目的就是把不需要的枝条剪去，减少枝量，经常用于上部和外围，如过密枝、并生枝、重叠枝、交叉枝、外围直立枝、徒长枝、竞争枝、病虫枝、部分无光照的下垂枝，把无用的大枝从基部锯除也叫疏剪，如图 6.56。疏剪大枝后最好涂伤口保护剂，减少病害传播。如图 6.57，疏剪时剪口、锯口不留桩，切面圆形，如平剪、斜剪成“马耳朵” 或留短桩，剪口潜伏芽就易萌生新梢，根据枝位大小可用于更新，无枝位的继续疏除。

图 6.56　疏　剪

图 6.57　疏除时剪口留有潜伏芽可能会产生萌枝

（2）疏剪的运用：图 6.58 为并生枝、过密枝的疏除，箭头所指 5 个直立枝，位置在树冠下部，后面 4 枝为并生枝，根据枝量的多少可疏除 1 ~ 2 枝，如在树冠上部或外围可疏除 2 ~ 3 枝。剩余枝可根据枝位大小和枝势进行修剪，如拿伤后压向两侧、拿枝后圈枝，以后改造成背上或斜生中小型枝组。这类枝最好在春剪时抹除过密枝，如未及时处理，夏剪时可根据空间大小及时摘心或扭梢处理。图 6.59 疏除多年生大型辅养枝，锯口最好涂刷伤口保护剂，避免病源从伤口侵入。

图 6.58　疏除过密枝

图 6.59　疏除大枝

（3）疏枝的作用与短切作用相反，其作用是减少枝量，主要用于改善通风透光条件。疏剪一般对剪口以上部分起削弱作用，对剪口以下部分起促进作用。但要根据枝位空间的大小合理留枝，尤其是小枝，小枝是生长和结果的基本单位，修剪时要做到大枝稀小枝密。图 6.60 中连续疏除 4 个小枝，疏成了光腿枝。而且周围也疏除了很多小枝，全留大枝，极不合理，造成满树棍棒。

图 6.60　疏枝过多，缺小枝

4. 回缩（也叫缩剪）

（1）回缩的剪法：就是将多年生枝沿枝轴剪去一部分，简单理解就是对两年以上枝“短切”。如图 6.61，回缩在黑线位置去掉了直立强旺枝，剪口留平斜弱枝或结果枝，抑制了原枝的长势，形成了结果枝组；图中红线位置都可作为回缩位置，多年生枝回缩时要根据枝势枝位综合考虑。图 6.62 回缩时去强留弱将两年生背上枝改造成了背上小型结果枝组。另一枝两个红线位置都可以回缩，用于将原来培养的枝改造成结果枝组，是稀植树上常见的枝组培养方式。密植树回缩剪口常留壮枝，用于枝组的更新。

图 6.61　回缩改造成结果枝组

图 6.62　多年生枝回缩改造成枝组

（2）回缩的作用：缩剪对被修剪的枝起削弱作用，对剩下的枝一般起促进作用，所以回缩最常用于枝组的更新，如图 6.63，箭头指示前一年回缩部位，今年剪口抽枝长势较强，可根据枝势、枝位决定今年的修剪方法，这种回缩多用于枝组培养和更新。缩剪对剩下的枝所起的作用还要看剪口留枝的枝势及枝轴的延伸方式以及与主轴的距离。回缩剪口留花芽，留平斜枝、下垂枝、枝轴曲折延伸，都会减弱枝组的长势，多用于培养结果枝组。回缩时剪口留旺壮枝、营养枝、缩短枝轴或回缩后枝组变成直线延伸，起扶壮作用，多用于枝组的更新。相反，如图 6.64，红箭头指示的两枝，回缩后枝轴变成曲线延伸，枝组长势被削弱，这两个枝组没有枝位时会被疏除。

图 6.63 回缩更新

图 6.64 枝轴转折大多，曲线延伸，不利于更新

（3）回缩的运用：图 6.65 中红线所示位置均可作为回缩的剪口，采取回缩时根据枝组或骨干枝的枝势、枝位合理修剪，还应结合树体的长势、结果量综合考虑；枝位大，回缩留枝的枝轴长，分枝多，剪口留壮枝，枝位小剪口留下位枝或结果枝。图 6.66 为骨干枝的回缩，角度不佳的主枝沿枝轴回缩在背下侧枝上，可打开主枝开张角度，叫背侧换头，树体达到既定高度后沿中心干回缩在某一层分枝上叫落头（图中两个红箭头分别所示）。骨干枝的枝位减小后可回缩改造成大型枝组；骨干枝与相邻骨干枝交叉后可根据主从关系及枝势枝位综合考虑：采取疏枝还是回缩，回缩哪一枝，回缩在什么部位。

图 6.65 回缩的位置

图 6.66　背侧换头和落头

第三节　苹果树的树体结构分析

一、树体结构及对生长结果的影响

在整形修剪过程中掌握树体结构和影响树体结构的因素，及其对果树生长结果会产生的重要影响，必须了然于心，在具体整形修剪过程中才能针对不同砧穗组合类型、栽植密度、栽植方式、品种特性、树龄特性、立地条件、管理水平等来调整果园树体的群体结构和个体的大小，形状，结构，使之能高效地利用太阳光能且方便管理，并与其他管理措施都密切协同。

在具体整形修剪过程中还要根据果园实际情况辩证运用、灵活运用并贯彻“因枝修剪，随树造形”的原则，不论面对乔化砧木、稀植树形的树体结构，还是自根砧、矮密栽培树体结构，都要根据具体情况，运用不同季节的整形修剪技巧来达到调整树体结构使之更趋于合理、更能提高光能利用率，达到提高果实品质、产量的目的。

二、树体结构分析

以图 6.67 为例讲解稀植树体结构及树体结构中的各个因素对果树生长结果的影响。

图 6.68 为矮化栽培树体结构，矮化栽培的果园更注重果园群体结构，多采用宽行密株栽植，行距多为 3 ~ 4 米，最大冠径 1.5 ~ 2.5 米，干高 70 厘米左右，成型后树高（行高）为行距的 0.8 ~ 0.9 倍。成型后可疏除下部郁闭主枝而提高干高。树体结构简单，中心干直立，优势明显，中心干上着生小型化的主枝，中心干与主枝粗度比（干主比）大，随树龄增大而增大，主枝基本不短切，分枝级次减少，多单轴延伸，主枝上一般不留大型侧枝，直接着生中小型枝组或单轴延伸枝组，利用低龄萌枝更新。

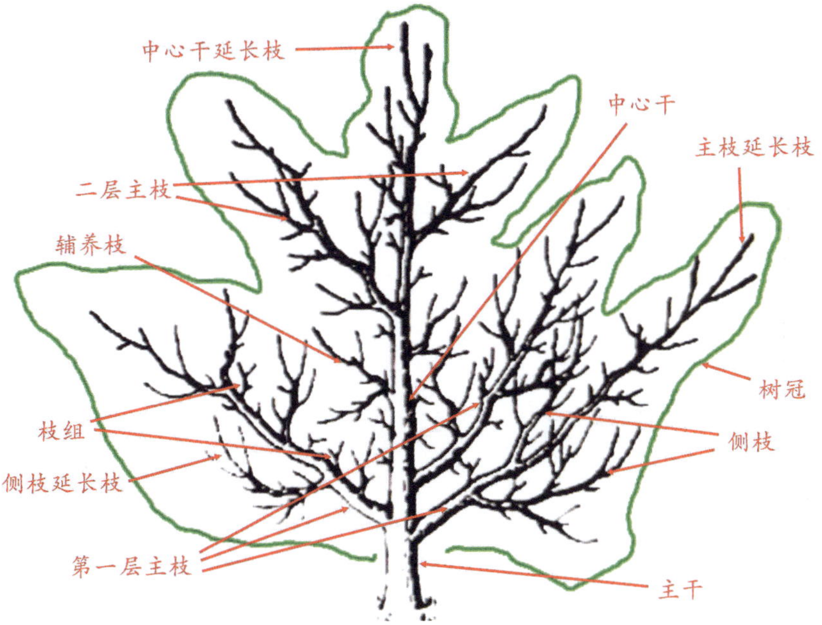

图 6.67　稀植树体结构示意图

图 6.68　矮化栽培树体结构

1. 主　干

从地面到第一个主枝分枝的部分叫主干，主干的高度叫干高。主干的主要作用是支撑整个树冠，也是地上下部运输的通道。主干越高地上下部运送养分的通道就越远，即根叶距越远；主干越高树冠也越高，也越不牢固，尤其在山地土层瘠薄和地下部根系不发达的矮砧密植，树冠过高承受的风力等外力也越大，所以大树冠的树形主干一定要相对粗壮且不能过高，多数情况下干高为 60 ~ 80 厘米。一般情况下主干宜矮，低干矮冠的树形相对更丰产，但矮干又不适宜树盘操作，通风透光性也会下降，病虫害增加，果实着色度也会下降，造成品质下降，在追求品质的市场供需条件下，决定了主干不能太矮。

现在由于市场需求的变化，栽培目的也发生变化，以前以追求高产为栽培目的。现在以追求质量获得更高经济效益为目的。尤其是着色品种，主干适当高一些光照条件更好，着色更鲜艳，着色面更高，也不至于使下垂枝组上的苹果接触地面，所以实际生产中常常将高干提高到 1 米，甚至更高。

主干的高度主要取决于栽植密度、砧木类型、立地条件。乔化砧，栽植密度稀，平地果园通风透光性要差一些，主干可适当高一些，可达到 80 厘米左右甚至更高；相反密度大一些的在方便操作的情况下可适当矮一些，多为 70 厘米左右。平地果园可高些，山地果园可矮一些。

株距较密的矮化密植园为了增加果园通风透光性以及整形的需要，前期干高多为 50 ~ 70 厘米，后期往往可通过疏除下部主枝而增加主干高度。

2. 中心干

主干以上第一个主枝着生处到最后一个主枝着生处就是中心干，由于处于树冠中央，也叫中央领导干，它的作用是着生主枝和辅养枝。中心干最先端的新梢叫中心干延长枝，延长枝反复分枝并往高处生长，中心干也就随之而延伸，树体也就随之长高。开心形或丛状形没有中心干或中心干不明显。中心干的强弱叫干性，中心干明显且地位强就是干性强，相反就是干性弱。稀植树形由于树体较高，需要树体干性较强，但如不加以控制，轻易可超过行距，完成整形后为控制树高中心干可回缩至第三层或第二层主枝上，中心干就缩短，即树冠落头或称为延迟开心，图 6.69 红线表示逐步落头位置。图 6.70 为矮密栽培的短枝型红富士树体，采用 M9 自根砧，纺锤形树形，由于根系较浅，采用立柱和铁丝扶干。

图 6.69　稀植树中心干

图 6.70　采取扶干的矮密栽培树体

3. 树高和冠径

（1）树高和冠径的内涵：从地面到树体最高处就是树高，主干以上到树冠顶部为冠高，树体最大直径就是树体的冠径，一般都为生长季节测量。多数情况下主干低，树冠矮，冠径大是丰产树形，但树冠矮通风透光性降低，不利于品质的提高，随生活水平提高，市场对苹果品质的要求也提高，加之很多树形下层主枝或主枝上的单轴延伸枝组，枝轴长，结果后下垂，为了让下垂枝组上的果实不接触地面，要求主干较高，此时往往疏除着生部位较矮的主枝，增加主干高度，叫作“提干”，树冠也适当增高。

一般情况下分枝的级次多冠径就大，分枝的级次是指分枝的次数，主要用于描述骨干枝分枝的次数，也可用于描述枝组。了解一个树冠上分枝的级次便于分清楚枝的从属和平衡关系。如果中心干是一级枝，从中心干上分枝产生的主枝就是二级枝，这枝主枝上的侧枝就是三级枝，副侧枝就是四级枝等。骨干枝的级次越多，树冠越大，但是用于构建树体结构而消耗的树体营养也越多，前期不易丰产，成型后产量高，寿命长。于是，现代的整形方式以减少级次让树体结构变简单，让更大比例的树体营养用于结果，有利于早丰产。如矮密栽培采用的高纺锤形、细长纺锤形等，其分枝级次少，中心干上着生的小主枝单轴延伸可直接结果，不需大侧枝、副侧枝等骨干枝。

矮化密植栽培时基本采用细长纺锤形树形、高纺锤形等高光效树形，宽行密株栽植，前期树体高，达到适当高度后及时落头，并通过控制冠径就控制了“每行树墙”的叶幕高度和厚度，群体叶幕结构的波峰波谷更明显，行与行之间阻挡小，也方便行间操作。细长纺锤形和自由纺锤形后期中下部小主枝易衰老，可通过落头开心降低树冠高度、疏除过密主枝、增大干高等各种措施，使光照条件加强，延缓衰老。图 6.71 和图 6.72 显示了稀植和密植果树的树高和群体结构。多数情况下增加树冠的冠幅就要降低树体高度，以减少无效光区。

图 6.71　稀植树群体结构

图 6.72　密植树群体结构

（2）群体结构外形与株行距：图 6.71 为稀植树群体结构外形。完成整形后一般树高不超过行距的 0.8 倍，果树在生长季节对另一行的光照阻挡才较小，乔砧稀植果园很多行距为 5 米，在树高超过 4 米时，行与行之间相互遮光，光合效能下降。果园中行与行的顶部呈波浪形的波峰，行间呈波谷状，这种有波峰波谷的群体结构利于整个果园的采光，较为合理。在完成整形后“行间可以手拉手，行间永远不碰头”，在封行时应适宜回缩，两行树之间至少要有 0.50 ~ 1.0 米的距离，以便管理和操作。图 6.72 为矮密栽培群体结构，矮密栽培叶幕厚度相对乔砧栽培较薄，成形后行高可达到行距的 0.9 倍左右。

4. 叶幕厚度与树冠外形

（1）叶幕厚度与采光量：据相关文献记载，果树不论大小分为 4 个光照强度区，如图 6.73。

① 冠外强光区：树冠顶部向下 50 ~ 70 厘米内，相对光照强度为表面最大光强的 70% ~ 80% 甚至以上，果大量少，叶片保护组织发达。

② 光合最适区：在强光区向内、向下 1.5 米左右，相对光强为 40% ~ 70%，叶片栅栏组织和表皮发达，光合生产能力强，枝叶集中，果实多，正常生长。观察图 6.74，矮密栽培，树冠行向的外形，叶幕厚度薄，产量品质俱佳。

③ 临界光合区，离树冠 1.5 米向内、向下，相对光强 20% ~ 40%，向内枝渐弱，叶渐薄，叶表皮结构不发达，果小质低，接近光补偿点，枝芽衰弱，易枯死；

④ 下部弱光区：光照暗、弱，相对光强在 20%以下，光补偿点以下，叶片栅栏组织层数减少，功能也低，是生产上的无效区。据华中农业大学 1975 年 7 月的调查，苹果树不同树形冠内 1 米处相对光强都在 60%以上，1.5 米内，红星、金冠、华农 1 号分别为 38.07%、40.55%、42.33%，而在 2 米处只有 10%左右，所以不论什么外形，单层苹果树的叶幕厚度不能超过 1.5 米，如果追求品质为上的话，有层次的树形，有了上层叶幕，下层的叶幕厚度最好在 1 米左右。

图 6.73 圆头形树冠 4 个光照强度区示意图（颜色越深光强越弱）

图 6.74 矮密栽培，初果树，叶幕厚度还在继续增加

（2）不同层次的树冠外形：冠幅达到最大的冠径时，果树完成整形，但不能封行，树冠外形如图 6.75（以行距 5 米，株距 3 米为例）呈凹凸状，即主枝凸出，主枝之间凹入，这样的外形能降低树冠内膛与树冠表面的距离，缩小了无效光区，也利于采光。第二层主枝和辅养枝的延伸方向要在第一次主枝之间，尽量减少重叠。有关文献认为最大冠径时树冠投影面积占栽培面积的比例（树冠覆盖率）的 75%～90%比较合理，为提高质量为 75%左右。纺锤形小主枝螺旋状排列在中心干上也要做到主枝的叶幕有凹有凸，避免重叠，利于采光，树冠覆盖率为 50%～60%。

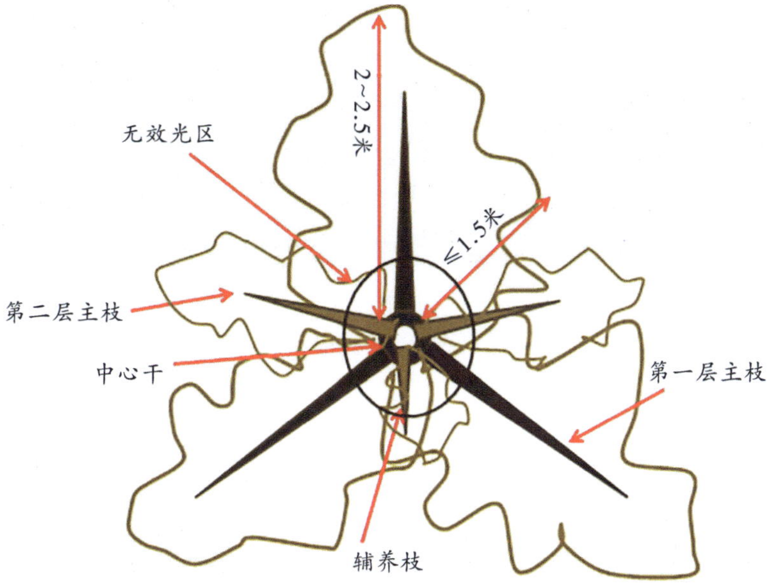

图 6.75　疏散分层形树冠外形俯视

（3）不同层次树冠冠径的比例关系：图 6.76 中树冠层次过多，树冠过高，不便操作，影响群体光照，也影响树冠内膛光照，易造成内膛枝纤细、结果外移。

图 6.76　不同层次树冠冠幅比例

（4）树冠层次与采光：通过对叶幕厚度的认识及生产实践中的观察，苹果树形宜采用有层次的树形，行距 5 米的，从中心干向外冠幅约 2 米，如果有两层以上主枝或辅养枝，第一层主枝叶幕厚度 1.0 ~ 1.5 米。扁形树冠只有一个层次可达 1.5 米，纺锤形树冠，株距 2 米以内，树高 3.0 ~ 3.5 米，冠高 2.5 米左右较合理。对比图 6.77，相同树形，图（a）为 2 个层次，图（b）为 3 个层次，观察无效光区的大小。再观察图 6.78，对比二者的产量、品质，尤其是第一层主板的结果量。

（a）　　（b）

图 6.77　观察多层次树形无效光区的大小

（a）　　（b）

图 6.78　观察并对比 2 个层次与 3 个层次第一层主枝结果量及整株树体产量

5. 主　枝

图 6.67 中，中心干上着生的永久性大枝叫主枝。主枝一般都是幼苗定干时选留，在中心干的分枝中逐年培养出来。主枝最先端的新梢叫主枝延长枝，随主枝延长枝的生长，反复分枝，主枝逐年延伸，树冠冠径逐年扩大，枝量增加，对地面的覆盖增大，光能利用率增加。主枝在树冠中非常重要，在整形过程中要重视主枝的培养。稀植树形第一层主枝的挂果量占据全树产量的 6 ~ 8 成甚至更高，尤其重要。图中中心干上有 5 个主枝，分 2 层排列。第一层 3 个主枝互成 120 度角，一个层次内主枝与主枝之间的角度叫方位角。方位角与主枝的数量有关，如果第一层主枝有 3 个，方位角最好 120 度，如有 4 个主枝，方位角最好为 90 度，如果有 5 个主枝则

主枝过多，虽成形快，成形后易造成“满树棍棒”的现象，应及早疏除 1～2 个，可利用侧枝填补空间，以减少主枝数量。第二层 2～3 个主枝，延伸方向在第一层 3 个主枝之间，开张角度 70～80 度，按上稀下密的原则，上层主枝的数量不得超过下层主枝的数量，上层主枝上枝的密度和冠径也不得大于下层主枝。一个层次内主枝的数量和方位角还与采用的树形，栽植密度，树冠的大小有关，比如采用自然扇形的第一层主枝伸向行间只有 2 个主枝；纺锤形上不培养稀植树形上这种有侧枝，侧枝再分枝，甚至分生副侧枝的大型主枝，中心干上培养的小主枝类似稀植树上的枝组，只是延伸方式和分枝方式各有要求而已。高纺锤形小主枝的数量多于细长纺锤形，多为临时性的，随更新而剪除。细长纺锤形多于自由纺锤形，自由纺锤形多于改良纺锤形。

（1）稀植树的主枝的数目：第一层最好留三大主枝，主枝之间方位夹角最好为 120 度，如选留四大主枝，主枝之间为 90 度，成形后主枝显多。观察图 6.79，主枝从幼树开始培养，便于调整主枝之间的角度；图 6.80，成龄后的主枝及主枝上的侧枝。

图 6.79　幼树开始培养主枝

图 6.80　成年树的主枝

（2）纺锤形主枝的数目：图 6.81 从左到右依次是高纺锤形、细长纺锤形、自由纺锤形，观察主枝数目及干主比。干主比从大到小，主枝数目从多到少，主枝依次增大。

（a）　　（b）　　（c）

图 6.81　几种纺锤形的比较

（3）小主枝与枝组的区别：矮密栽培最常采用的树形为纺锤形，矮砧纺锤形上小主枝数量远超稀植树形，部分管理人员认为小主枝即是枝组，只不过直接着生于中心干上，可按稀植树的大中型枝组修剪，其实是有误区的。纺锤形上的小主枝很少短切，基本是单轴延伸，采取不同措施达到干主比，主枝超过一定粗度常留“马耳朵”平剪或疏除，利用萌枝更新，保证中心干的优势在整形过程中很重要。如果小主枝按稀植树的大中型枝组修剪，多轴分枝多轴延伸，分枝级数增加，中心干上会产生很多的大型枝组，枝轴粗度也会增大，结果也会推迟，不符合矮密栽培原理。图 6.82（a）为自由纺锤形，主枝延长枝少短切，根据行距决定是否选留侧枝，主侧枝上的结果枝组几乎都单轴延伸，干主比为（2～3）：1。图 6.82（b）为高纺锤形的主枝单轴延伸，干主比大[（5～7）：1，细长纺锤形小一些，一般为（3～4）：1]，超过既定干主比的主枝即时疏除，利用萌枝更新。图 6.83 为稀植树形的枝组。

（a）

（b）

图 6.82　自由纺锤形、高纺锤形的主枝

图 6.83　稀植树形的枝组，往往有多个枝轴

（4）主枝开张角度：角度的大小主要取决于采用的树形、主枝的长势和行距。行距大的主枝开角一定要合适，主枝越直立冠径越小，在整形过程中往往要拉枝几次，尤其是第一层主枝，如果太直立，第二层主枝也不好培养，层间距也被迫加大，也增加了树高。主枝长势弱可以适当抬高梢角（减小梢角），但是梢角过小，对树冠内部光线的阻挡较强。主枝与中心干的夹角叫开张角，其中主枝基部与中心干的夹角叫基角，基角多为 60 度左右，树冠大的基角可加大，角度过小，主枝与中心干易夹皮，负重大就会开裂，角度过大，挂果量大时主枝先端易下垂。主枝中部与中心干的夹角叫腰角，根据树冠的大小 70 ~ 80 度为宜，腰角大冠径就大，内膛空间也就大，树冠大的腰角接近 90 度；主枝先端新梢与中心干的夹角叫梢角，封行前梢角一般为 40 ~ 50 度，长势弱梢角可适当小些，相反，可加大些。图 6.84 中从左到右依次为梢角、腰角、基角。如梢角太小，影响树冠的扩大，往往也造成下强而削弱中心干的长势，相反主枝开角大，易造成上强下弱。

图 6.84　主枝的开张角

6. 层间距

（1）层间距的大小：层间距是指两层主枝在中心干上的距离，图 6.85 中红箭头线是第一二层和二三层主枝间的层间距，红箭头之间为层内距。很多乔砧果园，行距为 5 米，如第一层主枝合理开角，一二层主枝之间层间距在 1.2 ~ 1.4 米时层次可打开，二层对一层光线阻挡较小。很多果园参照有些果树栽培资料的 80 厘米作为层间距，结果随树龄增大，主枝延伸，重叠非常严重。一个层次内的主枝在中心干上着生位置间的距离叫层内距，层内距一般为 20 ~ 40 厘米。层内距过大则主枝不易分层，层内距过小形成卡脖现象主枝会抑制中心干的生长，造成中心干长势弱。层间距的大小主要看树冠的大小，树冠越大层间距也越大，以两层主枝之间生长季节叶幕间距能通风透光为准，根据行距大小决定是否选留第三层主枝，因为选留第三层主枝往往造成树高超过行距，如果要选留，一般情况只留 1 ~ 2 个主枝，按现在的栽植密度，最终完成整形时已经很少有第三层主枝了。矮密栽培时主枝在中心干上的层次不明显，主枝之间间距 15 ~ 25 厘米，一般根据行距的大小来调节树体同侧主枝的间距来调整光照条件，同侧主枝一般间距 50 厘米左右，总体而言层次不如稀植树形明显。

图 6.85　层间距的大小

（2）叶幕间距及厚度：层间距的大小不能按数据生搬硬套，一定要随树造形，关键是看生长季节叶幕（叶幕是指生长季节树冠或树冠某部位全部叶片的总量及外形）间距大小是否合理，树冠上部及外围是否抑制了内膛光照。如果第一层主枝开角不够，二层枝也不易开角，主枝外围枝条直立，即使层间距再大光线也容易被阻挡。图 6.86 红色双箭头表示合理叶幕间距。左侧蓝色箭头所指处由于左侧增加了一枝辅养枝，使叶幕间距变小，导致下层光照条件不足。

图 6.86　叶幕间距

7. 侧　枝

（1）侧枝的含义和选留：主枝上着生的永久性大枝叫侧枝。侧枝是从主枝延伸的过程中的分枝中逐年选留培养出来的。主枝延长枝短切后会产生很多分枝，在主枝合适的位置，预留一些新梢，做预备侧枝培养，冬剪时在这些分枝中选位置较好的侧外芽（图 6.87），然后根据侧枝的枝势短切，第二年产生分枝后再根据延伸方向和长势选留最合适的侧生枝继续短切，逐年培养出侧枝。侧枝最先端的新梢叫侧枝延长枝，其生长就标志着侧枝的延伸。主枝两侧都可根据枝位的大小选留侧枝来合理占据空间，尽量减少漏光损失。一般在主枝的分枝中除了主枝延长枝，一年只选一枝侧生分枝短切，如侧枝较直立可配合拉枝，其延长枝头必须明显低于主枝延长枝。图 6.87 中另一侧的枝长势不算强，可根据枝势、枝位采取扭梢、吊枝、并缓放等控制措施培养成结果枝组，外围枝的枝量不能大，如枝量多可疏除，枝量少可保留，但保留的两枝都不能与主枝延长枝形成竞争。

图 6.87　侧枝的选留

（2）同一主枝上侧枝的分布、数量和培养：主枝上侧枝的数量和大小主要取决于行距和树冠的大小，行距 5 米的第一层主枝可培养 3 ~ 4 个侧枝，4 米的第一层主枝上可培养 2 个侧枝，第一层主枝的第一侧枝距中心干 50 ~ 60 厘米，距中心干过近容易形成“把门侧枝”抑制主枝的生长；第一第二侧枝间距为 30 ~ 40 厘米，相对分布，第三侧枝与第一侧枝同侧，一般基部一个主枝上留 3 个侧枝，少有 4 个侧枝，第二侧枝上下可培养大型枝组占据空间。侧枝与主枝之间的夹角 40 ~ 60 度为宜，合理占据主枝两侧空间，加大主枝叶幕的宽度；角度太小易与主枝竞争。位置不好的侧枝可根据枝位大小改造成大型枝组或疏除，如图 6.88 中，第一侧枝与相邻主枝的第一侧枝延伸向同一空间，容易交叉，现回缩改造成了大型枝组。图 6.89（a）为大树冠树形侧枝非常合理的数量和分布。

图 6.88　侧枝的分布

（a）　　（b）

图 6.89　侧枝的培养

（3）同一树体上侧枝的选留和培养：侧枝的选留要按“随树造形”的原则，主枝上第一侧枝最好留在同一侧，图 6.89（a）中每个主枝的第一侧枝都选留在主枝左侧，相邻主枝上如果第一侧枝留在同一空间容易形成交叉枝。第一、第三侧枝位于同一侧，它们之间的距离为 80 ~ 100 厘米甚至更大。第二层主枝上培养有 1 ~ 2 个侧枝。培养侧枝时，树冠上侧枝的数量和分布也应按“上稀下密、外稀内密”的原则培养。侧枝除了与主枝的夹角合理外，侧枝的开张角度应比主枝大，避免与主枝竞争，造成“以侧代主”。图 6.89（b），如果当时把主枝左侧的侧枝即现在的主枝向左侧拉开，加大开张角度，会占据更多空间，原主枝可继续延伸，现在它代替了原主枝，原主枝只有改造成枝组了，这种侧枝培养方式不当，造成主枝左侧无侧枝，减少了主枝左侧的光能利用。

8. 骨干枝

（1）骨干枝的含义：中心干，主枝，侧枝合称为骨干枝，骨干枝是一株苹果树的骨架。采用乔化砧和稀植的苹果树骨干枝大而多，相反采用矮化砧和矮化密植的苹果树骨干枝小而少，在培养骨干枝时遵守“大枝稀，小枝密”的原则，在合理占据树冠空间的情况下骨干枝越少越好，3 个主枝能占据空间就不要留 4 个，尽量利用侧枝占据空间。层次多的树冠每个层次骨干枝也多，树体骨架消耗营养更多，相对用于结果的营养物质比例就下降，所以在生产中层次不宜过多，稀植树形最好两个层次，密植树小主枝已经不是传统意义上的骨干枝，粗度、延伸幅度都不大，冠幅小，用于结果的营养物质比例更大。小枝密则是指枝组多，小枝多，尽量占据有效空间。整形时主要措施是针对骨干枝，调节骨干枝的分布，骨干枝分布合理则树冠及叶幕结构也越合理，着生在骨干枝上的小枝光能利用率才会更高，品质更好、产量更高，也易稳产。

骨干枝的分布和培养还要遵循主从分明的原则，下一级从属于上一级，如主枝从属于中心干，所以它的粗度、高度、长势不得超过中心干，同样原理，侧枝从属于主枝，侧枝也不得超过主枝。主侧枝上的枝组更不得超过主侧枝，尤其是背上枝，它的顶端高度超过延长枝时就会形成竞争优势，长势常超越延长枝，形成树上长树，抑制主枝或侧枝生长。

骨干枝的同一级次的枝处于相对平衡的关系，重要性相同，即同一层主枝，同一层主枝上相同位置的侧枝等，它们粗度、高度、大小相近，分布均衡。主从关系明显的树体其结构牢固，各部分较均衡，光能利用率高，抗风性也较强，树体承载力也较强。在整形修剪过程中采用抑强扶弱的办法，尽量使之平衡。

（2）骨干枝的延伸方式：骨干枝的延伸方式分为直线延伸和曲线延伸，是其延长枝的长势和延伸方向决定的。骨干枝延长枝与骨干枝延伸方向一致就是直线延伸，与原骨干枝延伸方向有较大转折就是曲线延伸。如果延长枝长势强，短切程度合理，直线延伸，则树体成形快，冠径大，树势强，比如中心干延长枝直立且长势强，则树冠增高就快，主枝直线延伸则冠径增大快；曲线延伸可调整骨干枝的延伸方向，但不利于长势。如果延长枝长势相对较弱，延长枝延伸的方向不是合理的方向，修剪时常利用枝势枝位好的竞争枝来代替原延长枝，与原延伸方向形成了一定夹角，改变了延伸方向，或采用背下、背侧位置的新梢代替原延长枝，延伸方式就变成了曲线延伸，曲线延伸相对而言对长势起削弱作用，延伸速度相对变慢，树冠相对也就成形较慢。当侧枝长势强时往往通过拉枝加大开张角或增大与主枝夹角的方式使其曲线延伸，削弱其对主枝的竞争，也扩大了主枝叶幕的宽幅，增大对地面的覆盖程度，减少了漏光损失。

整形修剪过程中可以通过一定的整形修剪方法调节延长枝的延伸方式来调节骨干枝的长势、延伸方向和从属关系，从而调整树体结构和骨干枝之间长势，使之均衡。如果幼树期就采用合理拉枝、开角等措施，并用长远的眼光来调整骨干枝的分布和延伸更容易整形也更易形成理想树形。

9. 辅养枝

（1）辅养枝的含义：着生在中心干上的临时性结果枝组叫辅养枝。它和主枝不同，主枝是永久性的，辅养枝大多是临时性的，当骨干枝及骨干枝上的枝组与辅养枝发生矛盾，空间不足时，要遵循主从分明的原则，一般都通过疏剪或缩剪抑制辅养枝来调节它们之间的矛盾。但各层主枝之间有辅养枝生存的空间，且不对下层遮挡时要尽量利用辅养枝辅养树体和增加产量，所以前期一定要控制辅养枝长势，转化成结果枝组，利于提早结果，特别是幼树和初结果树。有的管理者强迫整形把层间辅养枝全部疏剪掉造成很大浪费（图 6.90）。一般第一层与第二层主枝间可视空间大小配置 1～3 个辅养枝，并尽量避免与第一层主枝重叠，以后逐年疏除，最终可留 1～2 个短辅养枝方便采摘和修剪上下第二层主枝[如图 6.89（a）层间的辅养枝]。纺锤形上辅养枝较多，自由纺锤形树体最终只有 10 个左右的主枝，其余当作辅养枝疏除，细长纺锤形幼树和初果树时期中心干也会留 20 个以上分枝，直到盛果期，然后逐年调整，疏除辅养枝，保留 15～20 个小主枝；高纺锤形的主枝和辅养枝都是临时性的，可随时根据同侧主枝的间距剪除或保留。

（2）辅养枝的修剪：图 6.67 示意图中辅养枝控制很好，图 6.90 中修剪前辅养枝过多过大，造成第一层主枝上枝量很少，但现将（红箭头所指）3 个大型辅养枝全部疏除，使果树修剪量过大，枝量不足，对树体抑制严重，图中还可以看出 3 个辅养枝着生在几乎同一位置，对中心干形成卡脖现象，幼树时应及时抹除 2 个辅养枝而选留其他位置的辅养枝辅养树体（如黑箭头所指）。很多稀植果园在修剪时，把辅养枝当作主枝来修剪，造成辅养枝延伸幅度与主枝一样大，与主枝严重重叠。图 6.91 中箭头所指辅养枝与第一层主枝间距过近，现修剪时有两种处理方法：可根据相邻果树的相互情况保留辅养枝而疏除主枝提高主干增强通透性；或保留原主枝而将辅养枝控制后逐渐疏除或缩小，不管怎样修剪都要避免骨干枝的重叠。

图 6.90　多枝辅养枝一次疏除修剪量太大

图 6.91　辅养枝的修剪要考虑上下层及与相邻果树的间距

10. 枝　组

枝组是着生在骨干枝上的小枝群，是生长和结果的主要部位，枝组的配置和修剪非常重要。这些小枝群上结果时就成了结果枝组，如果骨干枝是一株果树的“骨”，结果枝组就是果树的“肉”。一般情况下，前面讲过的“大枝稀、小枝密”就是说在树冠中骨干枝和枝组在能合理占据树冠有效空间时，骨干枝越少越好，结果枝组在有效空间内可适当多留，合理是指分布均匀，大中小型枝组相间，相互填补空间，并避免交叉、重叠、过密，能充分吸收光照。在配置和培养枝组时一样要遵循“上稀下密，外稀内密” 的原则。

根据枝组上分枝的多少、枝轴的数量及长短、枝龄大小及所占空间的大小，人为地把结果枝组分成大、中、小 3 种类型的枝组，它们之间可根据枝势、枝位相互转换，有时候某种类型的枝组只是过渡形式，随树龄和树冠大小的变化，枝组也随之变化，如小型枝组上的中长枝采取短切促枝的方法可增加分枝或枝轴，随枝龄和枝量的增大可发展成中大型枝组；反之，大型枝组可疏除大枝或枝轴转变成中型枝组，当然中型枝组同样也可减少枝轴或分枝，也可平剪促萌枝等转化为小型枝组。

（1）枝组的类型：

① 小型结果枝组：小枝组具有 2 ~ 5 个小分枝或结果枝，枝轴长 15 厘米左右或单轴延伸枝其枝轴较长，枝龄 2 ~ 3 年或多年生短果枝群回缩后部分短枝抽发分枝成为小型枝组。这类枝组多由缓放枝自然形成，也可夏剪摘心、中庸平斜枝破头或轻短切后回缩等形成，有时缓放后形成的分枝超过 5 个，但枝轴多为 1 个，仍然是小型枝组（图 6.92），部分长枝缓放后形成结果枝或回缩后枝轴较长仍为小型结果枝组。如平斜延伸的中庸枝缓放或破头剪，顶芽可延伸形成中枝或长枝，其侧芽常抽生中短枝，经 1 ~ 2 年便可自然形成小枝组，幼树、初果树上的平斜中庸枝缓放或破头剪形成的枝相对较长，但长势中庸也易形成花芽，如图 6.93。

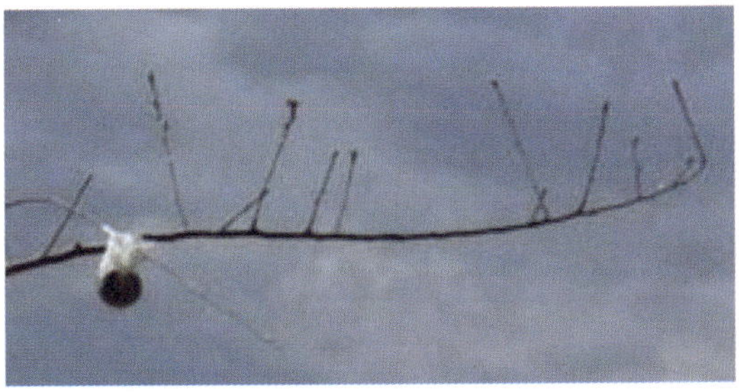

图 6.92　长枝开角缓放形成小型枝组

图 6.93　初果树中庸平斜枝破头剪形成小型结果枝组

② 中型结果枝组：中型枝组有分枝 6 ~ 15 个，枝轴长 30 ~ 50 厘米，有 2 ~ 3 个较大分枝，枝龄 3 ~ 7 年。该类枝组是大树丰产和稳产的基础。中型结果枝组经过疏缩可变成小枝组；通过短切枝组中的中长营养枝可增加枝轴和分枝发展成大型枝组。培养中型枝组时，主要靠短切营养枝增加枝轴后缓放形成。具体方法常用 3 种：第一种，先轻剪后缓放再回缩。即先将枝条缓势长放或轻短切，被剪枝上多发生中庸分枝，再缓放一年，形成多个枝轴，也可看成由几个小枝组构成，然后可回缩在分枝上形成中型枝组，也可继续缓放。如图 6.94（a），轻短切或刻芽

后促发了多个分枝，无花芽的可再缓放一年，回缩在结果枝上，形成了 3 个枝轴的中型枝组。图 6.94（b），缓放后产生 3 个分枝，前一年还是小型结果枝组，结果后果台继续缓放，产生多个中短枝，形成 3 个枝轴，10 余个中短枝的中型枝组。此法在苹果幼树的水平枝、斜生枝上经常用，直立强旺枝可先拿枝开角后缓放，不必短切，发生分枝后再缓放，形成多个有分枝的枝轴，可回缩在分枝处形成中型枝组。第二种，先重短截再转为轻剪，即对强旺直立枝先行重短切，短切后剪口下抽生 2～3 个长枝，夏剪时开角，转为轻剪或缓放，基部可环割，促使所留枝萌生短枝成花结果，也可开角后配合刻芽促生分枝，培养成 2～3 个枝轴的中型枝组。第三种，对营养枝进行中度短截。即对营养枝在中部饱满芽处短截，促生多个分枝后去强留弱，加大分枝角度，缓放一年形成中型枝组；如夏季新梢长势仍强可配合夏剪控制，促进花芽形成；也可在中短切后配合夏剪处理强枝，剩余中庸枝、弱枝次年轻剪或缓放，会更快形成中型枝组。在培养中型枝组时，运用夏剪和冬剪相结合的方法效果较好，经短切、缓放等产生分枝后，配合开角、刻芽、圈枝促发中短枝，如有强枝则摘心、扭梢，次年去强留弱，其余中庸枝继续缓放，一般两三年后可培养成中型枝组。

（a）　　　　　　　　　　　　（b）

图 6.94　中型结果枝组

③ 大型结果枝组：大型结果枝组有多个大分枝，有 15 个以上的小枝，枝轴长度常超过 50 厘米。在主侧枝两侧及两层主枝之间，凡空间大的部位，都应培养大型枝组。通过连续几年短截营养枝，缓放中庸枝，使分枝和枝轴逐年增多，可培养成大型枝组。对空间较大的中型枝组上的发育枝再行短截，增加分枝数量和枝轴长度，也可把中型枝组培养成大型枝组。当辅养枝无伸展空间时，可将其缩剪，疏除其上的旺枝，把枝头回缩至弱分枝处，改造为大型结果枝组；空间较大的辅养枝也可按大型枝组培养，空间不足时收缩或疏除。很多大型枝组往往是主枝上侧枝并生或位置不当后改造而成，如图 6.95 箭头指示。

（2）枝组在树体和主侧枝上的分布和配置：在具体修剪时不能按心中既定的培养枝组方法强迫进行，一定要根据枝条的枝势（长势、姿势）、空间的大小（枝位）辩证地进行枝组培养，做到因枝修剪。

观察图 6.96，树冠上层主枝相对枝量较少，枝组的大小也相应减小，主枝延伸幅度也缩短。第一层主枝上的结果枝组占全树的 70%左右，以中型枝组为主、大型和小型为辅。二、三层主枝上的枝组占 30%左右，以中小型枝组为主，中、大型为辅。就全树来讲，上稀下密。成形后一般不留第三层主枝。

图 6.95　大型枝组

图 6.96　枝组的配置

主枝上枝组的大小、数量和分布：一般而言，主枝外围多以小型枝组为主，辅以中型枝组，中部及中部附近多为大、中型枝组为主，以小型枝组插空配置。主侧枝上的结果枝组应是大小相间、均匀分布。根据空间大小，做到枝枝见光、多而不乱、不挤。

（3）主侧枝上枝组配置及修剪过程中矛盾的处理：依然要因枝修剪，按修剪原则处理。具体而言：稀植树主枝中部以背上、背斜生枝组为主，以两侧侧生和背下枝组为辅，但背上枝一定要控制大小，尤其是外围，少留或不留背上枝组；中上部以侧生和背下为主；在侧枝上以两侧为主，背斜生和背下枝组为辅。如果主枝和侧枝背上都需要培养枝组时侧枝则要给主枝让路。若主、侧枝的两侧都有枝组，主枝则要给侧枝让路（主枝背上偏斜生，侧枝枝组两边用，主侧背上让于主，主侧之间让于侧）。这样培养下来主枝两侧的叶幕较主枝薄，侧枝上枝组的枝龄较主枝小，符合外稀内密的留枝原则，也符合树龄老枝龄幼的原则。

观察图 6.97，主侧枝上侧生大型枝组发生矛盾，出现交叉甚至重叠时，主要看枝组着生的位置，背上枝组、背上斜生枝组，主要着生在主枝上，发生矛盾时以主枝为主；侧生枝组以侧枝上着生为主，发生矛盾时多处理主枝上侧生枝组。

图 6.97　主侧枝上枝组矛盾的处理

图 6.97 回缩主枝上的侧生枝组，侧枝上的侧生枝组相对较大较多，主枝上背上、背斜生枝组相对较大较多。

（4）枝组的延伸方式：与骨干枝一样，枝组也有直线和曲线延伸方式，根据枝轴的多少可以分为单（枝）轴和多（枝）轴延伸。如果枝组上花芽多，营养枝不足或树势较弱，尽量采用直线延伸方式，尽量减少枝轴转折，让营养物质输导更顺畅，促进长势；相反，枝组上的枝长势强，花芽少，则可采用曲线延伸方式抑制长势，促进成花结果。

枝组由一枝长枝沿主枝轴培养而成，以后小分枝都着生在这个主枝轴上的延伸方式叫单轴延伸，这种枝组多为缓放形成的单轴延伸枝组，易成花、结果早；枝组上的分枝着生两个以上分支的枝轴上的延伸方式叫多枝轴延伸，多枝轴延伸分枝多，枝量大，利用空间大，结果年限长，但成花结果要晚些。

枝组延伸时与所着生的骨干枝夹角大，枝轴转折较多，延伸方式也是曲线延伸，与骨干枝的竞争也就小，易形成花芽，也容易衰老。相反与骨干枝夹角小，接近直线，与骨干枝竞争就大，长势强不易形成花芽，往往需要开角或转头。一般枝组成花结果后与骨干枝竞争减小。

纺锤形树冠上小主枝与中心干的夹角在 90 度或大于 90 度时，小主枝在中心干的转折大，顶端优势也下降，对中心干竞争削弱，中心干长势相对会增强，小主枝上的萌芽率也增加，缓放后易形成单轴延伸，易成花结果，以果压冠，枝的加粗生长减慢，也达到增大干主比的目的。

第四节　苹果树常见栽植方式的整形修剪

果农在生产中根据砧木类型和品种特性、立地条件及栽培管理水平，常采用以下几种主要栽植方式：长方形的栽植方式，如（1～2）米×（3～4）米，（3～4）米×（4～5）米；一部分为株距 1.5～2.5 米间伐后 3～5 米，行距 2.5～5 米间伐后 5～6 米的计划密植；极少部分采用正方形栽植的 4 米×4 米。

根据砧木、品种特性和这些栽植方式，整形修剪中常采用高纺锤形、细长纺锤形、自由纺锤形、改良纺锤形、疏散分层形、小冠分层形、自然扇形等高光效树形。在整形修剪过程中，掌握了树体结构特点，贯彻因枝修剪、随树造型，有形不死、无形不乱的原则，用长远和发展的观点去操作，就会达到修剪目的。

下面就不同栽植方式和密度、砧木及品质特性的差异简述常见树形的整形修剪过程。

一、乔砧稀植苹果树的整形过程

（一）幼树的整形修剪

乔砧稀植果园栽植的株距多为 3～4 米，行距多为 5 米，鲜有 6 米。一般采用疏散分层形树形，也可小化为小冠疏层形（也叫主干疏层形），两者树体结构非常相似，其分枝级次减少树冠缩小，枝组的延伸方式以单轴延伸为主。以下以疏散分层形整形修剪为例讲述乔砧稀植苹果树的整形过程：

1. 第一年

（1）定干：绝大多数乔砧稀植苹果园在栽培时多定植一年生果苗，果苗定植成活后的修剪叫定干，如图 6.98 即对树苗进行短切。定干时根据栽植密度和立地条件决定定干高度，平地果园，行距 5 米的，为加强通透性，增加果实光洁度和着色，定干高度一般提高到 90 厘米左右甚至 1 米以上，主枝选留以后平地果园干高最好 80 厘米以上，坡地果园通透性较好，可稍微矮一些，80 厘米左右，干高 60 厘米以上，太矮，其他管理措施不便操作。

修剪时，剪口下整形带内必须留至少 5 个饱满芽，最好 5 ~ 7 个，饱满芽分布的枝段称为整形带，以便以后在整形带的发枝中选出第一层主枝。如果直接在计划的主干高度处定干，将来的主干高度势必要矮 20 余厘米(如在地面以上 70 厘米处剪切，将来主干高也就在 50 厘米左右)。

（2）坐地砧苗的修剪：

在定植穴内直接栽植砧木，以后直接在定植穴内嫁接，这种砧木称为坐地砧。坐地砧嫁接后长势一般很强，于新梢旺长期就达到定干高度的，可摘心促发分枝，比次年冬剪再定干的可更快成形。

图 6.99 中箭头所指处于前一年新梢旺长期摘心，相当于提早定干，摘心后下部促发了两个分枝，可培养成主枝，今春在中心干上又萌发了一个分枝。

一般定干或摘心后萌枝数量不足时，在次年春季萌芽前可在中心干上选位置较好的部位刻芽促枝。

图 6.98　定干位置及整形带

图 6.99　坐地砧摘心定干

（3）定干时剪口芽的选留：要留饱满芽，而且要留在迎风面，如留在背风面将来剪口芽萌发后极易随风偏斜，树冠也易被风吹歪，形成偏冠树。剪口芽所抽生的枝条直立，一般选做中心干，而第 2 芽所抽生的枝条多半会与剪口芽枝竞争，长成竞争枝，冬季修剪时多半要疏除，或用其代替中心干而将中心干抑制或疏除，两者必选其一，只留一个作为中心干延长枝培养。为节省养分，减少疏枝伤口，在萌枝足够选留 3 大主枝的情况下可在定干后把剪口下第 2 芽(将来抽生竞争枝的芽) 抹除，使之不产生竞争枝。如果长势和位置合适，在枝量不足时，可通过拉枝培养成主枝，枝量足够也可配合摘心、扭梢、曲枝等夏剪方法抑制竞争枝的长势，将其改造成辅养枝。如该品种萌芽率较低，可在整形带内、剪口芽以下刻芽 4 ~ 5 个或涂抽枝宝，促使抽生长枝，以备从中选择第一层 3 个主枝，如主枝之间方位角大致在 90 度也可选留 4 大主枝，但根据大枝稀小枝密的原则尽量选留 3 大主枝。

如图 6.100，定干当年第一层主枝整形带萌芽不足，未刻芽，造成枝量不足，定干 2 年后强行将中心干拉向左侧，培养成主枝，填补左侧空间，弥补主枝数量的不足，将竞争枝培养成中心干，但拉枝太晚，拉枝难度增大，形成两枝粗度接近，对现中心干影响较大。图中红线处如果当时刻芽促进萌枝都可弥补主枝不足，现在只有在中心干上重新选留主枝（红箭头），造成树冠高度增加。

图 6.100　主枝不足，拉枝填补

（4）夏剪：春季修剪时一般对整形带内发出的芽暂时全部保留，对整形带内已发出的枝可从中选出中心干延长枝和 3 个主枝培养，其余当作辅养枝。一般而言，剪口芽作为中心干，整形带内长势最好、位置最佳的新梢预备作为主枝培养。辅养枝根据枝势、枝位进行夏剪，枝位大的，待其长到 20 ~ 30 厘米时留 8 片叶左右摘心，再根据其二次枝长势和分枝的多少决定是否连续摘心，再发枝，如长势强则留 2 ~ 3 片叶反复摘心，长势强枝位小的辅养枝拿枝软化后撑开或拉平，也可扭梢使其下垂或拿枝后别枝，过密无枝位的抹除。当主枝长度达 70 ~ 90 厘米或春梢停长时拉枝，主枝拉至腰角 60 ~ 70 度，主枝之间方位夹角 120 度最佳，角度不合适的趁早拉枝调整，相邻两株之间的主枝尽量向行间延伸，株间最多只能有 1 个主枝。如整形带内枝条充足，可于春季抹除整形带下部所有枝条及整形带内过多枝条。整形带内枝量不足时包括竞争枝在内的所有枝都要保留并加以利用，并于次年刻芽补足主枝。

（5）冬剪：图 6.101 为冬剪示例，黑线为短切，红线为疏剪。

① 中心干的修剪：延长枝短切，短切程度根据长势确定，一般留 50 ~ 70 厘米，剪口芽留上年剪

口芽的对面，如有常年大风仍留迎风面。长势强的中心干可在剪口 4 个芽以下，不同方向、相距 2 ~ 3 个芽刻芽 3 ~ 5 个以促发分枝，分散养分分配，缓和中心干长势。中心干长势弱可以不刻芽。

② 主枝的修剪：3 个主枝根据长势留 50 ~ 60 厘米短截，拉枝角度适当减小，多为 50 ~ 60 度，剪口留外芽，第三或第四芽尽量留在第一侧枝的方向，及时抹除竞争枝、背上枝，枝势强可留 70 厘米短切，开角 60 ~ 70 度，并对位置适合培养侧枝的侧芽刻芽，主枝剪切后应明显比中心干矮。修剪完成后树冠高度与树冠宽度接近，或略大，如小于冠径应选强枝带头，短切不可太低。第一年主枝数目不足的可对整形带的潜伏芽和中心干饱满芽在有空间的方向各刻 1 个芽，以促发分枝，继续选留主枝，直到第一层培养出 3 个主枝为止。辅养枝经过夏剪摘心等处理的，根据枝势、枝位修剪。枝位小的，去强留弱或疏除；有一定枝位的，多数开角缓放，或别枝、拿枝、圈枝降低顶端优势，促发中短枝，可配合春季刻芽促发分枝，增加枝叶量辅养树体，并尽快改造成结果枝组。第一年的辅养枝不短切，夏秋未疏除的过密枝此时必须疏除。

图 6.101　冬剪完成后

冬剪完成后如图 6.101，中心干和主枝显现未来骨干枝的雏形。

在修剪上的主要问题是：① 主从不明，主枝和辅养枝都短切，造成次年营养分散，主枝对比辅养枝优势不明显，以后辅养枝增粗、分枝增多，似主枝，疏除时损失大。一般留有辅养枝后第一层主枝以下的枝全部疏除。② 主枝开角不足，或开角太大。

2. 定干后第二年

（1）生长季管理：春季可根据萌芽状况抹除中心干延长枝剪口下的竞争枝和主枝延长枝后部无用的背上枝，主枝上可于萌芽前刻芽促进侧芽萌生侧枝。主枝不足时中心干上的萌枝要继续选留一枝作为主枝培养。背上直立枝应于新梢停长后或秋季拉向主枝两侧空间的位置，如图 6.102，此时应及时处理竞争枝（箭头指示），采用连续摘心、扭梢、拿枝、曲枝、别枝等方法控制背上枝，尤其是竞争枝。如图 6.103，夏剪未处理的竞争枝、背上直立枝（箭头指示）冬剪时常疏除。

图 6.102　春夏剪背上枝应及时控制或抹除

图 6.103　冬剪时无用的背上枝疏除

（2）生长季节主枝和预留侧枝的处理：主枝继续开角，预备选留侧枝的侧生枝如姿势不合适，在新梢停长期拉枝调整。如图 6.104，主枝角度合理，红色箭头指示的两分枝都应拉、吊等压枝措施处理，枝头必须低于主枝延长枝，如距中心干位置合理（多为 50 ~ 60 厘米），可考虑培养成侧枝，如下部红箭头指示的枝较直立，距中心干较近，最好培养成单轴延伸枝组。中心干上其余分枝当作辅养枝处理，应加大开张角度。

（3）生长季节中心干上分枝的处理：在生长季节未抹除中心干延长枝的竞争枝时，一般剪口下会发生多个分枝。在春梢生长至 25 ~ 30 厘米时拿枝软化，用牙签撑开角度，中庸、平斜枝缓放。

在春梢停长后先调节主枝角度，部分主枝上的分枝直立的也先适当拉枝或吊开角度，或扭梢、摘心，避免与主枝延长枝形成竞争关系。主枝开角后可以选择与主枝长势、高度协调的中心干延长枝。如原延长枝长势过强，高度过高，可以选择下面的竞争枝作为新延长枝，原延长枝拿枝后可撑或拉、吊压平，也可视枝位大小采取扭梢等措施控制。

如图 6.105，原延长枝可继续承担中心干延长枝作用的，下面的竞争枝春季可抹除，未及时抹除的夏剪扭梢、剪梢，余下的按不同方位压平缓放，尽快培养成单轴延伸枝组，当作辅养枝处理。

图 6.104　主枝上直立分枝处理

图 6.105　中心干上分枝的处理

（4）选留辅养枝及处理：在培育出二层主枝之前，中心干上的分枝都按辅养枝处理，无枝位的抹除或疏除，枝位较小的强枝基本上都扭梢，枝位较大的可摘心，秋剪开角，冬剪根据长势去强留弱或缓放，尽快形成结果枝组。辅养枝处理的关键就是控制和利用并举。

（5）冬剪：

① 中心干的修剪：如图 6.106，在前一年中心干短切后发生的新梢中选择枝势、枝位最好的一枝作为中心干延长枝，根据长势以及与第一层主枝的协调关系[图 6.106（a）]，留 60 厘米

左右短切，剪口芽留上年剪口芽的对面，中心干上分枝在第三年之前基本都当作辅养枝，根据空间的大小向大中型结果枝组方向改造，一定要控制好，不能当主枝修剪，基本上都要开角至 90 度，多缓放少短切，强枝拉下垂。中心干修剪完毕后，树高仍然要与树冠冠径协调，幼树树高与冠径相等或略大于冠径。差异大的要调节中心干延长枝长势或换头加以调整。图 6.106（b）显示中心干高度与冠径的关系：在成形之前树高略大于冠径，成形后落头应小于冠径。

② 主枝修剪方法与第一年相似，主枝延长枝根据长势短切，长度 60 厘米左右，视长势而定，一般长势强、直立的稍微留短一些，并配合拉枝，长势弱短切可稍留长一些，梢角不必太大，使弱枝尽快赶上强枝后再加大角度。在主枝上根据位置可以选留第一侧枝。主枝上不适合培养成侧枝的也应根据空间大小来选留和培养成结果枝组，多留枝叶增大叶面积，尽量少疏。主枝上结果枝组的培养可结合夏剪进行。萌芽率较低的品种可结合刻芽促发枝条来达到以上目的。第一年培养的辅养枝可根据花芽形成情况和空间大小继续培养成结果枝组，或继续缓放，没有空间的可疏除。

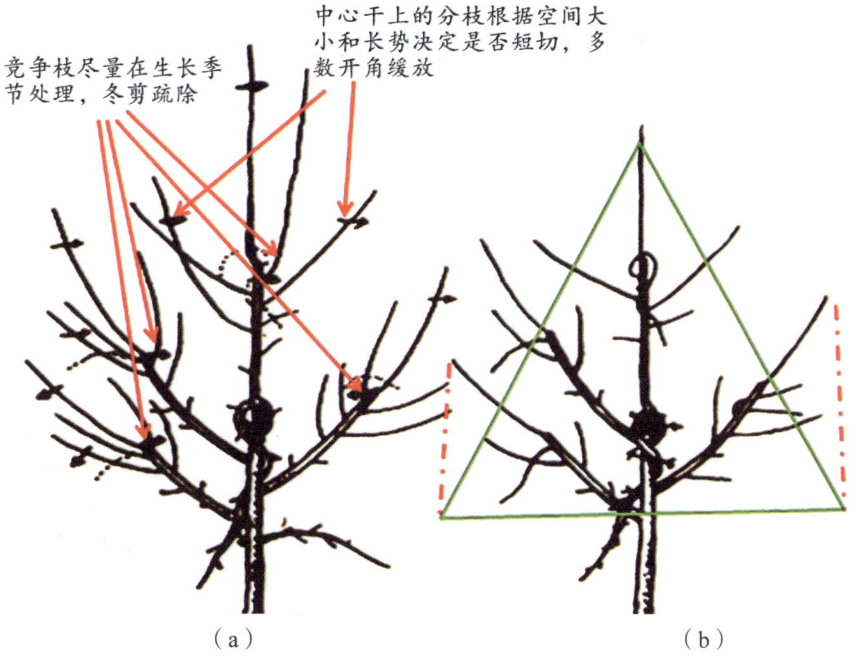

图 6.106　第二年冬剪

③ 以图 6.107 为例说明两年生幼树骨干枝分布的调整：幼树骨干枝的分布仅依靠冬剪是不足的，图 107（a）主枝数量不足时，定干后第一年或第二年萌芽前应刻芽促枝，直到补足三大主枝，图（a）中箭头 1 所指主枝依靠次年剪口分枝补足位置较高；其余两主枝夹角太大；右侧箭头 2 所指主枝背上枝可拉枝当作侧枝培养。幼树应注意调整骨干枝角度，图 6.107（b）和（c）为同一株树体，左边主枝已撑开角度，其左右两侧的侧生枝应拉枝或吊枝开角，不然形成三叉枝对主枝延长枝竞争较强（黑箭头）。图（b）中箭头 3 指示一年生新主枝太直立应适当开角。剩下的主枝背上枝（箭头 4）太直立，可按图（c）中方位开角，培养成侧枝。中心干上可拉开两枝长势相对较弱的新梢当作辅养枝培养，直立强枝可疏除或极重短切。幼树小枝的处理要少疏多留，多留枝叶辅养树体，为早投产和早成形打下基础。

（a） （b） （c）

图 6.107　骨干枝的调整

3. 定干后第三年

中心干和主枝的修剪与第一第二年相似，但是要配合长势来定。肥水条件好，新梢生长量大的，定干后第三年中心干上的新梢位置距第一层主枝可达 1.2 ~ 1.4 米，甚至更大的，根据层间距可考虑选留第二层主枝，如层间距不足以打开第一二 层主枝之间的光照，则在下一年才开始选留第二层主枝，不适合培养成主枝的，可培养成大型辅养枝。在第一层主枝上合适的位置选留第一第二侧枝，第一第二侧枝不能留在同一侧。中心干上有位置和空间的地方培养辅养枝，并结合春夏拉枝及环割、环剥改造成结果枝组。在主枝上将不适合培养成侧枝的枝根据位置、长势和空间培养成不同类型的结果枝组，并结合夏季修剪调整骨干枝的角度。

（1）生长季修剪：生长季修剪与一两年生长季节的修剪一样，骨干枝继续调整角度，主枝在拉开基角的基础上要注意拉开腰角和梢角，此时梢角为了维持长势一般不宜过大，一般 40 ~ 50 度。

侧枝也应根据开张角和方位角的大小拉枝或吊枝。

拉枝后主侧枝的背上枝、竞争枝根据枝势、枝位及时控制。

如图 6.108，主枝背上枝应及时控制，距中心干过近的及时抹除，图中辅养枝开角明显大于主枝，辅养枝的背上枝也应及时控制，强枝多采

图 6.108　主枝及辅养枝背上枝及时处理并摆布好主侧枝

取扭梢的方法，两年生辅养枝可于新梢停长期前环割。

（2）定干后第三年冬剪：图 6.109 是土肥水管理水平高、生长量大，比较理想状态下的定干后第三年冬剪树体结构和枝量。第一层主枝已培养 2 个侧枝，保留的小枝经 1 ~ 2 年缓放培养成小型结果枝组；在中心干上的分枝中，视长势及与第一层主枝长势的协调关系按黑线或红线两种情况中的一种修剪方法继续培养中心干，疏除过密枝，中庸及平斜枝培养成辅养枝；位置合适可以开始选留培养上层主枝，选出后留外芽短切，层间距不合适可继续培养成辅养枝，位置不合适可以在第四年才开始培养第二层主枝，中心干上的分枝除延长枝外一般只短 1 枝，最多 2 枝，其余配合夏剪控制。图 6.109 中辅养枝冬夏结合，控制较好，已具备结果能力。骨干枝上继续培养形成枝组，为以后开始投产打下基础。图 6.109（a）为修剪前，图 6.109（b）为修剪后，第一层主枝延长枝修剪后几乎在同一平面上。

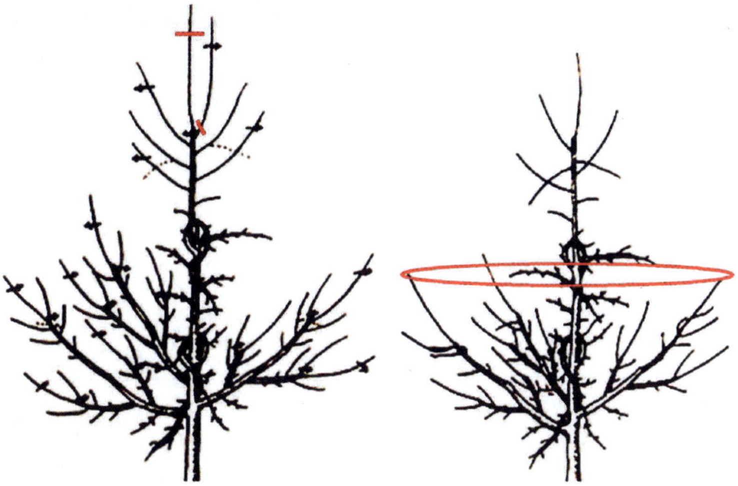

（a）　　　　　　　　　　　（b）

图 6.109　第三年冬剪示意图

（3）定干后第三年冬剪：观察图 6.110。

① 主枝的培养：一层主侧枝继续选留好延长枝，并根据位置和长势短切，配合夏秋剪调整好方位角度和开张角度。在长势好，生长量大的情况下，根据层间距可以开始考虑培养第二层主枝，预留的延伸方向尽量对准第一层 2 个主枝之间，一般 1 年选留 1 个，位置很好的情况下可以选留 2 个。

② 辅养枝的修剪：继续培养或改造辅养枝，第一年培养的辅养枝已经没有空间的可一次性或分 1 ~ 2 年疏除。大型辅养枝应避免与第一层主枝重叠。骨干枝上根据长势和空间培养结果枝组，结果的部位应越来越多。

③ 中心干的修剪：图 6.110 中中心干已冬剪完毕：中心干延长枝短切，疏除 1 枝竞争枝，延长枝周围剩余 3 枝直立强枝缓放。

对修剪的分析：树体较高，树冠高，显上强。剪口下竞争枝应疏除。其余可按图 6.110 中箭头做适当调整：中心干延长枝短切后，其左边竞争枝应开角，由于左侧枝量少，加之其空间大，与第一层主枝间距合适，约 1.3 米，可当作二层主枝培养，可开角后留外芽短切。这株树上部长势强，中心干右侧两枝可开角 70 ~ 80 度，并选一枝短切，以后去强留弱改造结果枝组，其余全部开角拉平或拉至下垂，中庸枝缓放。如按图 6.110 修剪，次年上部就如同图 6.114 上部。

中心干的修剪多数情况下一定要防止上强的出现，极少部分会出现上弱。

4. 定干后第四年的修剪

（1）生长季节的修剪：生长季节与前几年类似，通过撑、拉、吊打开主侧枝角度，通过调整角度的大小调节主枝与主枝、侧枝与侧枝之间的平衡及主侧枝之间的主从关系。随枝量的增大，夏修剪时待处理的枝量也增多，尤其骨干枝背上枝、竞争枝尽量夏剪时处理。

如图 6.111，新梢旺长期，主枝延长枝的竞争枝可摘心或扭梢，如枝位较大可在新梢停长期吊一重物吊向主枝右侧（红箭头）。剪口下部背斜下枝最易形成花芽和小型结果枝组，可摘心促梢或缓放；中部附近背上枝枝位较小的可扭梢，中部背上直立枝长势强（黑箭头），由于左侧已经有一侧枝，可于秋季向右侧拉枝占据空间。

图 6.110　定干后第三年冬剪

图 6.111　夏秋剪要处理的枝

中心干上分枝中与第一层主枝距离在 1.2 米以上的，方位长势好的可以选 1 ~ 2 枝当作预备二层主枝培养，撑、拉开角度 70 度左右，其余当作辅养枝，强枝拿枝后全部拉平或下垂，中庸枝拿枝或缓放，影响主枝光照的大辅养枝应控制其大小和长势，冬剪时疏除。强枝、背上枝基本扭梢，长势强的基部环割或环剥。

生长季节修剪应注意的问题：背上枝、竞争枝的控制。幼树至初结果树之间骨干枝和辅养枝开角后次年会萌生很多背上枝。图 6.112，从萌芽开始应及时根据枝势、枝位采取不同方法控制（抹芽、摘心、拿枝、扭梢、曲枝、圈枝等），春夏剪不及时处理这些背上枝冬剪处理起来就困难得多。6 月份新梢停长花芽分化前及时处理两年生以上的辅养枝，长势较旺不易开角的可拿枝后必须开角并在基部环剥或环割。当主枝上春梢停长后可对主侧枝拉枝，主要是撑、拉打开基角，调整至 50 ~ 60 度，根据长势调整腰角、梢角，也可在秋季根据整形要求继续调整角度。8 月底至 9 月初将中心干上长辅养枝拉平，中庸枝可以缓放，徒长枝可疏除。

图 6.112　夏季未处理背上枝，冬剪时的状态

（2）冬剪：

① 中心干的修剪：在前一年延长枝的分枝中选择长势强壮、与第一层主枝长势协调的枝作为中心干延长枝，继续短切（如图 6.113 红线所示），剪口芽一般留在头一年的剪口芽对面。如剪口芽所发新梢不适合作为延长枝，可利用下面的竞争枝代替。中心干延长枝的选留和修剪与一两年冬剪一样，此外还要考虑树高与冠径的关系。

中心干下部分枝中与第一层主枝距离达 1.2 米以上的，选方位较好的壮枝 1～2 枝开角 70 度左右，留外芽短切，中下部可刻 1～2 个侧芽，左侧红线。

疏除中心干上分枝中的过密枝后，多数情况下留 2～3 枝，中庸枝缓放，直立枝拉平，如图 6.113 中红箭头指示。

图 6.113　中心干的修剪

② 冬剪时主枝延长枝、侧枝延长枝及辅养枝的修剪：与第一第二年的主侧枝修剪方法相同，选留主枝、侧枝延长枝，根据枝势、枝位短切，修剪时要注意主从关系及侧枝与主枝的夹角，侧枝延长枝的高度应低于主枝，第一层主枝的高度应大致相同，第一侧枝的高度也尽量留在一个高度平面上树冠才均衡。第一层主枝继续培养第二、第三侧枝，结合生长季节管理一定要调整好骨干枝角度，不然骨干枝长粗后就不易调整了。

如图 6.114，主枝开角不足，主枝上枝量太少，侧枝数量培养不足、不到位，短切可稍重一点。黄箭头代表第一层主侧枝的开角方向。

辅养枝拉平并可配合刻侧芽 3～5 个，第二年基部可环割红箭头所指。

图 6.114 上部延长枝周围枝条密挤，开角不足。

图 6.114　第一层主枝延长枝、侧枝延长枝及辅养枝的修剪

③ 主侧枝的分布和调整：图 6.115 红弧形线表示两大主枝之间夹角太大，近 180 度，此时应拉枝调节，如拉枝太晚或不便拉枝只有尽量利用侧枝来填补空间。主枝左侧的侧枝长势强[图 6.115（a）红箭头]，与主枝夹角小，延长枝位置高，对主枝延伸不利，此时可按图（b）调整侧枝的方位来降低高度（降低顶端优势）。

（a）

（b）

图 6.115　侧枝的调整

5. 乔砧稀植幼树期在整形修剪过程中重点注意的问题

（1）第一层主枝的选留和修剪：

补齐主枝数量，并及时开张其角度，调整主枝之间的方位角度；培养侧枝并调整角度：从定干第二年开始，对选作主枝的延长枝，每年都应适当短切，一般剪口芽要留饱满芽。但芽的位置要视延伸方向和角度开张状况决定。如果方向不偏，角度也合适，梢角在 50 度左右则剪口留外芽；若开张角度太大，则要留侧芽调整；根据长势，如果梢角小于 40 ~ 50 度，腰角小于 60 度，必须配合夏秋拉枝调整。一定要牢记，开张角度是幼树主侧枝培养非常重要的措施。主枝方位角不足也要调整，延长枝短切时要留向有位置空间的侧芽。拉枝时调节好主枝之间的夹角，最好 120 度左右，除非主枝之间夹角非常合适，否则尽量少留四大主枝（图 6.116），幼树期看似不密挤，随着树龄增大，主枝增粗，侧枝与主枝夹角打开后就密挤了，宁愿多留一个侧枝也不要多留一个主枝。

（2）侧枝选留和培养：主枝上第一侧枝尽量留在主枝同一侧，或两大主枝之间空间大的方位。定干后主枝数目不足要利用次年中心干上萌枝或刻芽尽快补齐三大主枝，未及时补足的可暂时用侧枝填补空间。侧枝也一定要调整好开张角度及侧枝与主枝之间的夹角。很多果园只调整主枝不调整侧枝，造成以后疏枝过多。如图 6.117，侧枝均向空间大的方位选留和培养，背上侧枝可按箭头方向开角，拉向主枝右侧空间大的部位，否则按背上枝组处理利用空间少，浪费空间大。

图 6.116　四大主枝

图 6.117　侧枝的调整

（3）平衡树势，调整枝的从属关系：由于顶端优势和控制不当等原因，幼树的中心干及上部生长旺，易出现上强现象。同层主枝之间也因产生的早晚、角度大小及其上的分枝多寡不同而表现强弱有别和大小的差异。为保持树冠圆满，使树冠的高度和冠径相称，树冠上下长势、大小应协调，同层主枝大小相近，长势平衡，应采取冬夏配合的修剪措施尽量保持它们之间的平衡。

平衡树势的原则是“抑强扶弱”：对上强下弱的树，首先疏掉中心干上的直立枝，减少或削弱辅养枝，加大辅养枝的开张角度甚至拉平或下垂；延长枝附近的枝少切多缓，促进中短枝成花结果（剪子压树树不怕，果子压树树听话），夏剪可环割第一层主枝以上中心干光秃部位，以抑制上强，环割部位发生萌枝也好处理。如果主枝开角大，上强太明显，为削弱中心干可采用换弱头或拉弯倒的方法，使中心干曲线延伸。在控制上部的同时，扶持一层主枝，在三大主枝上多留枝，短切延长枝时留壮芽，适当抬高一层枝的角度，一般减小梢角，尽量保留一层枝上的枝组，直立的压平，适当疏果以减轻负载，削弱直立竞争枝，促使下层主枝延长枝的长势增强。相反，如果下强上弱，则要对下层采取减势修剪方法，一般采取拉枝开角而对中心干上部采用助势修剪法。当同层主枝不平衡时，对其中的强者要加大开张角度，疏除其上的直立旺枝，延长枝用弱枝带头，多留花芽；对弱主枝则要扶持，适当抬高伸展角度，直线延伸，少疏枝多留枝，少留结果枝，用壮枝做延长枝，使其由弱变强，赶上较强的主枝。

如图 6.118，主枝高度较高，腰角不足，延长枝直立（红箭头），相对而言中心干较弱（黑箭头）。现春梢即将停长，应及时对中心干延长枝的竞争枝开角或扭梢及早控制，扶持中心干延长枝的长势，同时拉开主枝角度。

图 6.118　中心干优势不足

（4）培养更多的枝组：冬剪合理运用疏、放、缩等修剪措施处理各类枝条，并配合生长季节修剪使之形成结果枝组。

从主枝选定后第一次短切产生分枝开始，除选留的侧枝外只要有空间的枝就要保留，利用夏剪将其控制，将其培养为结果枝组（幼树群枝树中宝，适龄结果不可少，为了树冠快扩大，宁愿多留不多疏）。每个大枝都从基部向前，第一条分枝距中心干 40 厘米左右，开始向外配置枝组，如枝量少，距中心干近的枝可保留，配合夏剪抑制，尽快形成结果枝，结果后可逐年调整或疏除。

每个枝组的大小依空间和分枝多少而定，空间大时初期可采用骨干枝类似的修剪方法，视枝位大小用短切或刻芽增枝的方法，产生分枝后冬夏结合逐年培养成大型枝组；相反则运用缓放促短枝的方法，待成花结果后回缩成小枝组。

短枝和有饱满顶芽的中枝不短截，使其自然形成小枝组。如果短枝未形成花芽，而转化为长枝或中枝，再按中、长枝剪法处理，中枝一般有饱满的顶芽和明显的侧芽，较直立的在不短切的情况下顶芽常抽生中长枝，可结合夏剪控制，侧芽易抽生短枝；中庸的缓放后顶芽易形成花芽，侧芽也易产生中短枝；所以对中枝一般不短切连续缓放 1 ~ 2 年，等成花结果后再回缩变成小型枝组。对于长枝要根据枝势、枝位分别对待，枝位小，开角后缓放；枝势强多拿枝、开角，枝位大的可适当短切促分枝，一两年都不形成结果枝组的一定要配合夏剪处理。一般幼树平、斜、细枝也少切多放，中庸枝基本缓放。侧枝上的分枝除延长枝外也采取相似方法培养。

（5）辅养枝的处理：中心干上的中庸枝缓放，稍微直立的都应撑拉吊开角，过密枝疏除，直立枝必须拉开，最好春夏开角，视长势决定开角的大小，大多要拿枝拉平或拉至下垂，中部不弯弓；视枝位大小决定是否短切增加分枝，大多数不短切，培养成单轴延伸枝组。夏季背上萌枝摘心、拿枝压平或扭梢。两年、三年生的辅养枝更要控制长势，加快培养成结果枝组，枝位减小时去强留弱或回缩在弱枝、下垂枝、结果枝上，没有枝位时及时疏除。大型辅养枝上的枝一般不短切，越切越大，枝越多，会严重削弱骨干枝的生长，不形成花芽的基部环割、环剥；与骨干枝上的枝发生矛盾时遵循主从分明的原则处理辅养枝。

（6）冬夏剪一定要密切配合：幼树到初结果树整形、枝组培养及促枝、促花芽，夏剪非常重要。光靠冬季来修剪整形非常困难，除了冬剪，春季拉枝、刻芽促萌枝，夏季修剪促花芽、拉角度，秋季促停长，继续调骨干枝角度，牢固骨架，增强光照。

（二）初结果树的整形修剪

一般乔砧稀植树定干后 5 ~ 8 年，进入初结果期，晚的 7 ~ 8 年才进入初果期。该期生长特点是树势由旺转壮，新梢生长旺盛，枝条粗壮直立，树冠趋于稳定，枝条年生长量仍然较大，枝叶量快速增加，树冠骨架基本形成，树冠继续扩大，中、短枝比例逐渐提高，结果部位逐渐增多，产量迅速上升。此期修剪的主要任务：首先是继续培养各级骨干枝，扩大树冠，调整主、侧枝的角度和间距，控制、改造和尽量利用辅养枝提早结果，完成整形任务。在修剪上注意以下方面：

1. 继续培养骨干枝

（1）中心干的修剪：在封行之前中心干延长枝一般都要根据长势进行合适的短切，使树高向上延伸，同时在分枝中选留培养二层主枝和培养辅养枝，以合理利用空间，及早结果。在树冠增高的同时要注意与行距的关系。一般情况下 5 ~ 6 年的苹果树二层主枝基本选定，如分枝不足，可在中心干延长枝上选合适位置刻芽。肥水条件好、生长量大、整形合理的 5 ~ 6 年生树应该是已培养出二层主枝上的侧枝，至少到二层枝骨干枝已选出前中心干延长枝都要根据树体长势短切，才能达到树冠上部整形的目的。

① 中心干弱或正常情况下，需选择原强枝带头，短切不能太轻，竞争枝要早开角或扭梢控制，枝量大时竞争枝可抹除或疏除，以保持中心干的优势，如图 6.119，中心干延长枝按红线所示短切，在萌芽前选右侧位置好的芽在芽上方刻芽，因为右侧空间大。中心干上右侧枝量少，左侧的竞争枝不能疏除，按红线短切并开角以削弱枝势。图 6.120 上部分枝较图 6.119 多，最好夏剪时根据中心干延长枝长势与第一层主枝长势的关系，在原延长枝和竞争枝中选择延长枝，主枝强选强枝，相反选弱枝，另一枝开角、扭梢或拿枝压下垂，其余分枝按辅养枝处理，压平培养成单轴延伸枝组。

图 6.119　分枝较少的初果树中心干的处理

图 6.120　分枝较多的中心干的处理

② 枝量多的中心干上部的修剪：选定中心干延长枝，短切，疏除延长枝下部强旺枝、直立枝、竞争枝、过密枝，与第一层主枝之间层间距合适的可选择 1～2 枝开角并短切，直立枝有枝位的压枝开角，中庸枝缓放。多年生辅养枝控制大小和长势，角度一定要大于主枝（图 6.121）。图 6.121（a）为修剪前，图（b）为修剪后。

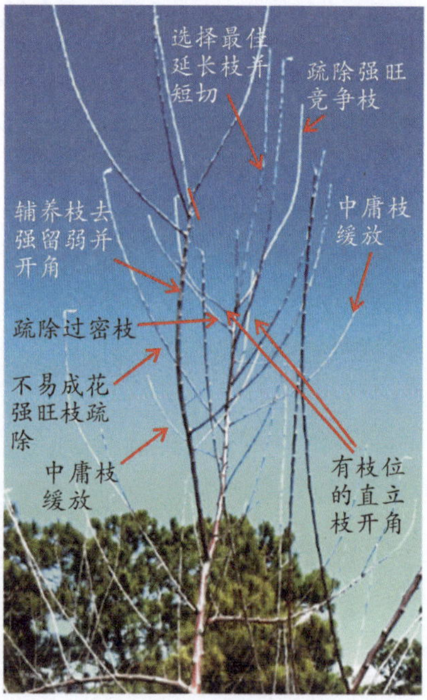

（a）

（b）

图 6.121　中心干上部的修剪

③ 中心干上多余分枝的处理：乔砧稀植树中心干上除了主枝，基本都是临时性结果枝组即辅养枝，只有层间个别辅养枝可长期保留。中心干上分枝的选留同样要遵循上稀下密的原则，中心干上枝组在树冠成形前密度可适当大些，比主侧枝上的枝组略少些，成形过程中枝位变小直到无枝位时逐步疏除。

如图 6.122，中心干延长枝上发生的强分枝必须开角，枝量大时无利用价值的、过密的及时疏除。开角后最好能配合刻侧芽，连续缓放，结果后根据枝位因枝修剪，中庸枝多数缓放一年即可成花。树冠上部的分枝开角很重要，以避免形成上强。多年生辅养枝花芽少的，根据长势可于新梢停长期在其基部环割或环剥。

图 6.122　中心干上分枝的处理

④ 中心干修剪中常见的问题：

a. 中心干上其他分枝高度超过延长枝，对延长枝的生长产生抑制。如图 6.123 图（a），中心干延长枝短切太重，留枝太短，造成红箭头所指示这几枝的枝头高度高于延长枝，会对延长枝的生长造成抑制。

图 6.123（b）与图（a）相似，中心干短切后高度降低，其下部分枝应开角缓放降低高度（红双箭头）或根据枝势枝位短切以降低高度。从中心干的作用上讲一株树体上中心干延长枝应处于树冠最高位置，不能在树冠上部很多直立枝中去寻找中心干，否则中心干不能起领导作用。

（a）

（b）

图 6.123　中心干上分枝太高

b. 冬剪时延长枝缓放：稀植树冠幅较矮密树形的大，未成形前树冠上部仍要向上延伸并且从延长枝的分枝中培养结果枝组和上层主枝，上部骨架须牢固。很多果园在修剪时因为延长枝长势强常采取缓放的方法，或将延长枝拉下垂的方法控制中心干，造成上部不易完成整形。观察图 6.124（a），中心干上部分枝本来就少，中心干延长枝缓放，易形成单轴延伸，分枝易形成中短结果枝组造成树冠上部不牢固，加之未成形、枝量少，竞争枝拉下垂利用的空间不足，成形会延迟。图 6.124（b），中心干缓放的反应，中心干上枝量少，不易完成整形目标。图 6.124（c）原中心干缓放形成直立细长的单轴延伸枝组结果后被压下垂，树冠上部难以完成整形，幸好中下部萌枝可以选留培养成新延长枝以继续完善上部树形。

（a）　（b）　（c）

图 6.124　树冠成形前，中心干缓放，造成上部不易完成整形

c. 中心干延长枝不留分枝和留枝过多：观察图 6.125 和图 6.126，图 6.125 中心干重短切，下部一年生分枝基本疏除，造成延长枝附近形成“光杆杆”下部也太光秃，小枝少，达不到整形目的。中心干修剪的目的是使树冠向上生长，并在分枝中选留并培养主枝和枝组以扩大树冠和增加树体前期产量。图 6.126 即前面图 6.114，现在讲该树体中心干的问题：图中前一年中心干上部分枝保留太多且较直立，幸好留枝全部缓放，没有短切，否则“上密”更明显；前一年夏季修剪时应控制中心干上的强分枝，也可秋季开角，或冬剪疏除 1 ~ 2 枝强枝，剩余枝条可加大角度，缓和上部长势的同时促进下部生长并配合第一层主枝开角。

图 6.125　中心干上部分枝保留少，达不到整形目的

图 6.126　中心干上部分枝太多太直立

（2）第一层主侧枝继续培养：

① 培养方法：观察图 6.127，与前面主侧枝的培养方法一样，继续选留位置、长势最佳的主枝延长枝和侧枝延长枝短切（红箭头），再在分枝中继续选留位置、长势最佳的新延长枝，使主侧枝逐年向行间、株间空间大的方向延伸，扩大树冠，再从其余分枝中培养结果枝组增大有效空间，增加结果部位。整形过程中要注意主侧枝之间的主从关系和树势的均衡关系，侧枝延长枝长势强的短切时可适当留短一些或降低高度，最好配合拉枝、坠枝开角降低较强侧枝的顶端优势（黄箭头），并调整与主枝的夹角，削弱其对主枝的竞争。

图 6.127　主侧枝继续延伸

夏剪及时处理背上枝、竞争枝。主枝通过前面的角度调整已经较开张，但随新延长枝的生长，主枝中上部角度需继续调整，前一年夏秋应按红色弧线显示的角度继续开角，以增大冠幅，从而增加树冠有效空间。

② 第一层主、侧枝的调整：图 6.128 中，图（a）弧线所示两大主枝夹角大于 120 度，两主枝之间空间大，最好拉主枝填补，主要原因是幼树期未调整好角度，也可在侧下方拉枝方向连三锯，不便拉枝时可尽量利用侧枝填补，图中红箭头指示侧枝可以拉枝填补空间，蓝箭头指示枝条可压枝至下垂，培养成单轴延伸枝组，否则进入盛果期后更难调整。图 6.128（b），进入盛果期之前，调整主枝数目，疏除幼树期至初果期多留的主枝，可按图（b）中红线所示疏除多余两枝，利用红箭头指示侧枝填补空间。

（a）

（b）

图 6.128　第一层主侧枝的调整

③ 主枝上侧枝和结果枝组的配置：

a. 配置原则：按大枝稀小枝密、外稀内密的原则和因枝修剪的原则培养和配置。主枝上侧枝和枝组的配置：观察图 6.129，图（a）除箭头指示的主枝已经培育出第一、第二、第三侧枝，其余均为枝组。图中左侧为第二侧枝，其上下可配置一些中大型枝组占据中部附近空间。右侧第一、三侧枝之间为大中型枝组占据中部附近空间，应控制大小，避免修剪成侧枝，其余为插空安插的小枝和小型枝组。图（b），到盛果期已培育出 4 个侧枝，第一、第三侧枝在一侧，第二第四侧枝在主枝另一侧，其余为枝组。主枝上枝组明显外稀内密，外小内大。

（a）

（b）

图 6.129 侧枝和枝组的配置

b. 枝组的配置：主侧枝中部及附近以大、中型枝组为主，中下部辅以个别大型枝组、插空配置小型枝组，中上部以中型枝组为主，辅以小型枝组，外围以小型枝组为主，密度比内膛稀。树冠上部枝组数量要少，密度比下层稀，以着生中、小型结果枝组为主；树冠下部枝组数量多，内膛枝组密，并以大、中型结果枝组为主，小型枝组插空配置。

观察图 6.130 枝组的配置，经过逐步调整，主侧枝中部空间大，大、中型枝组合理占据空间，间以小型枝组。背斜生枝组多保留在主枝上，侧枝上基本都培养侧生或背斜、背下枝组。图中枝组配置总体合理，枝轴上小枝和小型枝组不足。

但可以观察到几个问题：主枝上背上、背斜生枝组应及时回缩控制；主侧枝中上部腰角、梢角开角不足，不然还可以容纳更多枝组，尤其是主枝上小枝组不足，主侧枝上部、外围由于开角不足，被迫疏除大部分小枝组；大中型枝组上小枝数量也不足。

图 6.130 主侧枝上枝组的配置

c. 主侧枝上枝组的培养：多从延长枝的分枝中选择和培养，从多年生枝上发生的新梢根据枝位修剪。如图 6.131，主侧枝上强枝、直立枝一定要配合夏剪改变枝势，不太长的直立枝、背斜枝压开角度后缓放，只有枝位大的斜生枝才短切后开角，其余冬夏结合多数缓放或拿枝后缓放。图 6.132 形成后花芽后常冬剪去强留弱或齐花回缩，尽量不留上枝上芽。图中为主枝上背斜生枝组，枝位大可轻短切新梢或带帽或抓盲节（图中红线处），长势强可拿枝压（吊）平或下垂后缓放。枝位小，去强留弱，回缩在平斜结果枝上，无枝位的疏除。

图 6.131　直立旺长枝夏秋配合压枝培养单轴延伸结果枝组

图 6.132　去强留弱改造成结果枝组

d. 主侧枝上培养枝组要以背斜生或侧生为主，防止背上枝组生长过旺而削弱骨干枝生长势。图 6.133（a）中，主枝两侧都分布侧生枝组，但中上部这个背上枝组过大，应及时处理，避免树上长树。图（b）中，背上枝视枝位修剪，长势旺不能短切，夏剪可摘心、扭梢，冬剪及时回缩，改造为结果枝组。背上枝组较多时随叶幕厚度也增大，要避免层间叶幕距离过小，影响树冠内部和下部受光。

（a）

（b）

图 6.133　背上枝组及时处理，不宜过大

（3）第二层主枝的培养：

① 培养方法与第一层主枝的培养方法相同，但是要遵循上稀下密的原则，二层主枝的数目不得多于一层主枝，一般多为 2 枝，延伸方向正对第一层的两大主枝之间，与第一层主枝保持合适层间距。图 6.134 为二层主枝的选留和培养，确定后选留方向长势最合适的延长枝或一年生枝留外芽短切，次年在分枝中选留新延长枝短切，使之向外围延伸从而扩大第二层的冠幅，同时在分枝中培养侧枝和枝组，二层主枝的延伸幅度、枝组的大小和数目都小于第一层主枝。没有二层主枝的一侧可培养一个辅养枝，可长期保留，二层主枝上的侧枝数目也不得多于一层主枝上侧枝数目，多数情况为 2 个，行距大的可留 3 个。二层主枝培养快完毕时控制中心干长势并开始逐年落头控制高度，进入盛果期时一般落头在二层主枝上。

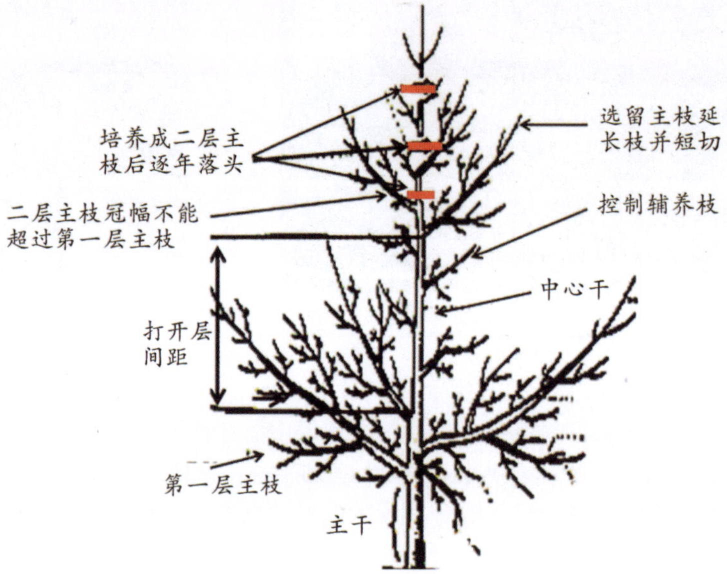

图 6.134　二层主枝的培养

② 二层主枝培养过程中要注意层间距和开张角度：图 6.135 为 8 年树，箭头指示为原来选留的二层主枝，随树冠扩大与第一层主枝严重重叠，层间距不足，遂重新培养二层主枝，原来这几枝改造为辅养枝。图 6.136 箭头所指为已选留出的二层主枝，长红线代表层间距。在培养二层主枝时，延长枝要根据全树的长势确定短切程度，如上下层长势协调，短切程度可与下层相同。很多果园二层主枝未开角，造成上强，最好在夏秋开角，枝量大时可里芽外登，削弱上层长势。如上层弱，延长枝选强枝带头，留饱满外芽短切，同时一层主枝应打开合理角度，疏除外围直立旺枝，也才容易打开光路，一层主枝上也可适当多留结果枝。但按主从关系，第二层主枝的长势、冠径、数目、小枝密度都不得大于一层主枝。图中左侧的二层主枝开张合理，辅养枝过大一定程度削弱了树冠上部的长势，层间辅养枝过大对培养第二层主枝不利，对第一层光照阻挡也太强。图中虽为坡地果园，但是定干较低。

③ 一层主枝开角不足是二层主枝培养困难的重要原因。图 6.137（a）中第一层主枝尽管采取了用背后侧枝换原延长头的开角方式，新主枝仍然直立，第二层主枝距第一层主枝约 1.4 米，层次仍不明显。图（b）也为第一层主枝开角不足，与上层主枝着生位置的距离大但叶幕间距不足。

图 6.135　二层主枝的选留要注意层间距和开张角度

图 6.136　二层主枝的培养

（a）　　（b）

图 6.137　第一层主枝开角不足

2. 辅养枝的利用和修剪

（1）辅养枝是幼树至盛果树之间辅养树体、提早结果的重要临时性结果枝组，小树如果把中心干上辅养枝都疏除就只剩下骨干枝，那树体叶面积严重不足，骨干枝加粗生长和树冠扩大都缓慢，骨干枝上小枝量也会减少，前期骨干枝上枝量不足时辅养枝的利用很重要。辅养枝一定要利用好，以免将来疏除辅养枝就像疏除一大主枝一样，会对树体造成很大伤害。从幼树期开始，辅养枝一定要拉平或下垂，开张角度比主枝大，配合刻芽、环割等措施培养成中短枝多，长枝少，提早结果并辅养树体的枝组。骨干枝上的枝叶增多后辅养枝枝位减小，应去强留弱并及时回缩，没有枝位时及时疏除。

图 6.138　辅养枝的利用

观察图 6.138，如果没有辅养枝，这株树体枝量更少，叶面积将很小，树体有机营养不足，树体生长和树冠扩大会减慢。图中辅养枝未短切，主枝延长枝短切，应注意辅养枝开角应该比主枝大，单轴延伸，尽早形成结果枝组，随主枝增大，辅养枝的枝位减小，无枝位时疏除。

（2）辅养枝的利用和控制：从幼树期开始辅养枝就要利用的同时也要控制好，随树龄增大，逐步疏除过多辅养枝。树冠成形之前层间可以有 1 ~ 2 个较大的辅养枝，随二层主枝延伸辅养枝应回缩，成形时最终只能有方位好的一枝或一个短桩状的辅养枝以便于上下树冠，方便采摘。层间中部的辅养枝由于空间较大，可两轴、三轴等多轴延伸，保留时间较长，但是一定要控制好，不能像主枝一样延伸，小枝要多，但决不能旺，与骨干枝或骨干枝上的枝组发生矛盾时要体现主从分明的原则：削弱或疏除辅养枝，一定不能把辅养枝修剪成主枝。

图 6.139（b）中为了给辅养枝让出空间，疏除主枝上 2 个侧枝，不符合主从分明的原则。图（a）中辅养枝应加大开张角度，分枝形成花芽后及时回缩，改造成结果枝组，不能像图（b）培养成主枝。第一层弧形线相连的两大主枝可拉枝减小夹角至 120 度左右，并利用侧枝占据空间。

（a）

（b）

图 6.139　辅养枝应控制好

（3）在选留和利用辅养枝时常存在的一些问题：

① 辅养枝采取与主枝相同的修剪方法：图 6.140 辅养枝留延长枝并短切。图中辅养枝开张角度小，与主枝间距近并选留了延长枝短切，发展下去会变成主枝并与第一层主枝严重重叠。操作者未能明确辅养枝的选留和利用的目的，主从（辅）不分，修剪方法、修剪原则有误，把辅养枝修剪成了主枝，未对辅养枝及时控制。辅养枝的选留一定要起辅养树体、提早结果的作用，不能抑制骨干枝的生长，与主侧枝发生矛盾时控制或疏除辅养枝。

② 图 6.141 则辅养枝一次疏除太多，修剪过重，疏除前辅养枝过大，严重阻碍第一层主枝的光照，造成主枝光照不足，小枝过少。

图 6.140 辅养枝修剪成了主枝

图 6.141 辅养枝一次疏除太多

（三）盛果期树的修剪

苹果树封行、成形到出现最高产量标志着果树进入盛果期，乔砧苹果树多数 8 ~ 10 年进入盛果期，盛果期树除个别骨干枝需要调整外，整形任务基本完成。

修剪的主要任务是平衡树势和完善树体结构；稳定结果部位，及时更新复壮结果枝组，防止结果部位外移；配合土肥水管理防止早衰，防止和调节大小年结果现象；防止树体密挤及骨干枝交叉，防止果园郁闭，防止果实品质下降；协调生长和结果关系，尽量延长盛果期年限。

1. 盛果期骨干枝的调整

盛果期第一层主侧枝数量的调整很小了。第二层主侧枝可以根据空间适当调整延伸方向和长度，也可适当调整侧枝数量。骨干枝调整的目的是解决光照，确保冠内通风透光良好，是此期果树整形的基本任务。解决光照首先要打开主枝（包括大辅养枝）角度，逐步去掉冠上部、外围、层间多余的大枝，打开层间，尤其是初果期未调整好骨干枝角度的果树；其次要疏除过密的辅养枝或枝组，使枝组不交接，枝枝见光。此期果树延长枝不进行短截，外围枝以疏为主，适当减少外围枝的数量。再次，适时落头，控制树高；通过以上措施做到“三稀三密”打开内膛光照，控制结果外移。

（1）中心干的修剪：逐步控制高度。图 6.142 所示为树体落头控制树高：落头前对中心干先端的枝条不要强疏强剪，先端枝过旺需要换头时可先削弱长势后再逐年剪除原头，避免大砍大锯，否则也会破坏地上下部的平衡关系。图中树冠已经交叉，树高明显超过冠径，此时仍然在培养三层主枝是不恰当的，从树冠结构原则及主从关系而言，此期中心干应在三层主枝上先去强留弱，增加花果量，并逐步落头，以后逐步落在第二层主枝上，此株树体层间距较合理。但二层主枝延伸方向枝轴长度较大，与 “邻居”交叉，应及时回缩或改变延伸方向。辅养枝可按图中红线逐步控制或疏除。成年树骨干枝的修剪一定要做到大枝稀，是“三稀三密”的基础，中心干高度要适时控制，辅养枝及时回缩在弱枝处，主侧枝角度开张，内膛光照才充足，从骨干枝做起才能从根本上避免结果外移。图 6.143 已疏除层间辅养枝，进一步会减少树体层次，控制树高，防止郁闭。

图 6.142　控制树冠高度

图 6.143　减少树体层次

（2）主侧枝的修剪：盛果期树冠无需再扩大的树，外围枝不再短切，可以用背后枝或侧枝换头，让其既保持树势又不至过旺，如图 6.144。主侧枝需要调整的是角度和长势，做到既不影响内膛光照，又不严重削弱长势。

2. 辅养枝的处理

以打开层间光照为目的。对主枝影响较大的大型辅养枝一般一次去掉 1 个，不能将多余的枝一次全疏，应掌握“处理辅养，急缓分清，分次疏除，莫犯急病”的原则，逐年疏除，最终只能有方位好的一枝或一个短桩状的辅养枝以便于上下树冠，方便采摘（如图 6.145 箭头指示辅养枝）。

（a）

（b）

图 6.144　主侧枝的修剪

（a）

（b）

图 6.145　盛果树的辅养枝

3. 盛果树结果枝组的处理

（1）枝组的配置：大方向是按“三稀三密”的原则配置。观察图 6.146，盛果树，已落头，二层主枝适时收缩了枝轴长度，主侧枝头衰弱枝全部疏除，现全为新梢，同时更新了枝组，结果枝增加了中长结果枝，降低了枝龄，疏除无利用价值的直立强枝。上部、外围减少了枝量，给下层让出光路，防止结果外移。下层枝组明显外稀内密，骨干枝和枝组上新增的分枝多中长枝，不能轻易疏除，用作更新的预备枝。为稳定结果部位，要仔细修剪结果枝组，使枝组中的结果枝一直保持“年轻”状态，即树龄老，枝龄幼。对枝组要“有缩、有放，缩放结合，轮流更新，循环结果”。

图 6.146　盛果树枝组的分布

（2）观察盛果树结果枝组的配置和夏剪：图 6.147 为盛果期着生在主侧枝两侧结果枝组或背斜侧结果枝组结果状，结果后略下垂，梢果矛盾小。少留背上枝组，结果枝组光照条件好，树冠上部对下部主枝上的光照阻挡小，果实着色好。

图 6.147　盛果树枝组尽量配置在主侧枝两侧或下垂

图中部分背上枝在生长季节可压平，培养成结果枝组后，可用于替换衰老结果枝组，增强连续结果能力。背上枝数量多叶幕厚度增加，对下部光照阻挡最强，应及时压平或压下垂。

（3）结果枝组的冬剪修剪：盛果期树结果枝组的修剪，主要是调整结果枝和营养枝的比例，即调整叶果比，保证枝组健壮，并及时更新，延长结果期。枝组中应保持一定比例的营养枝及营养枝中部分长势缓和、中庸的枝作为预备结果枝，使结果枝、营养枝、预备枝三套枝配合，通过修剪，使枝组间和枝组内各枝条间轮换结果，要求在同一枝组内，既有一定数量的花芽量，又有一定数量的预备枝和一定数量的营养枝。修剪时还要根据果台枝的多少、强弱、营养枝的多少和强弱判断树势，决定结果枝选留的数量及比例。为保持良好的通风透光条件和从属关系，对树冠中的交叉、重叠、碰头和并生枝要适当压缩或疏除，使结果枝减少级次，增强光照。在花芽不足的情况下，见花芽就留，尽量保留果枝；当花芽充足时，首先疏除弱枝花芽，选留壮果枝结果；花芽量过多时，还要短切破掉中、长果枝顶花芽，使之变成营养枝，留中短果枝结果。为合理负载，通过冬季修剪和春季花前复剪的调节，根据树势把营养枝和结果枝的比例调节至（2～3）：1。

图 6.148　枝组更新不及时

图 6.148 中短果枝群已连续 4 年结果，没有一次更新，已经有多个果台由于枝龄增大未能萌发副梢（箭头所指），枝势较弱。现在冬剪可回缩留上枝，并适当疏果，合理负载，促使其抽生新梢，否则容易转化成病虫枝，甚至枯枝。

（4）结果枝组内营养生长和生殖生长矛盾的调节是盛果树修剪的重点，可从以下几个方面观察和着手：

① 根据树体和枝芽长势来判断。如树体内枝组中枝条多长势强、直立、内含物少而不充实、枝条硬度小、无花芽，多为徒长，这种树多为修剪不当、肥水搭配不当、树冠郁闭造成，花芽量一旦多留树势迅速衰退；如树体内和枝组上枝条长势强、内含物较充实、花芽少的可冬夏结合，增加花芽量；枝组中枝条长势中庸或偏壮、花芽量大而饱满、易连续结果，这种树势最好，要尽量通过肥水和合理修剪维持生长和结果的平衡；枝条长势弱、枝条不充实、易感病害、花芽质量差而少、甚至果台不抽枝，这种树势弱或者衰弱，多为未调节好结果量、肥水不足、或修剪时花芽留太多造成。

② 根据果台枝的质量和数量判断。观察图 6.149 果台，如果台少而短或无果台[图（a）]、顶芽多病芽、不饱满花芽，则树势弱，宜加强肥水管理的同时减少花芽量，扶壮树势后再增大花芽留量[图（b）]；普通品种果台能抽生 1～2 枝中庸、充实的果枝，短枝型能连续抽生短果枝则树势壮最合理[图（c）]；果台强旺直立，花芽少，多为修剪重，挂果量少，树势旺，可冬夏结合调节长势，增加花芽量[图（d）]。

（5）盛果树后期枝组的更新，防止结果外移：盛果树后期更新程度要加强，在肥水管理配合下营养枝的数量和长势也要加强，结果枝组上尽量降低枝龄，减少曲线延伸方式。观察图 6.150（a），前年结果枝组回缩（黄箭头），两结果枝结果后都只有一枝果台副梢，均抽生成中长果枝，冬剪由于未短切或破头促发新梢而继续留结果枝结果，今年结果后中果枝上形成多个短果枝，再加果台副梢均为结果枝，营养枝和结果枝比例失衡，连续结果后易衰老，现已产生病枝（红箭头），以后更新难度加大，尤其内膛枝，光照条件下降后枝条纤细，更不容易更新，会像图（b）一样逐渐失去结果能力，到时候只能疏除，结果部位就会逐步外移而衰老。图 6.150（b）中三年生结果枝组未及时更新，造成大部分果台已不能萌生副梢（4 个红箭头所指），2～3 年生枝失去结果能力，只有新梢顶芽结果后能抽生果台副梢，明显的结果外移，多年生枝组衰老，更新很困难。

（a）（b）（c）（d）

图 6.149　从左到右果台从弱到强

（a）（b）

图 6.150　结果枝组要合理负载、及时更新

4. 盛果期叶幕厚度和分布的调整

前面本章第三节第二条讲树体结构时已经讲过叶幕厚度对光照强度的影响。盛果期时树冠达到最大，随枝叶量增多，叶幕厚度增大，特别是层次多的树形，下层和内膛光照条件恶化，

造成枝条纤细，光合效能显著降低，果实质量降低，果实难以形成优质商品果。观察图 6.151，3 个层次的主枝，二层以上光照条件好，挂果量大，而下层及内膛挂果量显著减少。控制树体叶幕厚度采取的办法可以落头、减少层次、减少骨干枝等措施，控制主侧枝叶幕厚度主要通过控制枝量和枝组的分布及延伸方式实现。在树体叶幕分布上第二层主枝一定不能与第一层重叠，主枝上枝组尽量少留背上枝，背上、背斜上枝平或疏除，留侧生和背斜下枝组，结果后略下垂，下层主枝生长季节根据上部是否有主枝阻挡光照将叶幕厚度调整在 1 ~ 1.5 米，尽量避免重叠，尤其是后期要减少落叶、打开光路增强光照，增强树体贮藏营养水平。观察图 6.152 地面和果面可知，主枝上部光照阻挡少，光照条件好，地上有大块斑驳的漏光，配合反光膜效果更好。

图 6.151　对比一二层光照和产量

图 6.152　主枝上部光照阻挡少，配合反光地膜

5. 大小年树的修剪

苹果树在大年时，结果量多，营养消耗多，树体的储备营养减少，因而花芽分化的时间较晚，分化的速度慢，数量也少，而且发育不完善，于是第二年便成为小年。

苹果树在小年时相反，结果数量较少，前期生长较弱，所消耗的营养物质不多，到中、后期，由于树体产生营养物质多，消耗少，因而花芽分化早，分化速度快，数量也多。根据这一特点，在大年来临时冬剪时大剪，减少花芽留量，并配合增大施肥量平衡树势，增加来年花量；小年来临时冬剪时小剪少施肥，尽量保留花芽量，增加产量的同时减少来年即大年的花量，使大年不大，小年不小。大年大剪是指留花量，大年疏除过多花芽、回缩结果枝组时留壮枝壮芽，中长果枝基本破顶芽，减少花芽增加预备枝和营养枝，增加小年的花芽量。一般经过 3 年左右调整恢复正常状态。

图 6.153 为大年树，树冠上的中长枝、短枝基本皆为花芽，还有部分腋花芽，修剪时串花枝可回缩或疏除，中长果枝破顶，果台副梢基本破顶芽，增加预备枝，各级延长枝中短切，减少结果枝的同时尽量增加营养枝，同时增大施肥量。

图 6.153　大年树满树花芽

6. 郁闭园的修剪

观察图 6.154，郁闭果园外形几乎无波浪状，似“平头形”。果园内果树株间行间在盛果期由于各层主枝延长枝及中心干延长枝连年短切，树冠上部及外围不断延长，枝量增多，造成树体交叉、重叠的比例增大，通风透光性下降，中下部和内膛的结果量及品质明显下降，病虫害增多。这类果园可根据栽植密度决定是否间伐部分过密树，注意增加果树行间间距，增强通风透光性。不能间伐的果园应及时落头控制树高，减少层次，疏除过密、过多骨干枝，减少分枝级次，及时疏除层间没有枝位的辅养枝，主枝一定要打开角度，打开层间距，上层主枝控制冠幅，减少枝量，尤其是骨干枝数量。下层主枝过于郁闭时可以考虑疏除过低主枝提高主干高度增强通风透光性。

观察图 6.155，郁闭果园通过调整株行距，改造后在中午时分行间一定能有光照无遮挡地照在通道地面上。还应逐步减少层次、减少骨干枝级次，铺反光膜，增强树冠下部及内膛光照。

图 6.154　郁闭果园

图 6.155　拉开行间间距

（四）衰老树的修剪

衰老树的修剪要在加强土肥水和病虫害防治的基础上，以更新复壮、恢复树势为主。大枝轻疏，适度回缩，少造成伤口；小枝应全面复壮，降低枝龄，增强活力。

1. 骨干枝更新

（1）选好预备枝培养新头：老树更新一定要提前做准备，基本保持原有骨架不动，尤其是主枝。根据大枝的枝势在骨干枝的 4 ~ 5 年生部位，选择原有侧枝或新萌生枝作为预备延长枝进行培养，以后代替原头。一二层主侧枝在更新时可选枝龄较小新梢预留。

图 6.156 中箭头所指骨干枝回缩至低龄枝处后新延长枝按骨干枝修剪，当原骨干枝头再度衰老时，用预留幼龄枝头代替，缩短枝轴，达到更新扶壮的目的，即在位置好的部位“放出来，缩回去”然后再“放出来”，使其轮流结果，让幼龄枝使骨干枝保持更久的活力。

（2）与相邻树发生交叉后回缩在上部侧生分枝处：如衰老树或盛果树后期在采用“缩回来、发出去”后不能达到满意效果，或未选出新头的情况下，将骨干枝头回缩在骨干枝一壮分枝处，观察图 6.157，红线为回缩位置。主枝前端枝条仍不能太直立，以免影响下部光照，回缩后主枝不再延伸，侧枝和枝组各自更新，尽量采用低龄枝结果，同时注意调节营养枝与结果枝的比例。

图 6.156　骨干枝的更新

图 6.157　主枝的更新

2. 侧枝及枝组的更新修剪

更新修剪绝不能操之过急，不可短切过多、过重，短切后营养枝增加，要使营养枝与结果枝平衡；也不能一律疏剪，重点疏除上部、外围和难以更新的枝。幼龄枝的疏除一定要慎重，特别是以往树形不是很好的树，不能为了一时“剪出个树形”而大杀大砍，增大修剪量。由于侧枝较主枝小，除了像图 6.158（a）换新头外，更新可较主枝重。图 6.158（a）中，更新骨干枝或枝组都要预先选留“预备枝”（红箭头），并增加枝量，当枝龄幼的预备枝枝量增多，可逐步替代老龄枝的枝位时，回缩或疏除枝龄老的枝。图 6.158（b）红色箭头指示预备枝。黄色箭头所指的两枝，疏枝和回缩不妥，右侧好不容易选留的幼龄侧枝是代替老龄侧枝而用于更新侧枝的，现在回缩在结果枝上剪成了小枝组。

（a）　　（b）

图 6.158　低龄枝作为预备枝

3. 枝组的更新

（1）充分利用背斜上、斜下及两侧侧生枝组：结果树体衰老后，树冠内膛光照条件也恶化，树冠内膛单轴果枝和背下的下垂枝细弱，芽体不饱满，有些开始枯死，结果部位转移到背上、背斜、两侧枝组上。为了集中营养，可逐步疏除光照条件差，纤细的背下下垂枝和树冠内衰老细弱的果枝，重点是合理负载，改善光照条件，如图 6.159 通过落头、疏除辅养枝、去直立主枝头等措施改善树体光照。此时应充分利用背斜枝和侧生枝组结果，同时应更新复壮两侧结果枝组，主侧枝角度过大的，剪口多留上枝上芽，适当抬高枝条角度，增强长势，降低树龄提高连续结果能力。

（2）衰老树枝组的更新修剪要注意调节树龄与枝龄的平衡，尽量利用新梢来培养新的结果枝组和预备枝，枝组要及时更新，更新修剪时要注意保留 1 ~ 3 年生的幼龄果枝，及时更新 4 年生以上的老果枝，使枝组上的结果枝一般保持在 2 ~ 4 年生的枝龄内。做到树龄老，枝龄幼。

图 6.160 为骨干枝开角后产生的新梢，造伤产生的新梢等不能轻易疏除，常常可以作为预备枝培养成结果枝组后更新老枝组。背上枝长势强，不易形成结果枝组要及时压向两侧，避免形成徒长枝。

图 6.159　充分利用背斜及侧生枝组，关键是改善光照条件

图 6.160　枝组的更新，留低龄结果枝

（3）衰老树枝组的更新修剪：要在加强土肥水和病虫害防治、适当疏花疏果调整负载量的基础上进行，注意多留中长枝。图 6.161 为三年生结果枝组，前一年该枝上有 5 个短果枝，全部留作结果，今年上面 3 枝果台副梢有 2 枝为白粉病枝，顶端这枝顶芽体不饱满，不能连续结果。最下面两枝没有抽出果台副梢。可以看前一年未及时更新，未选留预备枝和增加营养枝，造成今年没有结果枝，枝组可能会失去结果能力，所以枝组的更新调整负载量非常关键。

图 6.161　调整负载量利于枝组的更新

（4）枝组的更新方式：更新修剪时，仅仅依靠回缩修剪是不够的，应加强肥水管理，并结合病虫害防治和疏花疏果。主枝及枝组应抬高角度，尽量采取直线延伸，减少枝轴转折，及早利用上枝上芽萌枝降低枝龄，或利用背上枝压平后逐步疏除衰老枝组，等连续几年结果后枝龄增大再更新就更困难了。图 6.162（a）为衰老树体，30 余年树龄，箭头所指回缩于短果枝处，但结果后果台未抽生新果台副梢。该枝组延伸方式曲折，枝条下垂，结果量大。现可以利用上位枝更新扶壮。图（b）所示枝组每次更新都只管回缩，每次回缩使枝组曲线延伸，枝轴每转折一次对枝组的长势都起削弱作用，没有达到更新的目的，在现实操作中一定要具体问题具体分析，放弃回缩即是更新的思维。图（b）中红箭头所指的两枝都可以按直线延伸、降低枝龄等不同方式起到更新的综合作用，待直线延伸的预备低龄枝分枝增多逐步疏除衰老枝组，简单理解就是去老留新、去曲留直、去下留上、去弱留壮、去大留小。

（a）

（b）

图 6.162　枝组的更新

二、小冠疏层形的结构特点

图 6.163 所示小冠疏层形是由疏散分层形演变而来的，适于半矮化栽培的树形。其基本结构与疏散分层形相似，但骨干枝小而少，特别是侧枝少而小，因而结构简单，分枝级次低，修剪方法简单，易于成形。其基本结构是：干高 50 ~ 60 厘米。全树 5 ~ 6 个主枝，分 2 ~ 3 层排列。第一层 3 个主枝，第二层 1 ~ 2 个主枝或不选留第三层主枝，第三层 1 ~ 2 个主枝。层间距依次为 80 ~ 100 厘米和 60 厘米左右。第一层主枝上各培养 1 ~ 2 个小侧枝，第二层以上主枝着生 1 个小侧枝或不着生侧枝，直接培养结果枝组。主枝角度 70 ~ 80 度。成形后树高 3.0 ~ 3.5 米。整形修剪过程与疏散分层形相似，常用于乔砧嫁接短枝型品种或中间砧嫁接普通品种组合的苹果树整形，骨干枝减少分枝级次，枝组单轴延伸，侧生或下垂。这里不再复述。

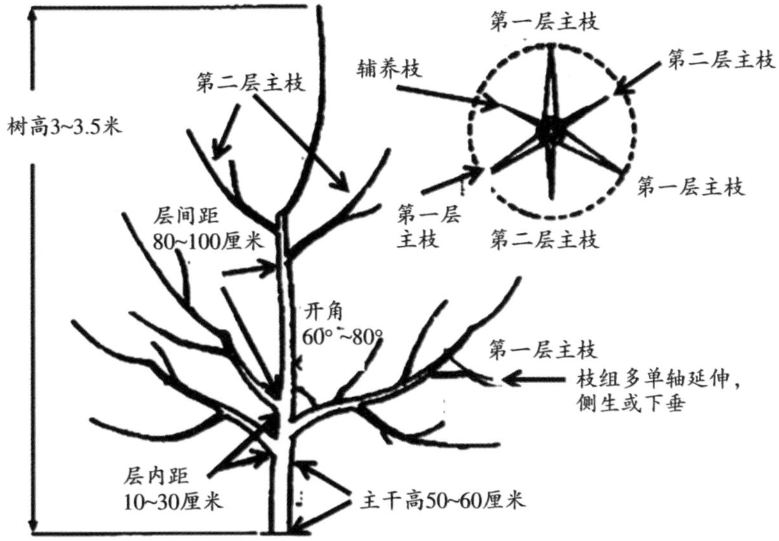

图 6.163　小冠疏层形树体结构

三、乔砧密植树常见树形的整形过程

大部分采取乔砧密植的果园是采用乔化砧如山定子做砧木，嫁接普通品种及授粉树品种，采用密植栽培技术进行密植栽培的。少部分采取乔砧嫁接短枝型品种或以乔化砧做基砧嫁接矮化中间砧再嫁接普通品种组合的栽培方式，密度多为 3 米 × 4 米或 3 米 × 5 米。部分乔砧密植后期不能控制树体了才逐渐间伐部分过密树，改为计划密植，也有部分从开始即采用计划密植。

这里介绍乔砧密植的两种常见树形的整形过程：

（一）改良纺锤形的整形过程

改良纺锤形常用于 3 米 × 4 米、3 米 × 5 米密度的整形，多为乔砧嫁接短枝型品种的密植，也有乔砧加普通品种组合采取密植栽培技术适度密植的，也有用于计划密植时加密树的整形。用作乔砧密植时后期不易控制，4 米 × 5 米密度也有采取改良纺锤形的。

1. 改良纺锤形的树体结构特点

改良纺锤形是将小冠疏层形与纺锤形的优点综合于一体的树形，其成形快、骨干枝条级次少、骨架牢固、树势稳定，易更新和早丰产，下层光照条件好，不易结果外移。主干高 70 厘米左右，密度减小时干高适当增大，树高 3.0 ~ 3.5 米，中心干直立，树体基部留 3 个大主枝，主枝上根据树冠大小保留 2 ~ 3 个侧枝，主侧枝上直接着生单轴延伸枝组，树体中上部根据树冠大小培养 8 ~ 10 个主枝，不分层，各主枝螺旋式插空排列于主干上，单轴延伸呈辐射状，主枝长度 100 ~ 150 厘米，由下至上逐渐缩短，基角 80 ~ 90 度，中上部主枝上直接培养结果枝组，不留侧枝；同侧方向主枝上下间距不少于 50 ~ 60 厘米，同层主枝间距 15 ~ 25 厘米；各部位枝条的粗细是其着生部位的 1/3 左右，从属关系明显。由于树体的每个局部都按纺锤形整形修剪，树体呈下部大、上部小、下层各部和中上部都呈纺锤形，所以称为改良纺锤形。

改良纺锤形综合了小冠疏层形和纺锤形的优点：观察图 6.164，改良纺锤形树形基部主枝大而稳健，负载量可达全株的 60%～70%，甚至更多；上部通风透光良好，花芽饱满；中心干直立，营养物质运输畅通；适宜于合理密植，结果早，易丰产，能生产出色泽、口感品质均好的果品；树体上部主枝向四周单轴延伸，易于更新培养；操作技术简单，易掌握。

2. 基部主枝的修剪

（1）定干高度 80～100 厘米，定干后，主枝的选留：与疏散分层形一样，主干高度不能太低，在 70 厘米左右，枝量足够能培养主枝时，裙枝基本一次疏除（50 厘米以下的枝条全部疏除）。根据各主枝的强弱，按照抑强扶弱的原则进行修剪，主枝头短切后，强枝配合刻侧芽促分枝并开角，弱枝短切待树势转旺后开角。主枝上枝组以单轴延伸为主体，3 米 × 4 米栽植密度的，可只留 2 个侧枝，（3～4）米 × 5 米的侧枝与疏散分层形一样配置。主枝强旺直立的，夏秋通过撑、拉、吊等方法，将主枝角度调整到 70～80 度。

观察图 6.165 中主枝的开张角度及中心干上分枝的处理。图中由于主枝长势不算强，开张角度不能太大。

图 6.164　3 米 × 5 米的改良纺锤形盛果树中上部结果状

图 6.165　改良纺锤形基部主枝的开角

（2）基部主枝的培养：基部骨干枝延长枝根据行距的大小、延长枝的长势决定短切的程度，行距 4 米的轻切，5 米的要根据长势适度短切，长势强的短切轻，结合刻芽，长势弱中短切留饱满芽。从分枝中选留侧枝，侧枝的数量参考疏散分层形，主要取决于行距的大小。其余分枝冬夏结合，拿枝与拉、吊结合，培养成单轴延伸枝组，过密枝疏除，枝量充足时背上枝抹除，枝量不足时背上枝摘心、扭梢、压平。

观察图 6.166：基部三大主枝及侧枝（红箭头所指）及中上部小主枝的粗度、开张角度。

（3）主枝上枝组的配置：基部主枝上根据行距决定培养侧枝的数量，按因枝修剪、随树造形的原则，行距小的侧枝的数量也少，根据空间的大小选留。观察图 6.167，可见侧枝少，红色括号所示枝段主枝上枝组少，疏枝较多，较光秃，整体而言枝组和小枝数量不足，空间利用不足。

主枝上单轴延伸枝组配置在主枝两侧，可通过刻芽增加发枝；枝的位置和姿势不好的配合夏剪调节。枝量大时背上枝可抹除，枝量少要将背上枝合理利用。枝组在配置、选留时要贯彻上稀下密的原则。

图 6.166　基部主枝的培养

图 6.167　主枝上的侧枝配置不足

（4）基部主侧枝上枝组的配置和培养：观察图 6.168 主枝上要疏除或回缩大的无发展空间的侧枝，主侧枝上培养中小型单轴延伸结果枝组。背上枝组的培养要严格控制其大小，对过大的背上枝要按照去除直立强旺枝、留平斜中庸枝的原则结合夏剪改造为中小型结果枝组，无枝位的背上枝疏除。

图 6.168，主枝上枝组配置和培养以单轴延伸为主；图 6.169 侧枝上空间大而枝量少的可适当轻短切或刻芽促发分枝，分枝尽量着生于主侧枝两侧，按因枝修剪的原则，背斜枝要压平或略下垂。

图 6.168　基部主枝上尽量培养单轴延伸枝组

图 6.169　侧枝上枝组的培养

3. 中心干中上部主枝的配置和修剪

（1）中心干上一年生枝的修剪与培养：中心干的修剪与疏散分层形有区别，与纺锤形相似。改良纺锤形中心干要处于绝对优势地位，一般不用竞争枝换头，中心干延长枝长势强则轻切加刻芽，弱头留饱满芽短切。一定要保持中心干的生长优势，适当疏除中心干上过密、过旺、过大、对生的枝条，及时抹除或拉开竞争枝，冬剪时缓放，1 ~ 2 年后形成单轴延伸枝组，以后调节主枝之间的疏密。

除基部主枝外，中心干中上部根据树冠大小培养 8 ~ 10 个主枝，主枝之间间距 15 ~ 25 厘米，同向主枝间距 60 厘米左右，主枝长度 100 ~ 150 厘米，上短下长，上部主枝上不能着生中大型枝组，最好着生单轴延伸枝组或小型枝组。图 6.170 为中心干上一年生新梢的处理。最好夏秋将中心干上分枝中的直立枝拿软再撑、拉、吊压平。中庸、平斜枝缓放，将来培养成的主枝不分层，螺旋式插空排列于主干上，单轴延伸呈辐射状，过密枝当作辅养枝培养利用，无枝位时疏除。

（2）中上部主枝的培养和配置：要求小主枝及枝组在树冠上的分布要遵循上稀下密、外稀内密的原则，以利于冠内通风透光，提高果品质量。中心干与各主枝之间的从属关系明确，侧枝与主枝、主枝与中心干的枝轴粗度比为 1：（2 ~ 3），以保证中心干与主枝之间的绝对优势。通过四季修剪调整好树体骨架，疏除冠内无用的细弱枝、竞争枝、背上徒长枝，更新结果枝，优化树体营养配置，调整生长与结果的关系；春刻芽，以促发中短枝，防止枝条光秃，提高中、短枝数量，缓和树势，有利成花；夏剪的关键是促花芽，要综合运用疏、拿、扭、拉、割（剥）等技术措施，促进花芽分化；秋季继续拉枝，使各类枝定形的同时控制中心干上新梢的长势，促使其及时停长形成花芽。枝条要尽量拉平至 90 度。冬剪以疏枝为主，轻剪长放，单轴延伸。修剪中以多甩放并疏除过密枝为主，少短截，要以刻、拉代切，促发结果枝，达到提早结果的目的。

观察图 6.171，小主枝距基部主枝在 80 厘米左右，同侧小主枝间距 60 厘米左右，过密枝可留马耳朵短切，新梢可作为预备枝培养用于更新。小主枝不短切（箭头所示），尽量单轴延伸。

图 6.170　中心干上一年生枝的处理

图 6.171　中上部小主枝的配置

（3）中上部主枝的修剪：树体中上部培养 8 ~ 10 个主枝，多余的长枝拉枝至下垂按辅养枝处理。各主枝不分层，螺旋式插空排列于主干上，单轴延伸呈辐射状，主枝枝轴长度 100 ~ 150 厘米，由下至上逐渐缩短，基角 80 ~ 90 度，上部主枝上直接培养结果枝组，不留侧枝；同侧方向主枝上下间距不少于 60 厘米，中心干上相邻主枝间距 25 厘米左右；各部位枝条的粗细是其着生部位的 1/2 ~ 1/3，从属关系明显，不适合培养成主枝的作为辅养枝处理，辅养枝拉枝角度大于 90 度，单轴延伸，与主枝发生矛盾时疏除，疏剪时应考虑是否平剪，以促发萌蘖用于更新。图 6.172 所示为中心干中上部两年生以上小主枝的夏剪。

4. 完成整形后的修剪

（1）改良纺锤形树形成形快，树体结构简单，投产早，相对而言具有较大的优势。成形后，修剪上重要的工作就是主枝角度的调整，主枝上枝组的更新，及小主枝和枝组的更新。

图 6.173 中有几个小主枝拉枝角度不足（箭头表示拉枝方向，红竖线表示疏除，红斜线表示逐年落头），影响了树体整体结构。中心干上小主枝的大小和延伸长度应该是上小下大，开张角度应该是上大下小。上部可大于 90 度，下部略小于 90 度。基部主枝 80 度左右，临近封行前基部延长枝停止短切。

一般树高达到 3 ~ 4 米时考虑落头，逐步控制在行距的 0.8 倍左右。

图 6.172　中上部主枝上枝组的培养

图 6.173　成形后的修剪

（2）树冠中上部主枝的更新：由于中上部主枝多为单轴延伸枝组，一般在连续结果 3 ~ 5 年后促发嫩枝或利用中心干上萌生的新梢更新。如图 6.174，对已结果且延伸方位较好的主枝及时回缩复壮，既可选主干上的强枝作为新头培养代替老主枝，也可回缩于枝势枝位较好的新梢上，使其复壮再延长，保持树体稳定健壮的同时控制上层主枝的长度，主枝上分枝过大或连续多年结果后及时回缩或留桩剪除，促发萌蘖更新（图中红线），萌发的新梢尽快培养成单轴延伸枝组，可与老龄小主枝上枝组轮流循环结果。中心干上的萌枝不能草率疏除，位置好的可作为预备主枝培养成新主枝用于更新，（图中红箭头）指示低龄枝可培养后代替衰老枝用于更新更新。不管采取哪种方式更新，主枝及主枝上枝组应及时打开角度（双箭头表示开角）。

（a）

（b）

图 6.174　主枝及枝组的更新

5. 改良纺锤形整形修剪过程中常见的一些问题

（1）忽略了培养基部主枝的重要性。改良纺锤形树形基部主枝很重要，其负载量可达全株的 70%左右，非常重要；而很多果园将改良纺锤形和矮砧纺锤形混为一谈，认为纺锤形树形基部主枝的重要性不强，甚至可以作为裙枝疏除，不注重基部主枝的培养。如图 6.175，基部主枝方位不佳，夹角过大（弧形所示），幼树期应拉枝填补空位。现在发现空位较大后又赶紧培养侧枝来填补，主枝之间的平衡被打破，左侧的主枝粗度明显强于另外两枝，与中心干相当。中心干上疏枝过重，小主枝数量少，中心干上可多留些枝组，即使以后空间不足也可按辅养枝培养和处理。

图 6.175　基部主枝要尽早调整

（2）基部主侧枝培养欠佳：如图 6.176，基部主枝方位角度不佳，主枝上侧枝和枝组不足，小枝更少，空间利用差，漏光损失大。中上部小主枝数量不足，疏枝太多，枝组太少，光能利用率低，产量低，未能贯彻“小枝密”的原则。

（3）中心干优势不强，中上部上小主枝难以培养或数量不足：很多果园中心干上未配合刻芽促枝，光秃部位太长，疏枝太多，小主枝密度不足。如图 6.177，采用改良纺锤形整形，3 米 ×5 米的密度，中心干上已选留几个小主枝，该株树体中心干竞争枝控制不及时，造成中心干优势不明显，以后用竞争枝作为新中心干，原中心干被培养成主枝。这种主枝应加大开张角度（可按红箭头和红线拉枝或换头）。

竞争枝处理不及时的时候中心干长势被削弱，造成中心干上小主枝数量过少，光秃部位也太长（图中括号所示）。

图 6.176　主枝上枝组密度不足

图 6.177　中心干优势不强

（二）自由纺锤形

很多乔砧嫁接普通品种采取密植技术密植的果园，及乔砧加短枝型品种、矮化中间砧加普通品种的组合及半矮化栽培常采用自由纺锤形。密度 3 米 ×4 米、3 米 ×5 米、间伐后的 4 米 ×5 米、4 米 ×6 米即前期 4 米 ×3 米，或 4 米 ×2.5 米等，后期逐渐间伐成 4 米 ×6 米或 4 米 ×5 米等方式，乔砧普通品种组合的成形后株距至少 3 米，行距至少 5 米。自由纺锤形与高纺锤形、细长纺锤形相比，主枝较大，特别是下层主枝大。下层主枝可有 1～2 个较大侧生分枝（视栽植密度及基部主枝数量而定），也可不留较大的侧生分枝。下层主枝数目 2～3 个均可。全树主枝数目较细长纺锤形的少，多为长期性的。在中心干上按一定距离（15～20 厘米）或成层分布 10～15 个伸向各方的小主枝，其角度基本呈水平状态，落头后保留主枝 8～12 个。该树形的结构比较灵活，只要骨干枝数量、强弱和角度控制得好，相互间的距离、分层与否、有无较大分枝都不强求固定模式，因此生产中应用比较广泛。图 6.178 为自由纺锤形树形冬季树体结构，图 6.179 为结果状。

图 6.178　自由纺锤形

图 6.179　自由纺锤形结果状

下面讲述自由纺锤形整形过程：

1. 定　干

定干时如果苗强壮，栽植密度较大的，可不短切，以刻代切，在整形带及上下每隔 2～3 芽按不同方向刻一芽，刻芽时尽量选饱满芽。果苗长势中庸的要短切，定干高度 80～100 厘米。春季抹除多余萌枝，整形带内萌枝超过 4 个的，留 2～3 个主枝都可以，可以将主干高度 50 厘米以下的全部抹除，萌枝少可抹除 30 厘米以下的。夏剪控制中心干竞争枝，其余枝长枝当年秋季撑、拉、吊调整角度，视长势拉开角度到 80～90 度，中庸枝缓放，如图 6.180。

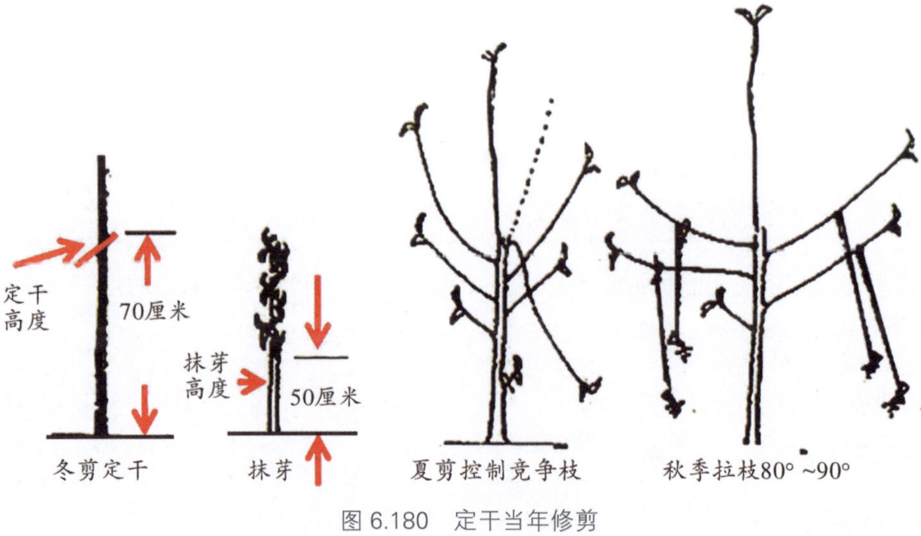

图 6.180　定干当年修剪

2. 定干后 1～3 年的修剪

（1）中心干视长势决定短切程度，长势强短切剪去秋梢，剪口留春梢上部，中部刻芽；长势弱留中部饱满芽短切，中下部按不同方向刻芽 2~3 个，如图 6.181。定干后 2~3 年树中心干的冬剪与第一年相似，根据长势修剪，多数情况都是轻到中短切，不论哪种强度的短切都要配合刻芽促分枝。竞争枝生长季节都要抹除或控制，分枝要撑、拉开角。

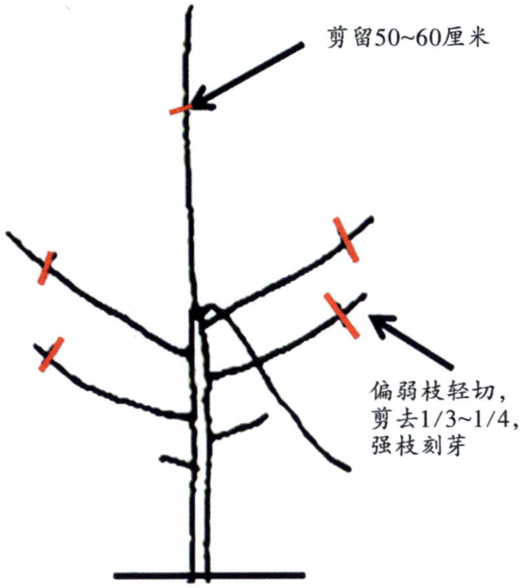

图 6.181　定干后第一年的修剪

（2）主枝的修剪：栽培密度大的，主枝不短切，主枝两侧一边刻侧芽 2~3 个，行距 4 米以上的弱主枝轻短切，剪去延长枝 1/3~1/4，刻侧芽一边 2 个左右。生长季节中心干和主枝竞争枝应抹芽或扭梢，侧芽萌枝可吊（坠）向两侧，背上枝在新梢旺长后期半木质化时应扭梢或拿枝压平。中心干上强分枝在夏秋季开角，与下部主枝错开，避免重叠，位置不好的按辅养枝处理，拉平或下垂。

3. 幼树的修剪要点

（1）中心干的修剪：多要短切，中心干上分枝的修剪与改良纺锤形相似，留枝密度略大，中心干延长枝的竞争枝多抹除或扭梢，其余长分枝夏秋拉平，主枝要控制干主比，多为（2~3）：1，主枝之间间距 20 厘米左右，过密枝疏除，如图 6.182。中心干上主枝间距不能过近，避免对中心干的削弱，同方位主枝至少间隔 60 厘米，干主比过小，可适时平剪或疏除，如图 6.183 中可处理 1 个主枝。幼树期可适当留部分辅养枝，拉枝角度应大于主枝，以后逐渐疏除，图中树体中心干上分枝有 18 个，根据主枝在中心干上的间距和同向主枝的间距选留主枝，其余当作辅养枝处理，可逐年疏除 6~8 个，或用于更新老龄主枝。

（2）主枝的培养：重点是调整开张角度和调整好主枝密度。图 6.184 中主枝长势强拉枝角度大，过密或间距不足的抹除或冬剪疏除（红线表示疏除），主枝上距中心干过近的直立枝全部疏除。基部主枝视长势和行距决定是否短切，长势强一般不短切，在主枝两侧刻芽促发分枝。如图 6.185，成形后基部主枝上根据树冠大小和基部主枝数量可留 1~2 个大型侧枝，多数情况直接培养单轴延伸枝组，主枝与枝组的粗度比前期较小，后期逐步调整为（4~5）：1。中上部超过干主比的主枝可利用附近新梢代替其枝位后疏除或平剪。主枝开角上大下小，下部根据长势开角 80~90 度。

图 6.182　中心干分枝中疏除过密枝

图 6.183　避免主枝距离过近

图 6.184　主枝生长季节开角

图 6.185　基部主枝上的枝组和侧枝

4. 初果期的整形修剪

（1）主枝和中心干的培养：采用自由纺锤形的果园一般第四年开始进入初果期，此时在中心干上的分枝中继续选留主枝，主枝之间间距 20 ~ 30 厘米，在中心干上螺旋排列，同方位主枝间距至少 60 厘米，逐年培养 10 ~ 15 个，多余的按辅养枝处理。行距大可选留 1 ~ 2 个大型侧生分枝。主枝上直接培养单轴延伸枝组，如图 6.186。

成形前中心干长势弱的要短切促发壮条，恢复长势，中心干过强的要疏除下部的侧生旺枝，中心干缓放不切，刻芽促分枝，4、5 年生树高度达到 3.5 米以上时可拉弯中心干，或逐步落头控制高度。

（2）初果期整形修剪应注意的问题：

① 调整好从属关系，中心干直立，中上部主枝角度水平。

② 枝组粗度不得超过主枝的 1/2，主枝上以中小型单轴延伸枝组为主，主枝轴粗不得超过中心干的 1/2。

③ 整个修剪过程中强枝不短切，压平，中心干弱时才短切。

④ 长势强的主枝尽量不短切，短切过多，干主比减小，主枝上枝组过大的修剪时及时控制或疏除。枝组要及时更新，利用新枝组代替老枝组，循环、交替结果。如图 6.187，竞争枝处理过晚，造成干主比过小，不利于以后主枝的培养。这类枝竞争枝应及时抹除，如当时枝量少，拉枝角度应加大或扭梢，夏剪环割，及时控制，促使其早结果，背上枝全部抹除或疏除，后期可根据光照条件及主干高度决定去留。

图 6.186　定干后第四年的修剪

图 6.187　竞争枝应抹除或及时控制

⑤ 主枝的培养应冬夏结合，尽量减轻冬季修剪量，背上枝、竞争枝多春夏秋结合调节，如萌芽率高春季应及时抹除，夏季扭梢，秋季拿枝、拉枝、吊枝结合把枝压平或压下垂。

⑥ 未形成结果枝组的主枝继续拉枝，刻侧芽，尤其梢角重新上抬复旺的主枝，刻、拉、割结合，促进花芽形成，以果压冠，如图 6.188 中箭头指示的主枝。

⑦ 枝组的更新：树体成形以后，枝组经几年结果，要适时促发新梢更新，培养成单轴延伸结果枝组接替结果，并注意疏花疏果，合理负载，保证果品质量。对中下部的主枝，注意培养枝组，稳定结果，防止结果外移。对占领空间过大，枝轴过粗的强旺枝组，要控制体积，注意留预备枝，当其连续结果几年后用预备枝取代；过密的枝组，选留好的，疏除过密的、过弱的枝组，利用萌枝及时更新复壮。

如图 6.189，当新梢（箭头指示）形成结果枝组时，老枝组已连续结果几年，用新枝组逐步代替老枝组而更新，老枝组可逐步剪马耳朵状（留橛、留桩）剪除，促发萌蘖以备更新。

图 6.188　主枝背上枝最好生长季节控制，复旺的主枝要压平

图 6.189　枝组的培养和更新

5. 盛果期的修剪

（1）调节光照条件：逐步把主枝减少到 12 个左右，60 ~ 70 厘米内不留重叠枝；低位枝、粗大枝可逐年去掉，避免“打伞戴帽”。疏去中上部过密大枝增强通风透光性俗称“开窗”，中下部小枝要留足结果才可靠。控制高度、落头俗称“摘帽子”，一般可根据长势采取一步落头或两步落头，过旺的结合夏剪，环割、环剥，增加花果量，以果压冠，削弱上部长势再逐步落头，如图 6.190，稳步进行，落在有花芽的平行主枝上。全树每年去大主枝 1 ~ 2 个。观察图 6.191，虽已落头，主枝减少到 12 个，下部光照条件明显不能满足果树对丰产优质的要求了，可进一步“开窗”“提干”加强树体光照条件。

图 6.190　逐步落头

图 6.191　即使落头，过厚的叶幕厚度不能满足下部光照强度

（2）郁闭园的处理：进入盛果期后中间砧或短枝型品种，主枝上枝组交替结果，有计划的更新，可继续按纺锤形整形修剪。

很多采用自由纺锤形整形的果园由于使用乔砧嫁接普通型品种的组合，普通品种成枝力较强，加之骨干枝加粗生长，树体难以控制，如图 6.192，可采用计划密植的方式间伐。图 6.193 中箭头所指，在间伐前很多果农心里没有计划，修剪不当：加密树主枝结果迟，冠径大，造成永久树的延伸困难，对树高控制也不严。对 10 年以上的乔砧永久树，应有计划地改造，逐步向延迟开心或中干开心形过渡，见图 6.195。

图 6.192　郁闭园逐步间伐加密树

图 6.193　间伐前区别对待过密树

6. 乔砧自由纺锤形在整个整形过程中常经历的几个阶段

（1）第一阶段：初果树到盛果树时期，主枝在中心干上螺旋排列，类似主干形。主枝上枝组交替结果，有计划地更新，如图 6.194。

图 6.194　5～10 年树主干形，十几个小主枝在强中心干上螺旋排列上升

（2）第二阶段：10～15 年，中心干大多已落头，显著特点是前面“主干形”中的主枝逐渐延长，枝轴变得粗大，树体落头，上部阻碍光照的过密主枝被逐步疏除（开窗），主枝数量减少，上下不重叠，成为变侧主干形。过程见图 6.195。

图 6.195　变侧主干形，6～8 个大主枝螺旋状着生在中心干四周，主枝较粗大

（3）第三阶段：15 年左右密植园经过逐步过渡改造，随着时间的推移，永久树上主枝和侧枝的不断延长，临时树逐步被压缩，每年逐步减少一两个主枝，直至间伐。永久树主要修剪在 2 米以上，进一步落头，降低树高至强主枝部位；在中上部开窗（疏去弱主枝），在修剪时避免

走极重路线，不能一年剪掉五六个大枝，主枝延长枝不能短切，以后根据主干高度及果园通风透光性可在下部疏去光腿弱主枝（俗称去裙枝），主干逐步抬高，逐步过渡到延迟开心形或十字形，如图 6.196。

图 6.196　自由纺锤形郁闭树“落头、开窗、去裙枝”

（4）第四阶段：在上一阶段基础上再经过大约 5 年，由于成形后主枝较多，如果中部主枝较弱，逐年疏除，如中部主枝较壮，可继续逐年落头在壮主枝上，高度在 2～2.5 米，上部主枝延伸方向与下部主枝不能重叠。中下部光照条件下降，基部郁闭，下部主枝逐渐衰弱，也可逐步疏除，抬高主干。如图 6.197，在变侧主干形的基础上继续落头，疏除中上部弱主枝，疏除下部弱主枝提干后的树形。如果基部主枝强壮不光腿、主干较高也可直接开心。

图 6.197　延迟开心形或十字形，甚至中干开心形

（5）第五阶段：30 年左右，视树体间的关系及树势，根据随树造形的原则决定树体大小，骨干枝剪留主枝或亚主枝（主枝回缩在大侧枝上，主枝成为没有枝头的枝，原来的侧枝称为亚主枝）。主枝或亚主枝上枝组的修剪，见图 6.198。

图 6.198　中干开心形

主枝或亚主枝上枝组的修剪，枝组以单轴延伸枝组为主，留在主枝（亚主枝）两侧或背斜侧，尽量压平下垂，结果后下垂，一般不留背下垂枝利用新梢和背上枝更新，背上枝及时扭梢、夏秋长枝拉、坠（吊）压枝，如图 6.199。图 6.200 为结果状。

图 6.199　亚主枝（主枝）上的分枝及枝组

图 6.200　亚主枝（主枝）上枝组结果状

四、矮化密植栽培树的整形修剪

（一）矮化砧与矮化栽培的关系

提到“矮化栽培”，我们首先想到的是“矮化砧”。但是，利用矮化砧只是实现矮化栽培的重要措施之一，并不是只要应用了矮化砧，就一定能实现矮化栽培，达到矮化栽培的目的。

矮化栽培是一个系统工程，需要砧木、接穗的协调组合、矮化栽培技术、肥水管理、土壤条件等多种因素的共同参与，才能达到目的。不能过多强调矮化砧的作用，而忽视了栽培技术的配套研究。很多苹果栽培的专家认为，搞好苹果矮砧密植栽培应有 3 个方面的条件：首先是选用适合当地生态条件的优良矮化砧木及其优良的砧穗组合，其次是有适合矮砧栽培的生态条件，再次还要有相应的栽培技术。

现在有相当多的果园进行矮化栽培，其中只有少部分果园采用了矮化砧加短枝型品种的双矮栽培技术，部分采用了中间砧或短枝型品种其中之一的矮化手段。很多果园对采用山定子等乔砧做砧木嫁接普通品种的果树采用矮化栽培技术进行矮化栽培，8 ~ 9 年很快封行，树体不易控制，加之管理水平低，其他措施不配套，进入结果期晚，达不到矮化栽培的目的。而矮化栽培技术进行矮化栽培的主要措施就是从修剪和使用生长调节剂调节树体结果量，控制成枝率、促进萌芽率入手，以果压冠，一旦不使用药剂矮化效果也随之消失。最好的矮密栽培技术还是采用矮化砧和短枝型品种。

（二）苹果矮砧密植的优点

1. 树体矮小，适于密植，提高土地利用率

矮化砧可以控制树体的生长，使树体矮小且生长缓慢。在不采用人工致矮措施的情况下，苹

果矮砧种植比普通砧木的树体小 50%～70%。可以合理有效地利用土地。矮化砧相对乔化砧可节约 40%的土地，并且树体的行距较大，便于实现机械化作业，更便于管理，同时利于品种更新。

2. 结果早，投产快，产量高

图 6.201 所示为中心干上 1～2 年生枝结果状，在乔砧普通品种树上是很难实现的。

图 6.201　三年生双矮栽培结果状

矮密栽培幼树期叶面积系数增加很快，使用矮化砧木可促进果树尽快由营养生长转化为生殖生长，使苹果树提早开花结果，单位面积产量增加快，提高经济效益。进入全面结果时，单位面积产量一般比乔砧树增加 30%～50%。

3. 果实品质好

苹果矮化砧密植，在同样栽培管理条件下，因其树冠小，光照充足，因此比乔化砧苹果着色好，糖分高。

4. 管理方便，成本低

矮化砧木嫁接苹果树冠高 2～3 米，容易修剪，便于管理。在西欧和美国，由于苹果建园基本应用了矮化砧木，加之机械化的大规模应用，苹果园每年用工时间多为 400～550 个工时/公顷，在我国，由于苹果矮砧密植没有普及，苹果园基本上为乔化砧木，修剪、病虫害防治、套袋、疏花疏果、采摘、土肥水管理等工作量大，不便操作，也不便于机械化操作，管理果园每年工作量极大，一般果园用工时间高达 3200 个工时/公顷。

（三）矮密栽培未大规模推广的原因

1. 苗木繁育难度大

矮化苗木繁育时间长，技术要求高。繁育苗木时，有 3 年出圃的矮化中间砧苗，还有 2 年出圃的自根砧苗，以及砧木的长度、苗木的大小、出圃的时间不一致等，直接影响到了矮化效果，还增加了投资成本，从而直接影响了矮化砧木的推广应用。以后随育苗技术的提升，自产苗木会逐渐增多。

2. 建园投资较大

根据砧木和品种特性还要设立支柱、拉铁丝铺设地布或地膜等；矮化果园对土肥水管理水平要求较高，这些都需要较大的投资，如果搭配水肥一体化系统投资更大，增加了建园的难度（图 6.202）。

图 6.202　矮密栽培投入大

3. 技术要求较高

矮密栽培要求技术含量较高，实际应用起来有难度，直接影响了苹果矮密栽培的快速发展。其次，果农在施肥、修剪、疏果定果等各种管理上很难有统一的技术标准，只能采取“一园一策，一树一策”，造成果园管理上的效率低下，果园产量长期低而不稳，果品质量下降，增加了生产成本，降低了果园生产效率，在优质优价的市场竞争中不易获得优势。一个产区矮砧的推广运用必须先做大量基础工作，不同矮砧、半矮化砧、矮化中间砧在一个地区须经过栽培前试验观察、比较、总结，在掌握大量基础数据的基础上才能大面积推广。

（四）几种纺锤形的区别

很多苹果产区矮砧密植栽培整形修剪常采用两种树形：高纺锤形常用于矮化砧加短枝型品种的双矮栽培；细长纺锤形常用于矮化砧加普通型品种、半矮化砧加短枝型品种或中间砧加短枝型品种的组合、部分乔砧加短枝品种的组合。与自由纺锤形相比，细长纺锤形树冠较小，整形方式与整形过程相似，树体骨干枝少，分枝级次少，其主枝小型化、数量多、角度大、主枝上没有大中型枝组、干主比更大一些，整形关键是中心干与主枝最好不同龄，两者粗度比即干主比在 3∶1 以上。高纺锤形小主枝较细长纺锤形更多，25 ~ 30 个，主枝更小、角度更大，延伸幅度小，干主比逐步达到 5∶1 以上。未采用自根砧的果园，主枝基本都是永久性的，无需立支柱绑缚中心干；而采取双矮栽培的高纺锤形树体的主枝都是临时性的，需立柱绑缚中心干，随枝龄增大被疏除或被其他位置的新枝或萌蘖更新代替。图 6.203 所示为 3 种纺锤形。

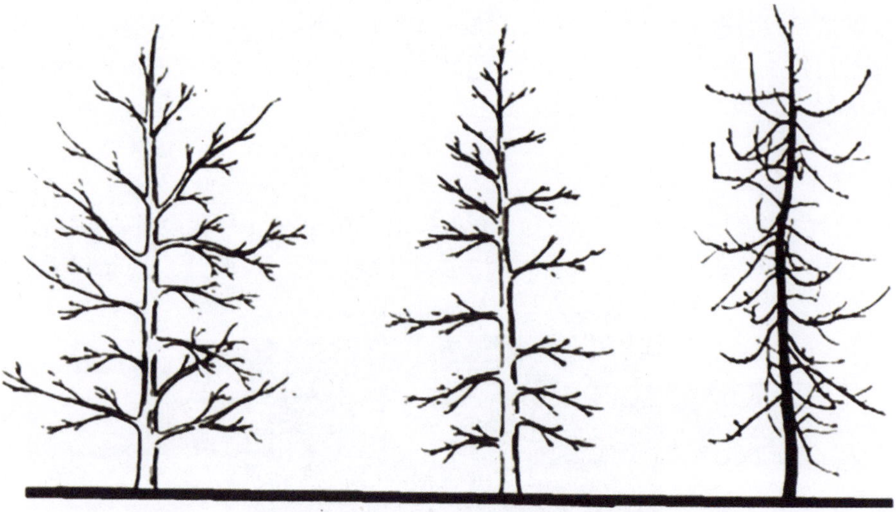

（a）自由纺锤形　　（b）细长纺锤形　　（c）高纺锤形

图 6.203　几种纺锤形的区别

（五）细长纺锤形树的整形特点及整形过程

采用细长纺锤形整形的果园，栽植密度多为（1.5 ~ 2.5）米 ×（3 ~ 4）米，干高 70 厘米左右，树高 2.5 ~ 3.5 米，冠径 1.5 ~ 2.5 米。中心干上均匀分布的 15 ~ 20 个小主枝均呈水平状单轴延伸。

图 6.204 是乔砧加短枝型新红星的组合，细长纺锤形整形初果树群体结构。

图 6.204　细长纺锤形结果状

1. 细长纺锤形整形的树形特点

细长纺锤形属于小冠树形，行距 3 ~ 4 米，株距 2 米左右。全树有 1 个中心干，干高 70 厘米左右，树高 2.5 ~ 3.5 米，冠径 2 米左右。中心干直立健壮，其上分布 15 ~ 20 个小主枝，干主比为 3：1 左右，上部主枝下垂至 100～110 度，在树冠上部长 50～60 厘米，中部增大到 70～80 厘米，下部长 100 厘米左右，上下、内外光照充足，整个树冠外形呈上小下大的塔状。

图 6.205、图 6.206 中为矮砧加普通品种组合的单矮栽培，树冠较双矮组合大，采用细长纺锤形整形，树冠上小下大呈塔状。

图 6.205　细长纺锤形树形

图 6.206　细长纺锤形结果状

2. 第一年的修剪

（1）生长季节的整形修剪：主要措施为定植当年的措施，包括定干、刻芽、抹芽、拉枝。

①定干、刻芽：高度 1 米甚至更矮的弱苗要选中上部饱满芽短切，使中心干粗壮，利于增大干主比，春季萌芽前刻芽。1.2 米以上壮苗，春季定植后检查成活，并于发芽前 1 米以上处定干，选饱满芽轻切，保证主干相对于分枝的粗度和顶端优势。从地面以上 60 厘米左右开始，每隔 10 厘米左右刻 1 个芽，刻芽的方向应均匀分布于主干上，间距不大不小，上下错落着生。对外购有侧生枝的幼苗应将中心干上 50 厘米以下的分枝疏除，50 厘米以上的同龄枝，干主比小于 2：1 的极重短切（平斜剪），剪口芽为背下芽。

② 春季抹芽：全树发芽后抹除中心干剪口下第 2 芽、第 3 芽，如萌枝较多且第 4 芽萌枝较强，也可抹除，保证中心干的优势，并及时抹掉距地面 50 厘米以下的萌芽。

③ 疏除竞争枝：未抹除 2、3 芽的，夏季及时疏除中心干延长枝上的竞争枝，保证其强壮和生长优势，使其直立健壮生长。

④ 弱干换头：如剪口芽新梢生长过弱，可疏除弱梢，让下部强枝代替原头。

⑤ 拿枝软化，牙签开角。如图 6.207，4 月底至 5 月上中旬当枝条长 20～30 厘米时，枝条基部拿枝软化，拿软后可用牙签开角，保持枝条水平或略下垂生长。

图 6.207　牙签开角

⑥拉枝：夏秋将分枝长 50 厘米以上的枝条拉至 90 ~ 110 度。强枝拉枝角度大些，弱枝拉枝角度小些。冬季修剪时，疏除过密枝，中心干延长枝留中上部饱满芽短切。矮化砧的树苗必须设立支柱、拉铁丝等或立竹竿绑缚中心干，确保中心干健壮生长直立向上。

图 6.208 所示为未刻芽而萌发的新梢，要根据其干主比及与其他主枝的间距和全树的枝量考虑去留，如果距方位好的新梢过近，春季应及时抹芽或疏梢，如枝量少，拿枝后牙签开角，秋剪拿枝压下垂，冬剪时缓放或平剪。

（2）休眠期修剪：一般冬剪时中心干上有分枝 4 ~ 6 枝，有足够叶面积供应树体生长。

冬剪的重点在中心干上，中心干延长枝生长较弱的树，留饱满芽短切中心干延长枝，剪去 1/3 ~ 1/2，其生长过强时可轻切在秋梢中下部，在春梢中下部至中上部每隔 10 厘米左右刻 1 个芽。

带分枝栽植的幼苗上，小主枝上只保留中短枝，过大过长的分枝一律疏除或平剪，避免其成为大侧枝，主枝延长枝不短切。冬剪时对任何干主比小于 1∶2 的粗枝应留橛（桩）平剪剪去，树势较弱的干主比 3∶2 以上的才平剪剪除。其余缓放。整个修剪以疏剪和缓放为主。

观察图 6.209，中心干上侧生分枝平剪和拉枝对干主比的影响。左侧枝，干主比不足极重短切（多年生枝叫留橛或留桩平剪）后的发枝状况，左侧枝明显细弱一些，更容易成花结果，同时增大了干主比，约 3∶1，右侧枝由于树体右侧枝量少而保留，并于夏季开角，干主比小，估计 3∶2 左右，不符合整形要求，枝量多了以后可能会疏除或重新平剪，促发新梢并培养成单轴延枝组。在细长纺锤形和高纺锤形中，培养和更新主枝及枝组时时，为了增大干主比常采用左侧枝的修剪方法。

图 6.208　夏季疏除过密枝

图 6.209　平剪和拉枝的区别（观察并比较两侧分生枝粗细）

3. 第二年的修剪

（1）生长季节春剪：萌芽前中心干上剪口下第四芽开始向下每过 10 厘米左右按不同方位刻 1 个芽。冬季修剪时中心干短切的树通过抹除剪口下第二、三芽来控制竞争枝，促进中心干延长枝的长势。小主枝可在萌芽前根据主枝长度于两侧刻侧芽 3 ~ 5 个，萌芽较多时背上枝一般都抹除。中心干上分枝长 20 ~ 30 厘米时牙签开角，5—7 月把分枝长 50 厘米的枝拉至 100 ~ 110 度，长势旺、枝量大的小主枝角度可拉大些，分枝之间距离小于 10 厘米的要根据枝量决定是否疏去。背上枝在枝量足够时见到背上芽就抹去。图 6.210 中中心干延长枝下的竞争枝未及时处理，补救方法是及时疏梢 1 ~ 2 枝。中心干上除竞争枝外的分枝应及时拿枝、开角或扭梢。图 6.210 中心干未刻芽，产生较长光秃部位，第二年春补刻。如图 6.211，通过两年整形修剪后中心干应健壮直立，干主比为（2 ~ 3）：1，分枝 10 枝左右，分枝角度 100 ~ 110 度，以后可将干主比逐步调整为（3 ~ 4）：1。

（2）冬剪与第一年相似，两年后冬剪主要调整枝的疏密程度，以疏剪缓放为主，干主比可逐年调整。

图 6.210　竞争枝处理不及时

图 6.211　第二年生长季节拉枝完毕

4. 第三年的修剪

（1）生长季节修剪：春季萌芽前对中心干和主枝上光秃带进行刻芽，促进中、短枝发生。中心干上竞争枝视密度和长势决定抹芽数量。主枝上枝量足时背上枝一般抹除。

如图 6.212，竞争枝应处理（蓝色箭头），夏剪仍要控制剪口以下的新枝，最好在半木质时拿软牙签撑开基角，一般向行间生长的新枝长到 60 ~ 80 厘米，株间 60 厘米时将角度拉到 120 度。图中刻芽后发枝充足，部分枝条拉枝角度不足。

对上一年选留的主枝，根据长势每枝刻芽 4 ~ 10 个，所刻的芽应选侧芽或斜下芽，不要刻上芽。在生长季节内，应注意控制新梢的长势，并进行拉枝或拿枝，以缓和营养生长。

夏季疏枝、拉枝、环割等。进入 3 年后要促进主枝成花结果，5 月中旬开始环割，对上一年的粗枝（图中红箭头），在分枝基部采取环割措施，促进成花。环割时间为下部大枝上的当年新梢长到 15 厘米左右时。第 1 次环割后，隔 10 ~ 15 天，对叶色不变淡、新梢不停长的进行第 2 次环割。一般像这样的枝条，环割一两次，成花率可达 90%以上。

（2）冬剪：疏除过密枝，干主比小于 3：2 的枝，以后随中心干逐年增粗，中心干上分枝及小主枝开始结果，逐步调整中心干上分枝的粗度，使干主比达到 3：1 以上，主枝之间间距 15 ~ 20 厘米，同方向主枝之间上下间隔至少 50 厘米，尽量不要对生，轮生。延长头不短切，单轴延伸。中庸枝、弱枝缓放。

中心干强刻弱切，如果竞争枝未抹芽和疏梢的，此时疏除。

春季凡是超过 50 厘米的主枝两侧各刻芽 3 ~ 5 个，如图 6.213。

图 6.212　第三年生长季节修剪

图 6.213　第三年冬剪时中心干上分枝的处理

5. 3 年后生长季节修剪

以刻芽、抹芽，开角，环割为主，配合拿枝、扭梢。

中心干强刻弱切，光秃部位萌芽前刻芽促枝。延长枝上较强竞争枝仍要及时抹芽，其余分枝及时开角；

小主枝及时拉枝打开角度，已开角的主枝上的竞争枝、背上枝生长季节及时处理，视枝量抹除或扭梢，或拿枝后压平，尽快培养成单轴延伸枝组，粗度较大的待连续结果 2 ~ 3 年后平剪或疏除。花芽较少的小主枝视长势基部可环割、环剥促花。

冬剪时中心干上的强分枝多数情况下疏除，枝位较小的强分枝平剪，主枝上的背上强枝基本疏除，其余已打开角度的缓放。

如图 6.214，中心干上部强分枝应及时打开角度，中下部主枝较粗的，一定要采取环割等促花措施，主枝上培养单轴延伸的中小型结果枝组。

图 6.214　生长季节修剪

6. 5 年后的整形修剪

（1）夏剪、冬剪基本剪法同前几年。如中心干已达 3.0 米以上，可缓放不剪，为了防止中心干过于细长最好轻切，分散养分，控制其生长势，将树高控制在 4 米以下，成形后调整树高从 3.5 米左右逐步落头调整到 3 米左右。逐步疏除干高 0.8 米以下分枝，增强通风透光性，冬剪时疏除中心干及主枝上过密枝、背上枝、直立强旺枝。中心干和主枝光秃部位刻芽促枝。株间主枝过长的视枝位回缩或平剪剪除。

生长季节注意促花技术的应用（拉枝、扭梢、环割、施用果树调控剂 PBO 等），同时应严格控制徒长枝、过密枝、竞争枝，及早抹除或疏梢，以改善树冠光照条件，有利于成花结果。图 6.215 为上部和中部主枝结果状。定干后第五年，已基本成形，树高逐步落头在 3.0 ~ 3.5 米内以后，树冠最大冠径 2.4 米左右，下部主枝开角至 90 度左右，上部 100 ~ 110 度，树冠上部的主枝长 50 ~ 60 厘米，中部增大到 70 ~ 80 厘米，下部长 100 厘米左右，如松塔状。

图 6.215　中上部结果状

（2）成形后要保持足够的行间距，树冠透光才好，地面投影面积在 30%～40%。但随树龄、枝龄增加，树冠各部侧生枝、新梢会逐渐增加，树冠越来越密，有时全园也会郁闭。在这种情况下，要对枝量、枝的长度等进行调控。当侧生分枝基部粗度大于 3 厘米、长度超过 1.5 米时，就要提前在其中、后部或基部培养预备枝更新，并酌情对粗大的主枝进行疏、缩，使全树小主枝总量保持在 15 个左右，特别要对近地面的下位枝进行疏除提高主干以解决通风透光问题。

图 6.216 为五年生树，乔砧加短枝型组合，细长纺锤形整形。从图中观察到主干略显低，单轴延伸的主枝在大量结果后下垂接近地面，主枝上枝组延伸幅度较长，应注意及时更新。

（3）主枝的修剪特点（图 6.217）：细长纺锤形在整形修剪时为了提高干主比，干主比过小的留橛平剪，主枝先端不短切，通过刻芽、开角促生中短枝，主枝单轴延伸，主枝开张角度较大，水平至下垂，当侧生枝过低，过长（>1.5 米）、过粗（基部直径>2.5 厘米）时，要用缩剪、疏剪控制，使干枝粗度比在（3～4）：1，主枝与主枝上分枝比（5～7）：1，结果几年后培养主枝上萌生的新梢更新；中心干上萌生的新梢不要草率疏除，应根据位置决定是否培养成新主枝代替老主枝用于主枝的更新，没有利用价值的才疏除。

细长纺锤形的主枝与自由纺锤形相似，大多数是长期性的，与高纺锤形不同，高纺锤形主枝小，为临时性的，结果几年后要剪除并更新，培养新主枝轮换结果。

图 6.216　五年生细长纺锤形树形

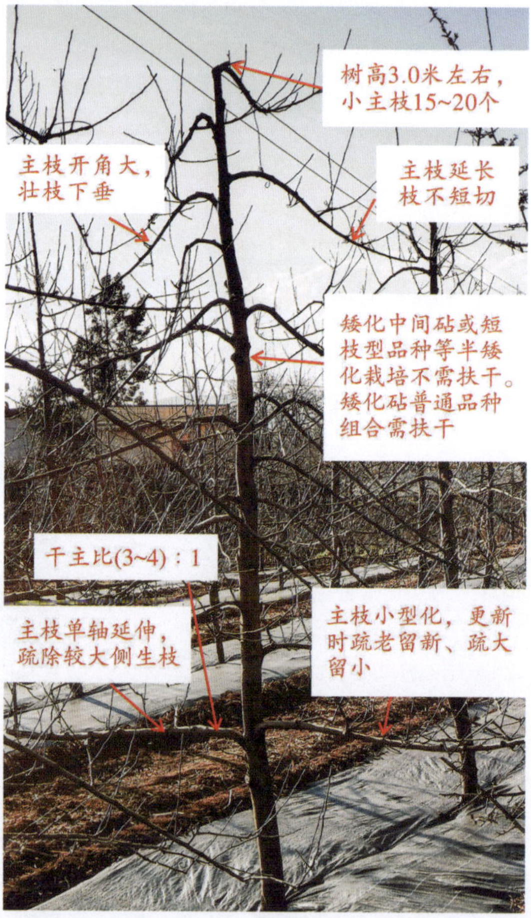

图 6.217　细长纺锤形主枝修剪特点

7. 细长纺锤形整形过程中应注意的问题

（1）乔砧加短枝型品种组合的矮化效应不明显，尤其是乔砧树体成枝性强，如果短枝品种的短枝性状不明显会使树体变得高大，成花推迟，树冠不易控制，应早做计划密植的打算。

（2）主干太低，部分枝轴太长，枝头结果后下垂触地：有些主干过低，甚至不足 40 厘米。树冠最下层单轴延伸主枝挂果后容易出现拖地现象，通风透光差，果实着色不良，且树下管理困难。对于这类树，在整形修剪时，若整体树冠小，小主枝少，可对下层小主枝进行支撑，抬高位置，并疏掉下垂枝，对枝轴过长主枝适当回缩，并抬高角度；但如果主枝多，可直接疏去下层多个小主枝，抬高主干。

（3）主辅不分，主枝太多：在整形过程中留枝过多，达到 30 多个，造成中心干上主辅不分，枝条过密，遮光严重，小主枝难以伸长。对这类树的整形修剪，应坚持“树密枝稀”的原则逐年间疏，使主枝由密变稀，分清主辅，使相邻小主枝间距达 15 ~ 20 厘米，同侧小主枝间距达 50 厘米左右，每株树保留小骨干枝 15 ~ 20 个。

（4）刻芽较少，光腿枝太多：有些小主枝，由于春季刻芽没跟上或刻得太少，分枝少，形成了光腿现象。有些短枝型品种的小主枝，因连年缓放形成了“串花枝”。对这类树应在春季萌芽前，将光腿主枝的侧芽隔三岔五刻伤，促发分枝，增加枝量。对“串花枝”应破花修剪，减轻负荷，以防主枝早衰。

（5）短切太多，侧枝太大：在整形过程中对小主枝的延长枝，采取了连年短切促枝的老方法，且没有及时疏除同龄侧枝，造成小主枝长势过强、侧枝过大、对生侧枝多，以至于难成花，结果晚。这类树在整形修剪中，应对侧枝以疏为主，做到疏大留小、疏强留弱、疏直留平、疏密留稀，对小主枝的延长枝缓放。

（6）主枝基角太小，主枝生长势强，尤其矮砧加普通品种组合或乔砧加短枝型品种组合，采用矮密栽培技术的，即使开角，主枝粗度增大、延伸幅度大，树体不易控制：在前两年的整形过程中，因不注意主枝拉枝开角，造成主枝极性较强，向上抱头生长，通透性差。对于生长势过强的主枝可采用背后换头的剪法，去大留小，对角度较小的主枝开张角度，以撑、拉为主，根据长势使其基角达到 90 度左右，使小主枝平展伸长。没有采用双矮组合的，后期树体不易控制时，可以考虑按计划密植方向发展。

图 6.218 为乔砧加短枝型品种组合，后期树体不易控制，临时树和永久树已经开始区别管理。

（7）基部主枝太大，中心干太弱：有些树体下层留的主枝太多，且基角小，造成下层主枝长势强，分枝多，树体下部太强大。甚至对生、轮生，对中心干形成“卡脖”，使中心干细弱。因此，对生枝应疏一留一，对下层枝疏缩结合，缩小下层主枝冠幅。

（8）树体太高，遮光严重：在整形过程中，高度达到 3.5 ~ 4 米，甚至超过了行距，树体相互遮光。这类树必须及时落头，顶部长势弱时，落头可一步到位，顶部长势强时，可逐年落头，最终使树体高度落到 3 米左右。

（9）刻剥（割）太多，树势早衰：有些果农为了早成花，早结果，早见效益，对中心干及小主枝连年刻剥较重，虽然达到了早果丰产的目的，但严重削弱了树势，造成早衰，形成了“小老树”。对于这类树，应适当回缩，去弱留强，去下留上，去平留直。对主枝重回缩，促发新枝做主枝，对下垂枝抬高角度，增强极性。加强肥水管理，严格疏花疏果，合理负载，以便早日恢复产量和树势。

图 6.218　乔砧树后期不易控制主枝及冠幅

8. 细长纺锤形后期的整形修剪

（1）细长纺锤形整形完成后，中间砧加普通品种的组合或实生砧嫁接短枝型品种，按半矮化栽培、细长纺锤形整形的果园，尤其是部分实生砧加普通品种的组合方式，随树龄的增大，中心干粗度增加，到后期主枝粗度、长度不易控制，可参照自由纺锤形改型整形修剪。可根据实际情况有计划地间伐过密树，永久树可通过落头、开窗、提干，降低树冠高度，提高主干高度，减少主枝数目，增强主枝的光照条件，逐步过渡到低干延迟开心形，再逐步过渡到中干开心形或高干开心形。在开心的过程中，可在中心干上利用萌枝培养新中心干延长枝，逐步培养更新后的新中心干、新主枝。主枝开张角度大，主干就要提高，要注意协调主干高度和主枝开张角度的关系。

图 6.219（a）为整形过程。图（b）为 10 年以下树下部主枝结果状，主枝虽开角大，但延伸幅度小，对主干高度要求低，10 ~ 15 后年随主枝增粗加快、延伸幅度增大，应适当抬高主干，将主干高度提高到 1.2 米左右，上部可通过落头开窗，减少主枝数目，改善树体光照条件，主枝上的分枝可根据冠径大小决定是否选留培养大型侧生分枝。图（c）为结果枝组，侧生或下垂，利用背上或背斜生新梢培养幼龄枝组更新，然后在主枝两侧采取拿枝、拉、坠、吊等方法压枝至水平或下垂，单轴延伸。

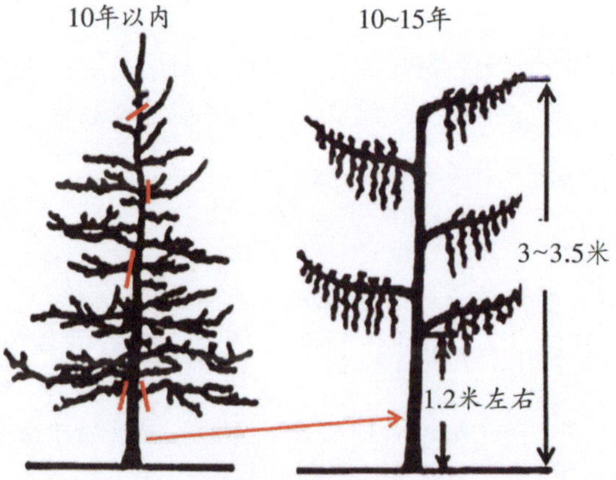

（a）成形后树形的调整

（b）成形后下部主枝结果状

（c）结果枝组培养成后对干高提出新的要求

图 6.219　后期树形的调整

（2）15 年后细长纺锤形后期的整形：在低干延迟开心后，中部主枝开张角度随主枝延伸而增大，此期常疏除下层光照条件差、结果外移的衰老主枝，主干就提高了，成为中干开心。图 6.220（a）为整形过程。在中干开心的过程中，还可根据群体结构中通透性的需要决定是否在中心干上利用萌枝[图（b）中红箭头指示]培养新中心干延长枝和培养新主枝，用于树体更新，图（c）为提高主干后结果状。要注意协调好主干高度、树高、冠幅、主枝开张角度的关系，一般单轴延伸枝组的枝轴长，主干应提高，主枝开张角度也可适当减小。枝组的修剪以夏剪刻芽、拿枝、压枝为主，冬剪以疏为主，适当缩剪，少有短切，单轴延伸。

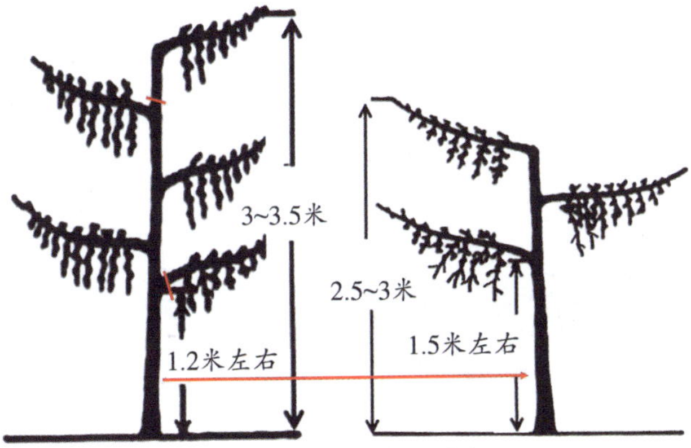

（a）低干延迟开心逐步过渡到中干开心

（b）萌枝

（c）中干开心结果状

图 6.220　要注意调整主干高度与冠幅、树高的关系

（3）20 年后细长纺锤形后期的整形：当下部主枝衰老时，仍然可以利用中心干上萌枝培养新中心干，同样可选留新主枝更新树冠，观察图 6.221（a）。下部光照条件差、衰老、结果逐步外移的主枝可适当疏除，也要调整主干高度和主枝数目、开张角度及树体高度的关系，同时培养和利用新主枝上的枝组结果。主枝上的枝组培养和修剪可尽量利用侧生单轴延伸枝组，用于更新的背上和背斜生枝组要压向两侧，结果后下垂，或下垂结果，结果后回缩更新或用主枝上背上萌枝进行更新。

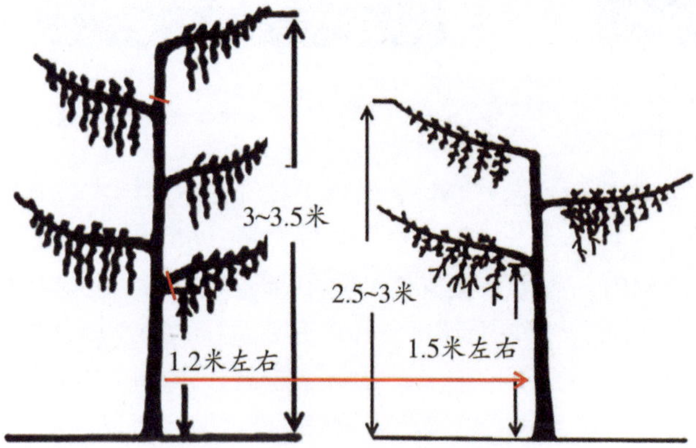

（a）中干开心逐步整形成为高干开心

（b）高干开心形结果状

（c）高干树形上主枝上侧生或下垂的单轴延伸枝组结果状

图 6.221　20 年后细长纺锤形后期的整形

（六）高纺锤形的整形过程

1. 高纺锤形树形特点

高纺锤形多用于矮化砧加短枝型品种双矮组合的矮化密植果园整形，栽培密度多为株距 1.0 ~ 1.5 米，行距 2 ~ 4 米，通常为（1.2 ~ 1.5）米 × 3 米。

与细长纺锤形相比，冠径更小，树高略高些；主枝数目更多，更小，枝轴更短，开张角度更大，干主比更大，主枝为临时性的，连续结果几年后被预备小主枝代替而更新。老龄主枝疏除时多平斜剪，促生新梢作为预备主枝培养。

呈主干形或者圆柱状，成形后树冠冠径小而细高，以强健的中心干为“树轴”，上面培养均匀分布、枝势相近的小主枝；以小主枝为“轴”，在两侧培养错生分布、枝势相近的小枝组，不留大中型结果枝组；主枝上的枝组保持单轴延伸，结果后下垂。整形修剪后要达到的目标是树高 3 ~ 3.5 米，干高 0.8 ~ 1 米，成形后中心干与同部位主枝粗度比（5 ~ 7）：1，主枝基部直径不超过 2.5 厘米，主干上配备小主枝 25 ~ 30 个，同时配备 10 个左右预备小主枝，如图 6.222。主枝水平长度不超过 1.2 米，角度 110 度左右，冠幅小，无大主枝。

图 6.222　高纺锤形

2. 高纺锤形 1 ~ 3 年整形修剪

（1）第一年：

① 定干：高纺锤形干高多在 80 厘米左右，栽植后定干时，如苗木较弱的于萌芽前在饱满芽处定干，并用竹竿绑缚中心干，扶直果苗使其顺直生长，也可将中心干绑缚在横拉的铁丝上。壮苗定植后从 80 厘米向上刻芽，每隔 3 芽左右选方向好的芽刻芽。带分枝的大苗定植后的定干多在 1.2 ~ 1.5 米处。为保证中心干的优势，多为短切定干。

② 生长季节：生长季节当顶部萌芽长至 3 ~ 5 厘米时，选留较旺芽做延长枝，并抹除其下 2 ~ 3 个竞争芽。当年新梢生长的长度在 30 厘米以上时，牙签开角或拉至 90 ~ 110 度，保证中心干延长枝的生长。全年生长期对基砧和矮化砧萌蘖及时抹除。

（2）栽植后第一年：

① 冬剪：如图 6.223，中心干冬剪时根据长势留 70 厘米左右短切，剪口下第 5 芽开始刻芽，向下每隔 3 个芽刻 1 芽促发分枝。长势强可延缓到春季萌芽前进行。

主干上分枝的干（主）枝比多为 3：2 ~ 2：1，为保持中心干的优势地位，除主干上的个别细小分枝外，同龄分枝基本都平斜剪疏除（参照图 6.224），剪留于新梢基部瘪芽处，使次年所发分枝的枝龄小于中心干且干（主）枝比增大，以后还可根据整形要求增大干（主）枝比。由于高纺锤形主枝都是临时性的，如树体长势强，为提早结果也可只平剪除干主比 3：2 左右的，保留 2：1 左右的，连续结果 2 ~ 3 年后再平剪去除老龄主枝，利用萌枝或附近低龄枝继续培养新主枝。

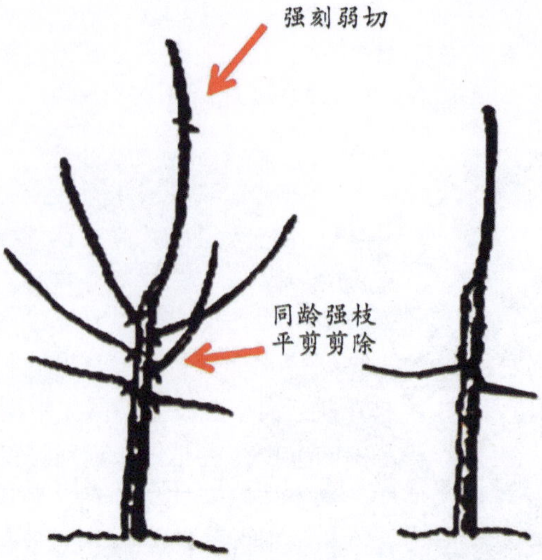

（a）栽植后第一年的修剪　　　　（b）修剪后

图 6.223　定干次年的冬剪

② 生长季节：春季抹除中心干延长枝下二、三竞争芽萌枝，第四芽根据长势决定去留，由于此时中心干粗度增大，中心干上分枝在春末开角拉至 110 ~ 120 度（开头 1 ~ 2 年分枝长势强，开角可适当增大），较直立的拿软后开角，小主枝培养成单轴延伸枝组。中心干上分枝的修剪目的是增大干枝比，保持中心干的绝对优势的同时培养弱势主枝尽快结果。图 6.224 所示为冬剪方法，栽植后第一年冬剪中心干上粗大分枝的剪法，留桩（橛）不能太长，多为 1 ~ 1.5 厘米。图 6.225 为夏季发枝状，注意观察干枝（主）比，剪口涂了伤口保护剂。

图 6.224　干主比小的平剪剪除分枝

图 6.225　修剪反应

（3）栽植后 2、3 年的修剪。

栽植后第 2 年中心干延长枝萌芽前刻芽，春季萌芽后抹除剪口下竞争枝，中心干上发生的新梢 30 厘米左右时拿枝、撑枝、拉枝开角，一般开角大于 100 度，并注意不要旺头。控制分枝的同时促进了中心干的长势。

如图 6.226，冬剪与前一年相似，中心干留中上部饱满芽短切，中心干上的分枝中疏除过密枝，个别强旺、粗壮枝基部马蹄状平、斜剪，中庸枝缓放，增大干枝比。

第 3 年延长枝可根据长势决定是否短切，长势强一般刻芽而不短切即强刻弱切。春季分枝一般全部保留。生长季节中心干上要严格控制侧生分枝长势，侧生枝长度达到 30 ~ 45 厘米时，按角度 100 ~ 110 度进行拿枝、拉枝，确保中心干健壮生长。

主枝之间间距为 10 ~ 15 厘米。主枝单轴延伸，主枝上不留大中型枝组，两侧可刻芽促分枝，背上枝根据枝量多少抹除或扭梢，花芽少的主枝在春梢停长期对基部环割或环剥。

冬剪时中心干上一般只疏除竞争枝、过密枝，有枝位的直立强旺枝平斜剪剪除。

主枝上分枝的剪法与中心干上分枝的修剪相似，粗度比不能大于 2：1，主枝上直接着生结果枝或单轴延伸小枝组，结果 1 ~ 2 年以后随枝组增粗，应逐步平斜剪剪除，促发萌蘖更新，使粗度比逐步达到（5 ~ 7）：1，粗度比太小的强旺枝直接平剪剪除。

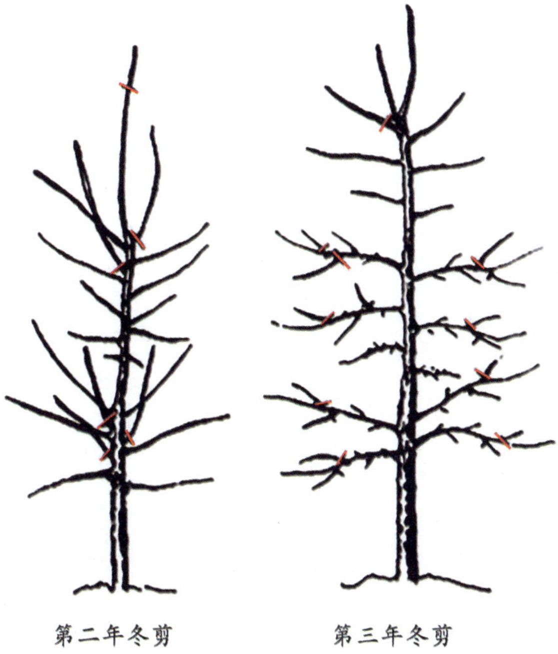

图 6.226　定干后两、三年冬剪

3. 高纺锤形 4 ~ 5 年的修剪

（1）第四年整形修剪方法与第三年相似，四年树的树高达到 3 米以上，分枝 25 ~ 30 个，整形初步完成，双矮高纺锤形果树大多 3 年进入初果期，如果树势较弱，春季疏花，推迟一年结果。大苗定植的产量稳步提升，开始进入盛果期。

冬剪以疏为主，修剪量小，中心干弱低于 50 厘米才短切，其余枝多缓放，如图 6.227。

图 6.227　冬剪以疏剪缓放为主

（2）第五年：5 年的树多已完成整形，树体应该进入结果期。完成整形后树高 3.0 ~ 3.5 米，干高 0.8 米左右，中心干与主枝粗度比（5 ~ 7）：1（整形第一年 2：1；整形第二年 3：1；整形第三年 4：1；成形后 5 ~ 7：1），其主枝基部最大粗度不超过 2.5 ~ 3 厘米，达到 3 厘米的必须剪除，主枝过粗应逐年轮换更新；中心干上配备小主枝 25 ~ 30 个，主枝水平长度不超过株距的一半（0.5 ~ 1.0 米），上部、下部的主枝梢短些，中部的主枝梢长些；主枝与中心干的角度 110 度左右，主要由长势来决定，长势强的角度大于 110 度，长势弱的角度略小于 110 度；主枝单轴延伸，主枝上直接着结果枝或小型结果枝组，整个树形呈纺锤形，如图 6.228。成龄后的树冠冠幅小，叶幕厚度合适，枝量充足，每亩小枝量为 7 万 ~ 8 万枝，长中短果枝比例 1：3：6，叶果比（25 ~ 30）：1，枝果比 3：1，才能保证结果能力强，无大主枝，光照充沛、光能利用率高。

图 6.228　双矮果树逐步进入盛果期

4. 高纺锤形的修剪方法及特点

（1）冬剪：高纺锤形修剪主要方法是疏剪和长放，本着疏放结合，适度回缩的原则，综合应用疏枝、长放、开角、少回缩的基本方法。

① 幼树期主要疏除主枝背上直立枝和中心干上强旺竞争枝，盛果期树主要剪除干扰树体结构的过密大枝，在中心干上可着生 25 ~ 30 个的小主枝，主枝单轴延伸，螺旋式上升排列，均匀摆布。

② 逐步疏除多余主枝及辅养枝，及时更新主枝和结果枝组。

③ 保持主枝单轴延伸，结果几年后可适当换头留低龄枝更新或由中心干上的低龄萌枝代

替，疏除过粗主枝时可留橛（桩）平剪促萌枝。

④ 对主枝上下垂小型结果枝组，过弱时可适当回缩轮换，以恢复长势和提高结果能力，利用主枝上低龄枝更新，主枝上的结果枝组 2 ~ 3 年要轮换一次。

⑤ 萌芽前刻芽：中心干上一般从剪口下第 5 芽向下刻芽，每隔 10 厘米刻一个不同方向的芽。主枝光秃的也可刻侧芽促枝，主枝上直接着生结果枝或单轴延伸的小型枝组，主枝与结果枝组粗度比为（5 ~ 7）：1。

⑥ 进入结果期后着生在中心干中部及中下部的低龄枝不能盲目疏除，常常用于更新（代替）主枝。

（2）生长季节：

① 扶干是必要措施；

② 春季抹除中心干延长枝下的竞争芽萌枝，保持中心干的优势；

③ 根据枝量及时抹除主枝背上枝，枝量少的可在新梢旺长后期扭梢。

④ 2 ~ 3 年生主枝花量少的春梢停长期环割环剥；

⑤ 中心干上分枝根据长势开角 100 ~ 120 度；

⑥ 主枝上的分枝可根据长势疏除或压下垂培养成小枝组。

5. 高纺锤形更新修剪中的要点

（1）主枝的更新：由于高纺锤形主枝是临时性的，在主枝上直接培养结果枝或小型结果枝组，主枝要及时更新。如图 6.229，在中心干上配备 10 个左右预备小主枝（红箭头所指新梢），拉枝，培养成低龄单轴延伸枝，结果枝保持开张角度 110 度左右，采用边培养，边轮换的方法进行主枝更新。中心干与主枝保持（5 ~ 7）：1（幼树期前期可适当小一些）的干主比，同时主枝基部直径不要超过 2.5 厘米，冗长粗大的主枝要疏除或留桩剪除（蓝色线所示），逐年更换，每年更新 2 ~ 3 个。主枝长度不能超过株距的一半，过长要及时回缩（红线所示），过粗平剪留橛疏除。一般成龄树高 3 ~ 3.5 米，主枝 25 ~ 30 个。这样的整形修剪方法使中心干优势明显，与主枝之间粗度比加大，主枝不会过于强壮，有利于成花，也不会长得过长，不易出现株间交叉现象。与其他树形相比，行间更开阔，有利于通风透光，果实着色好，能降低病虫害的发生率，便于园间各种管理措施的操作，也便于实现产业规模化。

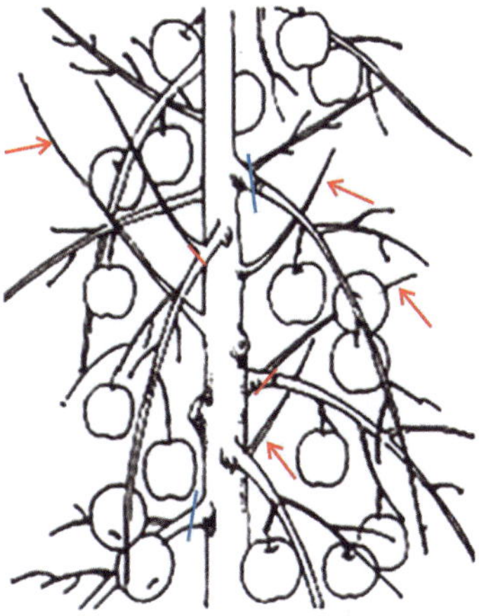

图 6.229　主枝的更新

（2）成形后的更新修剪：达到整形高度的高纺锤形树体及时落头控制高度，一般不进行中心干的更新修剪，树体的更新，主要就是主枝的更新。

如图 6.230，利用中心干上预留的新梢（红箭头）及平剪或留桩剪除粗大的主枝发生的低龄枝作为预备枝培养成新主枝，一边培养主枝一边疏除衰老主枝，所以盛果期树中心干上的萌枝不能轻易疏除；主枝也可利用新枝抬高角度，降低枝龄来复壮（蓝色箭头），如主枝过粗不必回缩，一般平剪疏除。新老主枝轮换结果。一般每年轮换 2 ~ 3 个主枝，每年更新太多影响产量，更新太少主枝粗度增长快，衰老快，部分超过一定粗度后不易更新。

图 6.230　成形后落头，逐年更新主

6. 高纺锤形树整形修剪过程中应注意的一些问题

（1）剪枝时要留短桩。无论是疏除主枝还是小枝组，都要注意剪口下留马蹄形短桩，剪口向上平、斜剪，剪口下有芽鳞痕或瘪芽。留短桩的目的是促进剪口下潜伏芽萌发，形成角度较开张的中庸枝或壮枝，粗度明显小于中心干或主枝。

（2）整形修剪必须与拉枝相结合。第 1 年冬剪时中心干上强分枝基本全部平剪剪除，第 2 年冬季时中心干上强旺分枝也平剪剪除，目的是保证中心干的绝对优势，所以拉枝开张角度必须要与修剪有机结合，才能达到理想的效果。拉枝时不要只拉主枝，也要拉、拿主枝上的枝，使其水平或下垂。缺枝部位的背上枝经过扭梢控旺后也可以适当保留利用，多余的背上枝最好抹芽。

（3）苗木太弱、定干太低。两年速生苗木或者三年生苗木部分相对来说太小太弱，没有分枝，有的在 1.5 米以上，有的都不足 1 米，这样必然会导致定干低。建议购买或培育带有分枝的苹果大苗。

（4）主干粗大、中心干太细，这种现象主要表现在珍惜枝条的果园。主要原因是惜枝、惜果，对大枝不愿去掉，或有果就不愿疏枝，不及时更新造成。解决办法是要对粗度超过 2.5 厘米的主枝或粗度超过 2 厘米、长度超过 35 厘米的小型结果枝组及时更新，留一些细小的主枝和小型结果枝组，且数量不要太多。更新要逐年进行，不要一步到位。更新主枝方法：

① 过密过大的主枝直接疏除，剪口不要伤到中心干，截留马蹄状小桩长 1 ~ 1.5 厘米；

② 过大的主枝，周围有空间，对主枝先造伤，发出新枝后再疏除，根据情况具体对待。改造过程中一定要做好伤口的保护，用果康宝、丙环唑、乐涂 2 号等伤口保护剂涂抹伤口，并用塑料膜粘贴好伤口，以利伤口愈合。

③ 开角小，留主枝太稀

主枝开张角度过小，没有达到高纺锤树形的标准，有些留主枝太少，树冠缺枝，光照充沛，但产量过低。解决办法：加大主枝角度，采用强拉枝的办法或连拉三锯的办法来开张角度；树冠缺枝采用刻芽的方法促发新枝。

④ 疏枝太轻，更新太迟

惜枝惜果使主枝生长过粗过大过长，有的失去结果能力，有的结果部位外移，产量低质量差。解决办法，在主枝基部粗度长到 2.5 ~ 3 厘米时及时更新，新老交替，才能稳定产量，达到优质高产的目的，过晚不易萌生新梢。

五、其他树形的整形修剪

果树采用哪种树形主要取决于砧木和品种特性、栽培密度、栽培技术，其次是立地条件，不管采用什么树形都要做到“有形不死，无形不乱”，实际也就是因枝修剪，随树造形。

此外，乔砧普通品种或短枝型品种，（2 ~ 3）米 ×（4 ~ 5）米栽植密度的情况下，部分果农采用自然扇形，自然扇形是一种非常优秀的树形，光能利用率高，整形过程简单，俯视自然扇形呈扁形树形，行间选留和培养主枝，株间直接培养枝组，全树根据栽培密度培养 2 ~ 4 个大型主枝，第一层 2 大主枝，第二层视栽培密度，酌情考虑是否培养第二层主枝。

第一层主枝及主枝上侧枝和枝组的选留和培养修剪方式根据栽培密度及砧木和品种特性确定，采用中间砧组合普通品种或乔砧组合短枝型品种等单矮技术措施的，株距多为 2 米，第一层两大主枝上可直接培养单轴延伸枝组，减少分枝级次，少留大型分枝，提高果品质量。株距 3 米的，第一层两大主枝可与疏散分层形一样选留侧枝，但主枝上枝组最好单轴延伸。

第一层主枝以上主枝的选留和培养也根据栽培密度和砧木特性、品种特性确定，采用中间砧组合普通品种或乔砧组合短枝型品种等单矮技术措施，株距为 2 米的，可按细长纺锤形或改良纺锤形上部主枝的整形修剪方法进行整形修剪，培养分枝级次少的小主枝，小主枝单轴延伸，同向小主枝间距至少 60 厘米。小主枝上直接着生结果枝或单轴延伸的小枝组。乔化砧嫁接普通品种的，或株距 3 米的，可培养两层主枝，但两层主枝延伸方向必须在株间，并避免与相邻株间的交叉，为提高果品质量，第一层主枝上方不能有大型主枝阻挡光照。

相对而言，自然扇形不管怎样培养，行间的冠幅大，株间冠幅小而呈扁形树冠，成形后要及时控制树高，把树冠的高度控制在行距的 0.8 倍左右。

在别的管理措施不变的情况下，如果要通过合理整形修剪提高苹果树的产量、品质以下措施是必要的：适当增加单位面积株数并减少骨干枝级次；达到单位面积合理的小枝量；调节叶幕厚度使叶幕下部达到相对光照强度的 50%以上，并合理搭配叶果比；减少枝叶重叠程度，提高光效；适当提高果树干高，及时落头控制树高，提高果园通透性；控制枝龄，控制枝组连续结果年限，及时以幼换老。

复习题与实践

一、复习题

1. 什么是果树整形和修剪？什么是果树整形修剪的双重作用？
2. 整形修剪调节果树的哪些矛盾？
3. 整形修剪的基本原则是什么？
4. 整形修剪与果树生长结果习性有什么关系？
5. 列表说明春季修剪常用的措施及作用。
6. 列表说明夏季修剪常用的措施及作用。
7. 列表说明冬剪常采取的修剪措施及作用。

8. 叙述矮密栽培的树体结构与乔化栽培的树体结构的主要区别。
9. 辩证地说明主干高低的优缺点。
10. 辩证论述树冠大小各自的优缺点。
11. 对比图 6.71 和 6.72，说明矮密栽培的优势及整形过程中应注意的问题。
12. 叙述主枝延伸快慢与冠幅扩大速度的关系。
13. 辩证说明骨干枝分枝级次与树冠大小及投产早晚的关系。
14. 说明树冠每个光区的光照强度与产量品质的关系。
15. 树冠外形与光能利用率有何关系？
16. 辩证说明稀植树形两个层次与三个层次光能利用率与产量品质的差异。
17. 论述稀植树形与矮密栽培树形光能利用率与养分的关系。
18. 举例说明大、中、小型枝组的两种培养方法。
19. 简述什么是辅养枝，怎样利用辅养枝。
20. 说明枝组延伸方式与结果早晚的关系。
21. 乔砧稀植树定干要考虑什么问题？
22. 乔砧稀植树幼树期第一层主枝选留和培养要注意什么问题？
23. 乔砧稀树幼树怎样培养和利用辅养枝？
24. 乔砧稀植树幼树至初果树期间怎样培养侧枝？
25. 乔砧稀植树一般从定干后第几年选留和培养二层主枝？要考虑哪些因素？
26. 初果树怎样继续培养第一层主枝？
27. 初果树辅养枝怎样修剪？
28. 盛果树中心干怎样修剪？
29. 盛果期树怎样配置枝组？
30. 盛果期树生长季节怎样配置和修剪枝组？
31. 盛果期树枝组怎样进行冬剪？
32. 盛果期怎样调整叶幕厚度？
33. 怎样通过修剪调节大小年？
34. 怎样继续郁闭果园的修剪？
35. 衰老树怎样进行骨干枝的更新？
36. 衰老树怎样进行枝组的更新？
37. 改良纺锤形树体结构有何特点？
38. 改良纺锤形基部主枝怎样培养？
39. 改良纺锤形中心干上一年生枝怎样处理？
40. 改良纺锤形中上部主枝怎样培养和修剪？
41. 改良纺锤形修剪常出现哪些问题？怎样处理？
42. 自由纺锤形适合什么情况下采用？有何结构特点？
43. 自由纺锤形的基部主枝上是否选留和培养侧枝？
44. 自由纺锤形幼树中心干和主枝怎样修剪？
45. 初果期自由纺锤形的中心干和主枝怎样修剪？主枝上枝组怎样培养？
46. 初果期自由纺锤形果园修剪时应注意哪些问题？
47. 树体较大、密度较大的自由纺锤形果园，进入盛果期以后怎样调整树形？

48. 采用了矮化砧木矮化栽培就成功了，对不对？为什么？
49. 思考矮化栽培未能大面积推广的原因。
50. 细长纺锤形和自由纺锤形的主枝有何不同？
51. 细长纺锤形幼树生长季节修剪常采取哪些措施？冬剪常采取哪些措施？
52. 细长纺锤形整形过程中培养主枝时应注意哪些要点？
53. 细长纺锤形对砧木的要求与自由纺锤形是否一样？有哪些区别？
54. 高纺锤形树形有何特点？
55. 高纺锤形树形为何第一年中心干上分枝基部平剪剪除？
56. 高纺锤形主枝与细长纺锤形有何不同？
57. 高纺锤形的主枝怎样培养？
58. 高纺锤形的主枝怎样更新？
59. 高纺锤形主枝上的枝组怎样培养和修剪？
60. 单从整形修剪的角度来看，要提高果树品质、产量主要有哪些措施？

二、课堂练习，然后果园实践，再分析。

1. 分析图 6.231，图中树体为乔砧稀植整形，定干后第二年生长季节，回答问题，实习指导教师点评：

（1）红箭头分别指示的枝是什么枝？你认为怎样处理较合理？说明你的理由。

（2）相同性质的枝还能指出哪一些？怎样处理？

图 6.231 乔砧稀植整形，定干后第二年生长季节

图 6.232 乔砧稀植整形，定干后第二年冬剪完毕

2. 分析图 6.232，图中树体为乔砧稀植整形，定干后第二年冬剪完毕，回答问题，实习指导教师点评：

（1）指出图中的中心干、主枝，根据中心干与主枝长势评价主枝的修剪，说出你的理由。

（2）蓝色箭头指示什么枝？黄色箭头指示什么枝？它们有何区别？

（3）评价蓝色和红色箭头指示的枝的修剪，说出你的理由，给出你的建议。

（4）根据剪口判断，蓝色箭头指示的两枝各疏除了一枝背上强枝，你认为此时剪除合理吗？此时修剪有没有更好的处理方法？说出你的理由。如你能在生长季节修剪，有没有更合理的方案？说出理由。

（5）红色箭头指示什么枝？你认为图中修剪合理吗？给出你的理由，提出你的方案。

（6）请对该树的整体修剪水平给出一个评价。

3. 分析图 6.233 中乔砧稀植幼树，回答问题：

（1）图中对辅养枝和主枝角度的调整是否合理？说明你的理由。

（2）观察图中中心干的高度和长势，你认为是否合理？说出调整方案。

4. 分析图 6.234，图中为乔砧嫁接普通品种，2 米 × 4 米密度，回答问题：

（1）该树中心干上有 4 个小分枝全部拉平。请问是否选留与图 6.233 中幼树一样的三大主枝？如果你在此基础上继续整形修剪会采用什么树形？说出理由。

（2）对该树前面的修剪做出一个分析评价，如果你进行冬春修剪会怎样剪？说出理由。

图 6.233　乔砧稀植幼树

图 6.234　乔砧嫁接普通品种

5. 分析例图 6.235，图中树体为定干后第三年稀植树，回答以下问题，实习指导教师点评：

（1）中心干的剪留高度合理吗？说出你的理由。

（2）左侧主枝（左侧红箭头指示）的侧生分枝全部在主枝右侧，其中有两枝高度都超过主枝延长枝，合理吗？你认为这个主枝为什么形成这种情况？怎样修剪较合适？说出你的理由。

（3）黑箭头指示的是什么枝？这枝两年生枝上没有分枝，你认为合理吗?怎样造成的？应该怎样调整？

（4）黄箭头指示什么枝？你对这枝的现状和以后的处理有什么打算并说出理由。

（5）分析图 6.235，对该果园修剪做出整体评价。

图 6.235　定干后第三年稀植树

6. 分析图 6.236，回答问题，实习指导教师点评并指导：

（1）图中树冠上部与第一层主枝是否协调？如何调整第一层主枝而促进树冠上部的整形？

（2）树冠中上部的分枝如何修剪？

7. 观察并分析图 6.237，图中树体为改良纺锤形整形，回答问题，实习指导教师点评：

（1）红色弧线连接的两大主枝有何不合理之处？怎样调整？

（2）红色箭头指示主枝整形修剪方面有何缺陷？说出理由。

（3）双箭头指示的两大主枝有何不合理之处？怎样调整？

（4）树冠上部主枝的培养是否良好？说出你的理由？

图 6.236　乔砧稀植树整形

图 6.237　改良纺锤形整形

8. 观察并分析图 6.238，图中树体为乔砧稀植整形，回答问题，实习指导教师点评：

（1）图中辅养枝培养是否合理？说明理由。

（2）图中主侧枝配置和培养是否合理？说明理由。

9. 观察并分析图 6.239，图中树体为乔砧稀植整形，回答问题，实习指导教师点评：

（1）图中红箭头指示这两枝分别是什么枝？这两枝的修剪方法是什么？

（2）图中红箭头指示这两枝的修剪目的是什么？是否合理？你认为怎样修剪更合理？

图 6.238　乔砧稀植成年树

图 6.239　乔砧稀植树

10. 观察并分析图 6.240、图 6.241，两图中树体均为乔砧稀植整形树体，回答问题，实习指导教师点评：

（1）图 6.240 中初果树树体上箭头指示的枝与图 6.241 中盛果期树体中箭头指示的枝是否性质相同？图 6.240 中的枝继续按照这种修剪方法修剪是否会发展成图 6.241 中的大枝？

（2）图 6.240 中的这 3 枝处理是否合理？说出你的理由？

（3）图 6.241 中这两大枝培养是否合理？你认为应该怎样修剪？

图 6.240　初果树

图 6.241　盛果期树

11. 观察并分析图 6.242，图中树体均为乔砧自由纺锤形整形，回答问题，实习指导教师点评：

（1）分析左侧主枝与中心干粗度比是否合理？会产生什么结果？

（2）分析左侧和右侧主枝的间距是否合理？选留时应该怎样处理？

（3）观察左右两主枝上枝组修剪是否达到整形目标？你认为怎样修剪更合理？说出理由。

12. 观察并分析图 6.243，图中为乔砧嫁接短枝型品种的组合的基部主枝，按自由纺锤形整形，回答问题，实习指导教师点评：

（1）观察图中主枝上枝组配置是否合理？说明理由。

（2）以后是否需要提高主干？说明理由。

图 6.242 乔砧自由纺锤形整形

图 6.243 乔砧嫁接短枝型品种的组合的基部主枝

13. 观察并分析图 6.244，图中树体为乔砧嫁接短枝型品种的组合，采用细长纺锤形整形，回答问题，实习指导教师点评：

（1）图中树体为定干后第 3 年夏剪，你认为图中是否有不合理之处？请指出，并说明理由。

（2）能否提出你认为更合理的修剪方法？

14. 观察并分析图 6.245、图 6.246，图中树体均为乔砧嫁接短枝型品种的组合，采用细长纺锤形整形，皆为定干后第五年夏末，相同品种，均为 3 米 × 4 米的密度，请回答问题，实习指导教师点评：

（1）比较两图，同为细长纺锤形，两者主枝培养方式有何不同？你对两图有何评价？说出你的理由。

（2）经过测量，图 6.245 中树略高，冠径相近，为何图 6.246 树体产量更高？

图 6.244 乔砧短枝型组合细长纺锤形整形

（3）如果你对图 6.245 果园进行管理，在其他管理措施不变的情况下说出你的修剪措施。

图 6.245　乔砧嫁接短枝型品种的组合

图 6.246　乔砧嫁接短枝型品种的组合

15. 观察并分析图 6.247，图中树体为矮密栽培高纺锤形整形，初果树，回答问题，实习指导教师点评：

（1）根据图中枝条生长情况对夏剪做出评价，说出你的理由。

（2）图中有些部位枝量不足，对当年春季做出评价。

（3）图中较直立的枝条现在怎么处理，冬剪怎么处理?说出你的理由。

图 6.247　密栽培高纺锤形整形，初果树

第七章 花果管理

【知识要点要求】

（1）理解提高坐果率的方法。
（2）掌握取花药的方法，花粉采集的温度和时间要求，学会采集花粉。
（3）掌握授粉的方法。
（4）理解合理负载量的判断方法，掌握人工疏果的方法。
（5）掌握套袋手法，了解提高果实着色率的方法。

一、花期提高坐果率的方法

（一）合理配置授粉树

红富士可配置秦冠、红星系列、金冠、嘎啦、华冠、华硕等，它们之间可相互授粉。主要的栽植方式为行列式（图 3.16）和中心式（图 3.17）。主栽品种与授粉树之间的比例根据经济价值和管理成本来定，比例在（1～8）：1，距离越近越好，最远不应超过 50 米。乔纳金、陆奥、北斗等三倍体品种不能用作授粉树。

（二）人工辅助授粉

在正常配置授粉树的情况下，苹果树传粉主要依靠蜜蜂，在花期天气异常或授粉树配置不足、小年树等情况下常常需要人工辅助授粉。

1. 花粉的采集

在主栽品种开花前，选择适宜的授粉品种，采集含苞待放的铃铛花，带回室内。也可采集授粉海棠的花粉。如果要用花红、山定子等作为授粉树应先做花粉亲和力试验，可采集花粉并人工授粉后观察坐果率。

采花时要注意不要影响授粉树的产量，可按疏花的要求进行。采花量根据授粉面积来定。据统计，每 10 千克鲜花能出 1 千克鲜花药；每 1 千克鲜花药在阴干后能出 0.2 千克干花粉，可供 30～40 亩果园授粉用。采回的鲜花立即取花药。将两花相对，互相揉搓，让花药落在光滑干净的纸上，去除花丝、花瓣等杂物，准备取粉。大面积授粉可采用花粉机制粉。取粉方法有以下 3 种：① 阴干取粉：将花药均匀摊在光滑洁净的纸上，放在空气相对湿度 60%～80%、温度 20～25 摄氏度的通风房间内，经 2 天左右花药即可自行开裂，散出黄色的花粉。② 火炕增温取粉：在火炕上垫上厚纸板等物，放上光滑洁净的纸，纸上平放一支温度计，将花药均匀摊在上面，保持温度在 22 ~ 25 摄氏度。一般 1 天左右即可。③ 温箱取粉：找一纸箱（苹果箱、木箱等），箱底铺一张光洁的纸板或报纸，平放温度计，摊上花粉，上面悬挂一个 60 ~ 100 瓦的灯泡，调整灯泡高度，使箱底温度保持 22 ~ 25 摄氏度，经 24 小时左右即可。干燥好的花粉连同花药壳一起收集在干燥的玻璃瓶中，放在干燥、阴凉的地方备用，或干燥、冷冻保存。

2. 授粉方法

（1）点授法：效果最好。用毛笔或橡皮头蘸取花粉。花粉装在干净的小玻璃瓶中。授粉时，将蘸有花粉的毛笔向初开的花心轻轻一点就行。一次蘸粉可点 3 ~ 5 朵花，一般每花序授粉 1 ~ 2 朵。点授的方法虽然坐果率高，但是费时费力，不适合大面积果园。

（2）喷粉法：将苹果花粉加入 10 ~ 50 倍的滑石粉或淀粉，搅拌均匀后。用喷粉工具对准开放花朵喷洒。需要注意避开大风天气。

（3）喷雾法：除了喷粉法之外，还有一种喷雾法，将花粉、蔗糖、硼砂、尿素按一定比例调配成悬浊水溶液，比例一般是 5 千克水、15 克尿素、15 克硼砂、50 克蔗糖、15 ~ 20 克干花粉。在果园有一半以上的果树中心花开放时喷雾授粉，喷雾法可连续 3 天，每天 1 次，随喷随配。或者盛花初期到盛花中期喷雾，据辽宁果树研究所报道，将 10 ~ 12 克花粉悬浮于 5%的糖液 5 千克中，再加 0.3%的尿素，以超低量喷雾器喷雾，每株大树仅需药液 0.1 ~ 0.15 千克，授粉效果很好。

（三）花期放蜂

苹果花的传粉方式为虫媒花，主要依靠蜜蜂传粉（图 7.1）。在花期放蜜蜂，通常一个蜂群可给 5 ~ 10 亩果园充分授粉，蜜蜂有顺行飞行的习惯，所以每行果树较长时每行放置蜂箱，较短时隔几行放置蜂箱。蜂群之间的间距为 100 ~ 150 米。蜜蜂以“中华蜜蜂”即中蜂为好，因为花期常有低温出现，中蜂在 6 摄氏度以上就可外出活动，9 ~ 12 摄氏度便能频繁采粉，且中蜂抗逆性较强。

图 7.1　蜜蜂传粉

二、花期喷肥

盛花期喷 0.3%的硼砂 2 ~ 3 次，花后喷 0.3% ~ 0.5%的尿素 2 ~ 3 次能明显提高坐果率，喷硼砂时还可加 5%的葡萄糖或蔗糖。

三、疏花疏果

1. 原　则

疏花疏果宜早不宜迟，主要抓好三疏，即“疏花蕾，疏花朵，疏果”。疏花应从花序分离后7天开始，疏果于开花后10天开始，1个月内完成，留果时应选择果形端正，中长果枝和果梗向下的下垂果、中心果、大果为主，去除畸形果、腋花芽果、病虫果和骨干枝头果、小果，疏果时果柄的剪留越短越好。

如图7.2，自然授粉坐果情况下，通常中心果的质量最好。

2. 疏除方法

以人工疏除为主，留果量的确定常采用以下方法：

（1）以花定果：以花定果的时间，以花序分离到开花前这段时间为宜，按20～25厘米留1个壮花序，对保留下的花序只留中心花和1朵边花，其余的全部疏去。

如图7.3，自然情况下中心花先开放。

图7.2　中心果

图7.3　中心花

（2）按顶芽数留果：小果型的辽伏、红月、嘎啦等品种3个顶芽数量留1个果。大型果富士、乔纳金等4个顶芽留1个果。

（3）干周法确定留果量：中国农业科学院果树研究所汪景彦在大量调研的基础上，提出用干周法来确定苹果树的留果标准，据资料介绍，该公式计算干周在60厘米以内误差相对很小。

$$Y = 0.025C^2 \pm 0.125C$$

式中，Y为产量，单位为千克；C为干周，测量中部树干（中心干），单位为厘米；树势旺或者矮密栽培（$+0.125C$），中庸树不必加减，树势弱（$-0.125C$）。

举例：某株苹果树干周实际测定为30厘米（直径近10厘米），根据公式$Y = 0.025 \times 30^2 = 0.025 \times 900 = 22.5$（千克）。

如果树势较旺，加上$30 \times 0.125 = 3.75$（千克），则该树产量$Y = 22.5 + 3.75 = 26.25$（千克）；

如果以平均每果重量约 0.25 千克计算，该树留果量约为 105 个果，果实较多时可疏果。

（4）以叶定果：一般可按 35 ~ 40 片叶留 1 个果，大型果可适当多留 10 ~ 20 片叶，按 50 片叶左右留 1 个果。矮密栽培按 25 片叶左右留 1 个果。

（5）以间距定果：按 20 ~ 25 厘米距离留 1 个果，大型果按 25 厘米留 1 个，小型果 15 ~ 20 厘米留 1 个，矮密栽培和强壮枝适当多留，弱枝少留。

疏花时，凡是留单花的最好配合人工授粉的点授法。留花序的可配合喷粉或喷雾法，再根据坐果率配合疏果。避免大小年的形成。已形成大小年的果园，大年加强疏花疏果。小年树加强保花保果，人工授粉、花期喷硼糖液或放蜂。

四、套　袋

1. 套袋时间和果袋的选用

多在“6 月落果”，疏果定果后套袋，各地不同。红富士等着色系苹果选用双层内红遮光袋，谢花后 40 ~ 50 天套袋；金冠等黄色品种可用单层透光袋，如图 7.4。套袋前要根据病虫害发生情况用 1 次农药，待药剂干后再套袋。如果套袋前下了大雨，那么一定要喷一次质量好的甲基托布津或多菌灵等杀菌剂，有利于防止烂果发生。套双层袋的红富士苹果采果前 15 ~ 20 天先摘外袋，经 5 ~ 8 个晴天（阴雨天除外）再摘内袋，易着色品种或黄色品种采前 5 ~ 7 天摘袋较适宜。摘袋时最好选阴天或多云天气，晴天以上午 8—12 时和下午 3—7 时为好，尽量避开中午 12 时至下午 3 时的高温和强光直射，以促进着色和防止日灼。金冠等黄色品种在采收时连同袋一并采下。

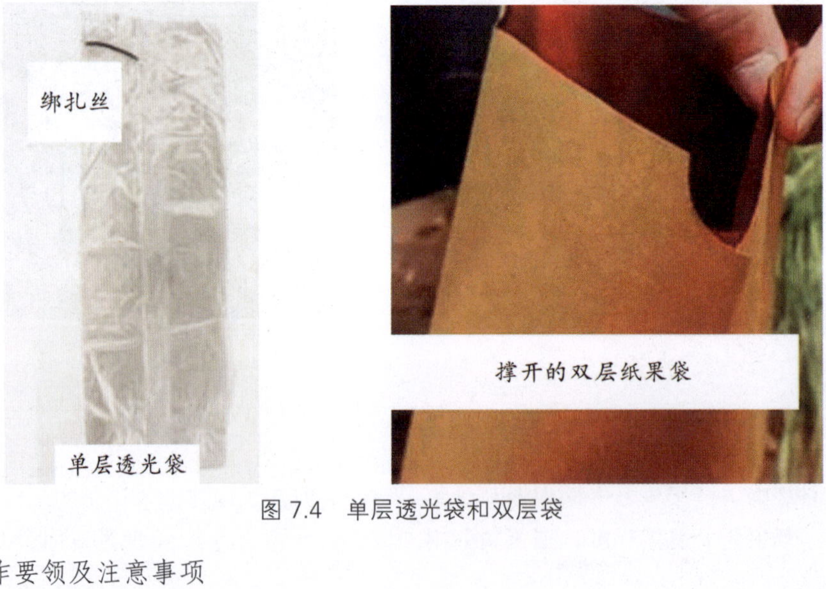

图 7.4　单层透光袋和双层袋

2. 操作要领及注意事项

（1）结合套袋将疏果时遗漏的畸形果、病残果、密集果去除，保证留果质量和数量。

（2）套袋要领：“先上后下、先里后外”，为防止碰掉梢头果，外围果，建议先套树冠上部，后套下部，可以避免上下树造成树冠下部落果。先内膛后外围，也可以避免套内膛果实时刮碰掉外围果袋，引起掉落。套袋时要牢记“纸袋先撑空，果悬袋正中，袋口要扎紧，防水又防虫”的技术要点，尤其是果悬袋正中。套袋步骤如图 7.5。

图 7.5　套袋过程

（3）果袋择优：想要生产优质果品就要选用质量过硬的果袋。选择双层高质量纸袋，要求大小适宜，外袋柔软，疏水性良好，透光性、透气性良好，内袋涂蜡均匀，隔水性好，不褪色，内外袋分离，粘胶严密，纵切口和透气孔完好，袋口扎丝牢固。

（4）套袋最优时间：套袋一般在“6 月生理落果”结束后为最适宜时间，不可过晚或过早（图 7.6、图 7.7）。

图 7.6　完成套袋

图 7.7　在生理落果后套袋

五、摘叶转果

从果实着色期开始，在疏除部分徒长枝、密集枝和梢头枝的基础上于摘袋后 3 ~ 5 天后要及时摘叶。新红星苹果周围 3 ~ 5 厘米内的遮光叶片要摘除，红富士苹果可将靠近果实的叶片摘除，以利于果实着色。但叶片不能摘除过多，以免造成光合产物不足，降低着色。果实阳面基本着色后，要及时将果实背阴面转向阳面，如果果实又恢复原位可用透明胶带牵引固定，使果实全面着色，如图 7.8。

图 7.8　摘叶转果

六、铺反光膜

在果实着色期（采收前 30 ~ 40 天）于地面铺银色反光膜，铺膜位置：密植园可在树行两侧各铺一长条反光膜，如图 7.9。在稀植正方形栽植园，主要在树盘内和树冠投影的外缘铺大块反光膜，如图 7.10。铺反光膜不能拉得太紧，以免因气温降低反光膜冷缩而造成撕裂，影响反光膜的效果和使用寿命。采果前将反光膜收起，洗净后翌年可再用。

图 7.9　密植园的反光膜

图 7.10　稀植园的反光膜

复习题与实践

1. 花期怎样提高苹果树坐果率?
2. 怎样采集花粉?
3. 花期喷肥的浓度和种类怎样选择?
4. 怎样确定留果量?
5. 苹果果实套袋在什么时候套袋?什么时候摘袋?
6. 优质果袋有何要求?
7. 实践要求:

(1)采集授粉树花朵,取下花药,采集花粉,并配置花粉糖液。

(2)完成适时套袋、取袋操作。

第八章　病虫害防治

【知识要点要求】

（1）理解苹果病虫害防治的措施，掌握每种措施有何优缺点，理解果园病虫害防治的方法属于哪种措施。
（2）了解农药的基本知识，了解农药的作用原理，学会操作喷药设备。
（3）了解昆虫基本知识。
（4）了解果树病害的基本知识。
（5）认识常见苹果病虫害。
（6）了解常见病虫害的发生发展规律，掌握常见病虫害的防治方法。

第一节　苹果病虫害防治的基础知识

一、苹果病害的基本知识

1. 苹果病害的概念

苹果病害是指苹果树在生长发育及果实的储藏运输过程中，受到有害生物的侵袭和不良环境的影响，使果树和果实在内部生理上、组织结构上和外部形态上发生明显改变，产生不正常的现象，比如生长发育不良、局部坏死、腐烂、畸形等，甚至整株果树死亡。

2. 苹果病害的病原

引起苹果发生病害的原因叫苹果病害的病原。苹果病害的病原有两类：

（1）不良环境条件造成的病害，叫生理病害，也叫非侵染型病害，比如冻害、日灼、药害、营养元素不足或过量等引起的苹果病害。这类病害的最大特点是相互不侵（传）染，所以叫非侵染型病害。

（2）有害生物造成的病害，叫侵染性病害，引起病害的有害生物叫病原生物，简称病原物。引起苹果病害的病原物有：真菌、细菌、类病毒、病毒、病原线虫、寄生性种子植物等几大类。其中真菌和细菌常称为病原菌，苹果 90%以上的病害都是真菌引起的，如最常见的苹果早期落叶病，腐烂病、白粉病、轮纹病、炭疽病、根腐病等病害；其次是病毒病害和细菌病害，比如苹果花叶病、锈果病、细菌性根癌等。

3. 病害的症状

苹果果树或果实感病后，外部形态和内部结构及生理上表现出的不正常状态叫症状或病状，比如坏死、畸形、变小、徒长、肿瘤、腐烂、疮痂、病斑、轮纹、穿孔、黄化、早落、青干、溃疡、霉状物、粉状物、脓状物、锈状物、颗粒状物等，其中病原物在苹果果树或果实等器官上产生的营养体、繁殖体如霉状物、粉状物、脓状物、锈状物、颗粒状物甚至菌核、菌索、子实体等叫病原物的特征，简称病征。熟悉并掌握了病害的症状和病征，对诊断病害的种类，鉴定病原物有很大帮助。

4. 病害的发生和发展

病害的发生是由于苹果树生长和储藏运输的环境中营养不良、环境不适或者病原物活动的结果，也是病原物侵染苹果器官和反侵染的过程，当环境条件能使苹果树健康生长发育，苹果树就表现为抗性强而不感病，反之，当环境条件不适合苹果树正常生长发育、有利于病原物侵染，或苹果树 抗性降低时苹果树的器官就容易感病而表现出不良症状。

（1）了解病原物侵染的过程：简称病程，包括侵入期、潜伏期、发病期，是病原物与苹果树在一定环境条件下相互作用的结果。

（2）了解侵染性病害的侵染循环：果树病害的侵染循环是指从前一个生长季节发病开始到下一个生长季节再度发病的全过程。

侵染循环包括：

① 初侵染和再侵染：病原物越冬或越夏后对苹果树进行的第一次侵染叫初侵染。有些病原物在同一生长季节里完成初侵染后，经过传播再次进行新的侵染叫再侵染。

② 病原物的越冬、越夏及场所。如在病枝、病叶、土壤等场所越冬或越夏。

③ 病原物的传播。病原物常借助风、雨、流水、昆虫或其他动物传播，也可借助人类的活动传播，如引种、嫁接、修剪等。

了解果树病原物的侵染过程和侵染循环对于我们科学选择防治方法，科学选择农药，阻断病害循环从而有效防治病害提供很大帮助。

二、苹果虫害的基本知识

1. 昆虫和螨类的特征

危害苹果的昆虫和螨类，果农合起来俗称害虫。实际上在动物分类上它们是两类不同的动物，螨类就是我们平时所说的红蜘蛛，属于节肢动物门蛛形纲蜱螨目，昆虫属于节肢动物门昆虫纲，根据昆虫的种类不同又分为不同目。昆虫和螨类的共同特征是它们身体都由一系列含有几丁质的体壁组成体节，身体由体节组成。

昆虫身体明显分为头、胸、腹 3 个部分，头部有口器、1 对触角、1 对复眼、数个单眼；成虫有 3 对足和 2 对翅，少数种类的翅退化或有 1 对翅，腹部有气门，腹部末端有生殖器。口器是取食器官，常见害虫的口器有：

（1）咀嚼式口器，如各种蛾、蝶类（鳞翅目害虫）的幼虫（毛虫），多数甲虫（鞘翅目）、蝗虫（直翅目）的口器，它们常把苹果的器官咬食成缺刻、孔洞、钻蛀果实、枝干甚至钻蛀叶片，有时把叶片全部啃食完只剩叶柄。

（2）刺吸式口器，这种口器能刺入动植物的组织中吸取汁液或血液，如半翅目的蝽象，同翅目的蚜虫、叶蝉、粉虱、蚧壳虫，双翅目的蚊子，红蜘蛛等。

（3）锉吸式口器，常见的为缨翅目的蓟马。此外，昆虫还有虹吸式、咀吸式等口器。认识了昆虫的口器，我们就能根据被害器官判断是哪一类口器的昆虫为害果树，我们才能根据口器的类型选用农药。触角和眼是昆虫的感觉器官；足和翅是运动器官；气门是昆虫呼吸器官，是气体交换的通道；腹部末端的生殖器是交配、产卵的器官。

2. 害虫个体生长发育过程

害虫的繁殖方式绝大多数为卵生，害虫从卵开始通过生长发育到能繁殖后代为止的一个周期称为昆虫生长发育的一个“世代”。不同昆虫完成一个世代所需的时间长短不同，长的几年才完成一个世代，有的一年完成一代，有的一年完成几代到几十代。多数昆虫繁殖后代都是两性生殖，即经过雌雄交配，雌虫产卵发育成新个体；少数可进行孤雌生殖，即雌虫不经过交配直接产下卵或后代新个体的繁殖方式。

害虫从幼虫发育为成虫，身体的外部形态和内部结构发生一系列变化，叫作“变态”，分为2种类型：不完全变态和完全变态。不完全变态的害虫一生经过卵、幼虫、成虫3个阶段或幼虫（若虫）和成虫2个阶段，由于幼虫和成虫在外部形态和生活习性相同或相似，所以幼虫也称为若虫，比如蚜虫，胎生的蚜虫出生下来就是若虫，以后经生长发育长成成虫，而越冬代蚜虫常由雌虫产卵，孵化为若虫，再发育为成虫。完全变态的害虫一生要经过卵、幼虫、蛹、成虫4个阶段，幼虫与成虫在外部形态和生活习性上完全不同，比如鳞翅目害虫，幼虫常为各种毛虫，成虫为各种蛾、蝶。

害虫的一个世代中，卵从雌虫体内排出叫产卵；卵变为幼虫的过程称为孵化；从产卵到孵化经历的时间叫卵期；刚孵化的幼虫叫初龄幼虫或一龄幼虫，以后每蜕一次皮幼虫的虫龄就增加一龄，比如一龄幼虫蜕皮一次就是二龄幼虫，二龄幼虫期常常由于虫龄较低是施药的适期。两次蜕皮之间的时间叫龄期，幼虫最后停止生长，不再蜕皮取食叫老熟幼虫，老熟幼虫蜕皮后变为蛹，叫化蛹。幼虫从孵化到化蛹经历的时期叫幼虫期，幼虫期是主要的取食时期，也是害虫为害最严重的时期。幼虫从蛹里面出来或若虫蜕去最后一次皮叫羽化，成虫从羽化到死亡所经历的时期叫成虫期。

螨类从卵孵化出来叫幼螨，蜕一次皮后称为若螨，蜕去最后一次皮后称为成螨。螨类繁殖力强，有时一年繁殖20～30多代。

3. 害虫的行为

主要表现是食性、趋性、假死性、群居性、休眠、滞育等方面，是害虫在系统发育和个体发育过程中为适应环境条件而逐渐形成的。

我们了解和掌握害虫的虫体特征、生长发育过程，行为习性及活动规律，准确对害虫进行预测预报，并采用经济、有效、环保的防治措施针对防治对象的薄弱环节在减轻害虫为害的同时达到绿色、环保的防治要求。

第二节　苹果病虫害综合防治的主要措施

现代农业病虫害防治应根据市场消费需求和食品安全需求实施，苹果病虫害防治应以无害化防治为基本原则，应全面贯彻“预防为主，综合防治，防重于治”的植保方针。

传统苹果病虫害防治方式为化学防治为主，通过大量使用农药，来降低虫口密度和病情指数，达到预防病虫害发生的目的。特别是在苹果病虫害防治方面，为了防治病虫害的发生，常常对苹果生长期间喷洒大量的农药，不仅提高了种植成本，也增加了苹果的农药残留量，影响了苹果质量。同时，大量使用农药，也使果园内的病菌产生了一定的抗药性，降低了农药效果，也杀死了大量天敌，为了提高农药效果，将进一步增加农药使用次数和用量，形成了一种恶性循环，进一步增加了苹果中农药残留量。目前苹果病虫害防治方法较多，其利弊也各不相同，综合防治是目前较为有效的无害化病虫害防治方法。苹果病虫害防治方法应充分利用苹果园园林生态系统，以生态平衡和生物多样性为核心，综合利用生物、农业以及物理防治等方式，创造出有利于病虫害自然天敌繁衍和不利于病虫害产生的生态环境，进而达到预防病虫害发生和持续、稳定增产的目的。综合防治包括以下措施：

一、严格执行植物检疫，做好病虫害预测预报工作

植物检疫就是依据国家法令，通过检疫，禁止危险性病虫害随植物及农产品由国外传入或国内输出；对国内局部分布的危险性病虫，应限制在一定的范围内，限制其传播；当危险性病虫传入一个新地区后，应采取紧急措施，就地肃清。苹果病虫的主要检疫对象有：苹果棉蚜、苹果蠹蛾、美国白蛾、苹果锈果病、苹果黑星病、苹果根瘤蚜等。

果农去外地购买果苗、接穗、种子、果品时一定要要求卖方出具检疫证明，避免将检疫性病虫害引入栽培地区。

病虫害的预测预报是根据病虫发生的规律，结合苹果的物候、气象、天敌等进行全面科学分析，预测病虫害未来发展的态势，为及时防治病虫害提供最佳时期和方法，最终达到及时控制病虫危害的目的。

二、结合其他管理措施，加强农业综合防治

农业防治是综合防治的基础，主要有以下方法：

1. 果园规划

规划果园时不要把苹果、梨、桃等混栽或近距离栽植，这样可防治食心虫寄主转移；果园周边不宜栽刺槐和桧柏等，以减轻介壳虫和锈病的发生。不能在重茬地建园。果园重建时，应注意不要重茬，最好与玉米、豆科作物轮作 2 年以上。

2. 加强土、肥、水管理

深翻改土，增施有机肥，增强树势，增加树体抗性，结合深翻改土，深埋枯枝落叶，减轻食心虫，早期落叶病越冬基数，减轻病虫害发生。

3. 合理负载，疏花疏果

结合疏花疏果摘除病果、病叶、病梢等。合理负载，避免树势衰弱或早衰。

4. 合理修剪

冬夏剪结合，减少越冬、越夏病虫源通过合理修剪，改善通风透光条件，剪除病虫枝梢，病僵果等。

5. 清　园

刮除腐烂病病斑，刮除老翘皮，消除病虫害越冬场所，彻底清扫枯枝落叶，对减轻果园多种病虫危害有很好的效果。

三、生物防治

生物防治是利用某些生物或生物代谢产物来防治病虫。其优点是控制病虫危害的时间长；不污染环境，对人牧安全；越来越受到人们的广泛应用。生物防治概括起来有以虫治虫、以菌治虫、以菌治病、食虫动物治虫、生物绝育法和激素法等，生物防治病虫害将是今后果园病虫害防治方向，是生产绿色果品，特别是有机果品的主要措施。果园生物防治方法有以下几种：① 利用寄生性昆虫，如寄生蜂；② 利用捕食性昆虫，如草蛉、瓢虫、捕食螨，如图 8.1；③ 利用昆虫病原微生物，如莓苼菌、白僵菌等；④ 利用食虫益鸟，如啄木鸟等；⑤ 利用抗生素防治病害，如多种农用抗生素；⑥ 利用昆虫激素，如性激素、保幼激素等。

图 8.1　捕食性昆虫

四、物理机械防治

物理机械防治有如下方法：① 人工捕杀：冬季刮去枝干老翘皮，可消灭红蜘蛛、卷叶虫、轮纹病等越冬体。对枝干上的蚧壳虫可用铁刷子刷。对吉丁虫可人工刮除幼虫，捕捉成虫。对金龟子可在傍晚人工捕捉，集中销毁。② 诱集捕杀：利用害虫习性进行诱捕，果园经常利用趋性（如趋黄性、趋光性、趋糖醋酒精性等）诱杀、食饵诱杀、潜伏场所诱杀，深秋树干捆绑稻草等秸秆诱虫带，初春集中销毁，也是一种非常经济的诱杀措施，值得大面积推广应用。如图 8.2，利用蚜虫的趋黄性用粘蚜板杀灭蚜虫。如图 8.3，利用趋光性电杀害虫。③ 阻隔保护：常用果实套袋、涂粘虫环、树干扎塑料裙、树干涂白等措施，进行阻隔保护。

要尽量改善果园生态环境，加强栽培管理水平，以农业防治为基础，优先选用农业、物理和生态调控措施，注意保护利用天敌，充分发挥天敌的自然控制作用。

图 8.2　粘蚜板

图 8.3　利用趋光性诱杀害虫

五、科学使用农药，合理进行化学防治

化学防治就是我们所说的农药防治（打农药），化学防治一定要根据食品安全对农药种类要求进行用药。

农药是指用于防治危害农作物及其产品的病、虫（包括螨类、线虫）、草、鼠等有害生物的各种生物的、有机的、无机的物质。现代农药的分类不包括植物生长调节剂。

（一）了解防治对象的发生发展规律

（1）防治苹果病害时，要了解病原物特点，危害侵染对象的过程，危害范围，危害部位和方式，被害果树表现的病状（包括受害症状，如变色、畸形、腐烂、萎蔫等；病征，包括感病部位的各种颜色的霉状物、粉状物、颗粒状物、脓状物等），苹果树什么情况下容易感病，发病规律及与环境的关系，越冬越夏方式和场所等，然后在综合防治的基础上施用农药。

（2）防治虫害时要了解防治对象的发生发展规律，害虫的口器（如最常见咀嚼式、刺吸式、锉吸式等）及取食方式，危害部位，繁殖方式，变态方式，越冬、越夏方式及场所，世代数等虫害基本知识的基础上才能有针对性的高效用药。

（二）具备农药的基本知识

1. 首先了解农药名称

如果某些农药化学名称太复杂至少要知道中文名、商品名。要详细阅读农药标签和使用说明，了解标签上的各种标识、图案。了解有效成分、防治对象（病、虫、杂草、鼠害等），农药的剂型、使用方法（如喷雾、喷粉、涂抹、包扎、诱杀等）和倍数，稀释方法。

如图 8.4，标签底部有一条与边缘平行的色带，其颜色表示：红色为杀虫剂（箭头所指），黑色为杀菌剂（箭头所指），绿色为除草剂，黄色为植物生长调节剂，蓝色为杀鼠剂。

图 8.4（a）中，特福力是中文名称，有效成分是氟啶虫胺腈，22%是有效成分含量，悬浮剂是剂型，内吸性杀虫剂是作用原理，防治对象包括蚜虫、蚧壳虫、粉虱等。

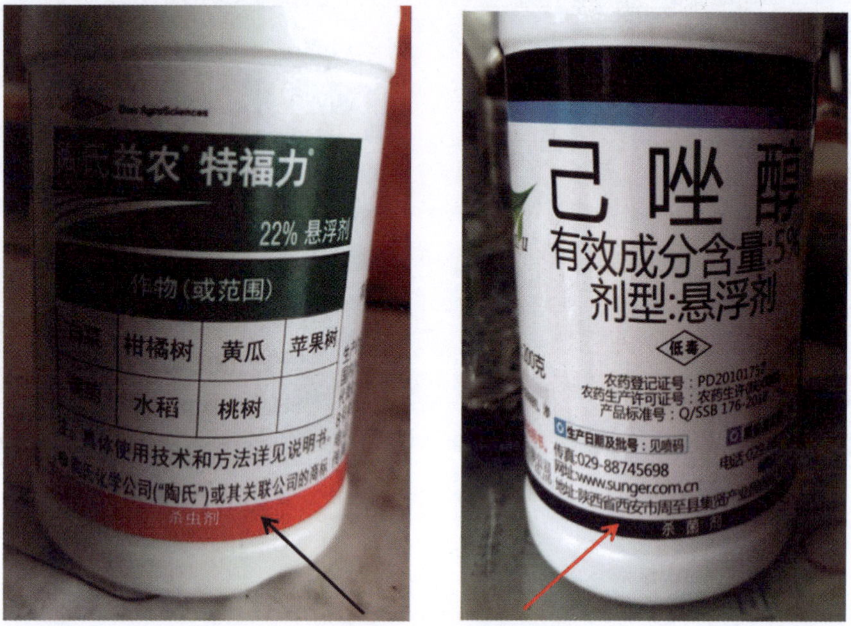

（a） （b）

图 8.4 农药的标签

2. 了解农药的作用原理

（1）杀虫、杀螨剂的作用原理：

① 胃毒作用：将农药喷施在害虫的取食器官表面或饵料表面上，在害虫取食含有农药的植物组织后，农药与害虫的食物一同进入害虫消化器官，引起害虫中毒死亡。

② 内吸作用：具有内吸性的农药喷施在植物表面上或深施于土壤里面，可被枝叶或根系吸收，进入植物后传导至植物各部分，刺吸式或锉吸式口器的害虫取食植物汁液后中毒引起死亡。

③ 触杀作用：药剂喷施后与害虫虫体接触，透过害虫的体壁进入体内，或者封闭害虫气门，使害虫中毒或窒息死亡。

④ 熏蒸作用：药剂由液体或固体气化为气体，以气体状态通过害虫呼吸系统进入虫体，使之中毒死亡。

⑤ 拒食作用和忌避作用：害虫取食喷布农药的植物后，正常生理机能遭到破坏，食欲减退，很快停止，从而引起害虫饥饿死亡的药剂叫拒食剂。药剂喷布于植物体上后，害虫嗅到农药气味即避开，这种作用叫忌避作用。

⑥ 不育作用：化学不育剂作用于昆虫的生殖系统，使雌性或雄性、甚至两性不育，破坏它的生殖机能，造成所产的卵不能发育孵化。

（2）杀菌剂的作用原理：

杀菌剂按使用方式分为以下 3 类：

① 保护性杀菌剂：在病原微生物没有接触植物或没浸入植物体之前，用药剂处理植物或周围环境，达到抑制病原的目的。

杀菌剂抑制孢子萌发或杀死萌发的病原孢子，以保护植物免受其害，这种作用称为保护作用。具有此种作用的药剂为保护剂，如波尔多液、代森锌、硫酸铜、绿乳铜、代森锰锌、百菌清等。

② 治疗性杀菌剂：病原微生物已经浸入植物体内，但植物表现病症处于潜伏期，药物从植物表皮渗入植物组织内部，经输导、扩散、或产生代谢物来杀死或抑制病原，使病株不再受害，并恢复健康，具有这种治疗作用的药剂称为治疗剂或化学治疗剂，如甲基托布津、多菌灵、春雷霉素等。

③ 铲除性杀菌剂：指植物感病后施药能直接杀死已侵入植物的病原物。具有这种铲除作用的药剂为铲除剂，如福美砷、五氯酚钠、石硫合剂等。

按传导特性分为以下 2 类：

① 内吸性杀菌剂：能被植物叶、茎、根、种子吸收进入植物体内，经植物体液输导、扩散、存留或产生代谢物，可防治一些深入植物体内或种子胚乳内病害，以保护作物不受病原物的浸染或对已感病的植物进行治疗，因此具有治疗和保护作用，如多菌灵、力克菌、绿亨 2 号、多霉清、霜疫清、噻菌铜、甲霜灵、乙磷铝、甲基托布津、敌克松、粉锈宁、甲霜铜、杀毒矾、拌种双等。

② 非内吸性杀菌剂：指药剂不能被植物内吸并传导、存留。目前，大多数品种都是非内吸性的杀菌剂，此类药剂不易使病原物产生抗药性，比较经济，但大多数只具有保护作用，不能防治深入植物体内的病害，如硫酸锌、硫酸铜、多果定、百菌清、绿乳铜、表面活性剂、增效剂、硫合剂、草木灰、波尔多液、代森锰锌、福美双等。此外，杀菌剂还可根据使用方法分类，如种子处理剂、土壤消毒剂、喷洒剂等。

3. 科学施用农药

使用农药时一定要对症用药、适时用药、科学用药、合理混合、轮换、安全用药。比如，以前防治刺吸式口器害虫常采用氧化乐果，但长期采用单一农药会使害虫的抗药性增强，药效会下降，可采取轮换使用新农药、农药混用等措施。

配药浓度要准确，不能太小也不能太大。注意喷药技术，先树上后树下，先内膛后外围。防治果实病虫害，药重点喷洒在果实上；防治叶类病虫，要把药喷到叶子背面，喷布均匀，不要喷得过多、流在地上，造成不必要的浪费、污染环境。对果园局部病虫害发生时，也可挑治。现在随更先进的施药器械的使用，使雾滴更均匀、更细小，药效更高，用量更小。施药无人机的运用使施药水平更前进了一步，也更专业化。

每次施药最好有记录，记录下施药时间、药品名、浓度、防治对象，最好再记录一下虫口减退情况和病情减退情况或杂草死亡情况。施药时还要注意施药前后的天气变化，避开雨前雨后及高温强光的正午。

4. 禁止和限制使用的农药名单

（1）国家明令禁止使用的农药（23 种）：六六六，滴滴涕，毒杀芬，二溴氯丙烷，杀虫脒，二溴乙烷，除草醚，艾氏剂，狄氏剂，汞制剂，砷、铅类，敌枯双，氟乙酰胺，甘氟，毒鼠强，氟乙酸钠，毒鼠硅，甲胺磷，甲基对硫磷，对硫磷，久效磷，磷胺。

（2）在蔬菜、果树、茶叶、中草药材上不得使用和限制使用的农药（19 种）：禁止氧化乐果在甘蓝上使用；禁止三氯杀螨醇和氰戊菊酯在茶树上使用；禁止丁酰肼（比久）在花生上使用；禁止特丁硫磷在甘蔗上使用；禁止甲拌磷，甲基异柳磷，特丁硫磷，甲基硫环磷，治螟磷，内吸磷，克百威，涕灭威，灭线磷，硫环磷，蝇毒磷，地虫硫磷，氯唑磷，苯线磷在蔬菜、果树、茶叶、中草药材上使用。

按照《农药管理条例》规定，任何农药产品都不得超出农药登记批准的使用范围使用。

第三节　苹果园常见病虫害的防治

一、休眠期苹果病虫害防治

（一）防治措施

果树休眠期防治在此期间，重点要消灭越冬虫源及病原菌，具体措施有以下几种：

1. 清洁果园

果树的许多病菌、害虫，如斑点落叶病、苹果炭疽病等皆在枯枝落叶、落果、僵果老树皮中越冬。清扫果园，集中深埋或烧毁，可以消灭其中的病菌和越冬害虫。

2. 刮树皮

在 3 月上中旬进行，此时天敌已经出蛰活动或羽化，而害虫尚未出蛰。通过刮除主干、主枝中下部的粗皮、翘皮，可以减少腐烂病、枝干轮纹病、早期落叶病病原和可防治蚜、螨、蚧等越冬害虫及苹小食心虫、苹小卷叶蛾、苹果蠹蛾、苹果棉蚜等。刮皮时要求均匀彻底，小树弱树轻刮或不刮，大树壮树重刮，刮后涂抹 7.5%强力轮纹净的 10% ~ 20%溶液或涂腐必清 20% ~ 33%的浓溶液于病疤处，刮除老粗翘皮、病疣、病斑剪除病虫枝梢、清除或扫除残枝落叶、集中烧毁，刮下树皮集中深埋或烧毁。

也可使用菌毒清等刮治涂抹枝干病害病疤。

（二）苹果园红蜘蛛（螨类）的防治

1. 苹果红蜘蛛的形态特征

苹果红蜘蛛整个生育期分为卵、幼虫、若虫和成虫期。如图 8.5，由越冬卵孵化出的幼虫体色淡红，取食后为暗红色；由夏卵孵化出的幼虫体色淡黄，逐渐变为橘红色，后变为深绿色，足 3 对，雄成虫虫体长 0.28 毫米，雌成虫达 0.34 毫米。

2. 发生规律

红蜘蛛繁殖力强，在苹果园中全年可见，一年发生多代，发育速度快，周期短，两性、孤雌均可繁殖，适应性强，传播方式广，在气温高、通风不良的情况下，红蜘蛛繁殖极快，可以造成严重损失，干旱炎热的气候条件往往会导致其大发生，夏季高温如遇相对干旱，红蜘蛛常常大发生，防治不及时会形成很多“火烧树”，因此，当高温干旱季节一定要及时提前防治。

3. 危害特点

如图 8.6，红蜘蛛吸食叶片及初萌发芽的汁液，芽严重受害后不能继续萌发而死亡；受害叶片上初出现很多的失绿小斑点，后扩大成片，以致全叶焦黄而脱落，同时，红蜘蛛还是病毒病的传播介体。有的果园中苹果红蜘蛛往往和山楂红蜘蛛（山楂叶螨）一同发生，防治难度大。

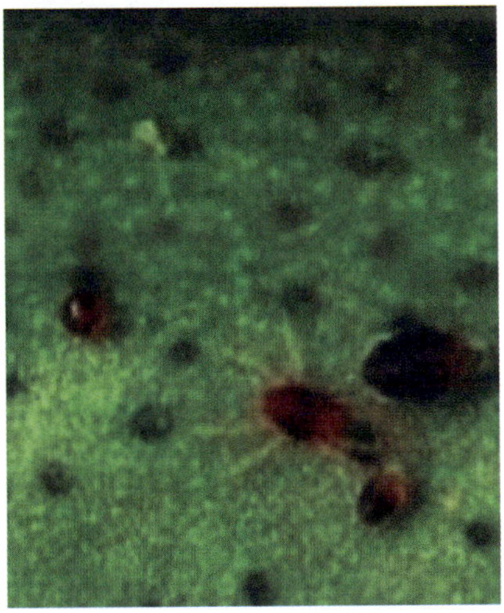

图 8.5　卵、幼虫、成虫

图 8.6　吸食汁液

4. 防治措施

苹果红蜘蛛危害的轻重与生态环境密切相关，特别是与天敌的关系极为密切，所以苹果红蜘蛛的防治应开展以生物防治为核心的无公害综合防治。

（1）加强栽培管理措施：对植株增施有机肥，减少氮肥的使用，加强修剪，改变植株生长的小气候，增强植株的通风透光性，对当年红蜘蛛发生较严重的植株，结合清园，刮除翘皮，清除枝干上的枯叶、落叶以及杂草等越冬场所，消灭过冬雌成虫、卵等，降低虫源基数。

（2）注意保护和利用瓢虫、草蛉等天敌，来控制红蜘蛛的发生量，协调化学防治与其他防治之间的矛盾，在天敌大发生时，应停止施药。

（3）化学防治：掌握施药关键时期，春季防治，在红蜘蛛冬卵出现盛期或大发生前，在果树发芽前施药灭卵，或开花前、落花后消灭幼螨。同时，喷药时要针对叶片背面用药（图 8.7），着重在树下部及内膛用药，好选择在螨类活跃的清晨或傍晚用药。苹果树发芽前，结合其他害虫的防治，喷施 5 波美度石硫合剂，消灭越冬虫群（图 8.8）。苹果花期、花后和生长期防治药剂选择应以生物农药、选择性农药为主。可用于防治苹果红蜘蛛的生物农药有：阿维菌素、华光霉素、苦参碱、硫悬浮剂及天然植物杀虫剂等。防治苹果红蜘蛛的选择性药剂：螨死净、尼索朗、螨克、克螨特等。在防治红蜘蛛的时期进行轮换使用药剂，切忌长期单一使用一种药剂。

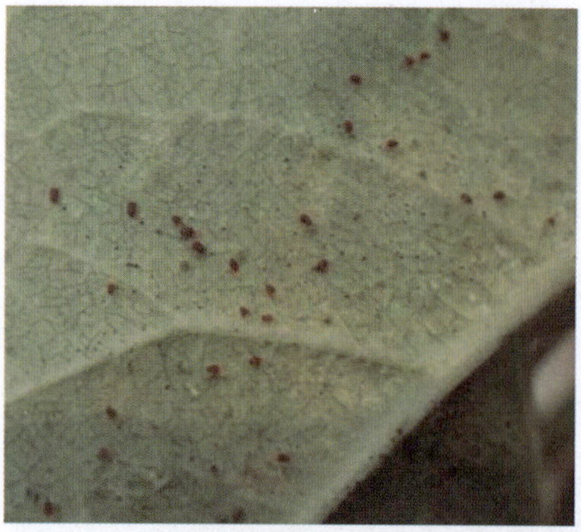

图 8.7　聚集在叶背

图 8.8　越冬场所

二、生长季节苹果病虫害防治

（一）萌芽前至展叶开花期苹果病虫害防治

此时主要防治轮纹病、腐烂病、白粉病等病害，蚜、螨、蚧等越冬害虫，小叶、缩果、苦痘、花叶等生理病害。可用树安康防治腐烂病；三唑酮类杀菌剂预防白粉病；用中生菌素、甲基硫菌灵、多抗霉素防治霉心病。有棉蚜的果园加毒死蜱防治。喷透大枝主干及病疤处，扒晒根茎检查防治根腐病。

临近萌芽前喷 5 度的石硫合剂，可预防多种病虫害。

1. 腐烂病的防治

腐烂病是非常严重的果园病害，特别是盛果期后树势减弱，病情加重，严重的造成树体死亡而毁园。要防治好腐烂病，就要了解其发生发展及传播过程，才能较好地进行预防和治疗。

（1）腐烂病的类型：

① 溃疡型腐烂病：在发病时，一般从皮层开始腐烂，枝干上布满了水渍状病斑，病部组织逐渐变得松软，偶尔还会流出黄褐色汁液并且散发出一股酒糟味，危害严重时枝干上的菌丝、分生孢子器和子囊壳表现明显（图 8.9）。

② 枝枯型腐烂病：通常发生在一年生或两年生的小枝、剪口附近、果台上，用肉眼就能直观地看到枝干上的轮纹病斑，看起来就是一副失水严重、异常干枯的样子，后期在枝干上还能看到很多黑色小点，空气湿润时枝干皮层会溢出孢子角，有时也能闻到酒糟味。

图 8.9　腐烂型

③ 病果型腐烂病：通常前面两种腐烂病危害严重时才会诱发病果型腐烂病，平时是比较少见的。

（2）苹果腐烂病的侵染过程：苹果腐烂病是一种传染性病害，致病菌为苹果黑腐皮壳菌，随风雨传播进入苹果树体中，平时主要以菌丝体、分生孢子器或者子囊壳藏在枝干的病斑、果园及其周围堆放的病残体上越冬，等到第二年春天雨季来临的时候，大量病菌排出，通过雨水飞溅、昆虫活动的传播，嫁接口、冻伤口、树皮裂缝、剪锯口等果树伤口以及枝条上的叶痕、果台枝的果柄痕、枝杈等都有被病菌入侵的风险，当病斑产生菌丝之后又开始二次传播、感染、发病。

（3）病菌的越冬形态及部位：七八年生以上的苹果树地上部皮层基本都携带腐烂病菌，虽然平时看起来和正常果树没什么不同，但当树体树势衰弱、抵抗力下降的时候，病菌会借此机会迅速生长、产生毒素，一步步杀死周围的活细胞并不断向四周扩展蔓延，最终使得皮层组织逐渐腐烂。不过，当侵染点组织恢复健康、树势变得强壮之后，病菌又会停止扩展，回归到潜伏状态，等到环境条件适宜再开始新一轮的病害威胁。

（4）苹果腐烂病的发病因素：

① 周期性的冻害是诱导腐烂病发生最主要的因素之一。

② 果园的粗放式管理、营养的供应不及时是造成苹果腐烂病的另一主导因素。苹果树发生冻害的情况较少见，但粗放管理果园较多见，管理粗放容易诱导各种病虫害的侵袭，而营养不良会造成树势衰弱等情况，这样一来就给苹果腐烂病的爆发提供了非常有利的条件，只待气候适宜就能爆发。

③ 树体的愈伤能力往往与抗病性密切相关。前面我们提到病菌通常喜欢入侵枝干伤口（图8.10），进而萌发、生长、繁殖、传播、危害。因此要想尽可能地减少腐烂病菌的危害，还得从源头抓起，从增强树体的抗病能力着手，由内而外增强树体的愈伤能力。自然伤和修剪伤口过多也是引起腐烂病发生的重要原因。

图 8.10　剪口侵入

④ 苹果腐烂病的发生往往与树体缺钾关系密切。西北农林科技大学孙广宇教授经过研究考察发现，苹果腐烂病严重的果园普遍缺钾，当我们补充足够的钾肥之后，果园里面腐烂病的危害便会得到缓解，并逐渐恢复到健康状态。施肥的时候应注意，除了施足钾肥，还可以适当补充一些有机肥、中微量元素肥等，避免出现营养不良、营养失衡等问题。

（5）苹果腐烂病的发生规律：

苹果腐烂病具有非常明显的季节性，通常每年春季和秋冬是苹果腐烂病的发病高峰期。每年 10 月到 11 月之间，果实采收工作已经完成，果树逐渐进入休眠阶段，树体自身生理活动减弱，病菌便开始表现出活跃状态，逐渐穿透树皮表层，不断蔓延至健康的皮层组织，进而形成越来越多的坏死斑点。从 11 月到次年 1 月，病害持续发展，不过这时尚未表现出明显症状。接着到了 2 月、3 月，气温逐渐回暖，病斑开始加速扩展，病害症状表现得越来越明显，危害也随之逐步加深。但当苹果萌芽展叶进入生长盛期后，随着树势的增强，树体的抗病性也逐渐增强，病斑的扩展速度开始减慢至停止。

（6）苹果腐烂病的防治方法：防治腐烂病必须采取以加强栽培管理，壮树防病为中心；以清除病菌，降低果园菌量为基础；以及时治疗病斑，防止死枝死树为保障，同时结合保护伤口、防止冻害等多项措施，进行综合治理。

① 壮树防病：培育壮树是防病的根本。

a. 合理施肥。关键：一是施肥量要足；二是肥料种类要全，大量元素、微量元素都应兼顾。应特别重视补充钾肥和磷肥，避免偏施过量的氮肥；产量高的果园在秋季落叶前和春季萌芽前一个月，使用青枯立克+沃丰素灌根，通过根系吸收药液，为树体持续提供养分，延缓秋季落叶，延长叶片光合作用时间，创造更多的营养物质；在展叶期、果实生长期等关键时期追肥，可通过叶片喷施靓果安和沃丰素，及时补充树体因营养生长和生殖生长消耗的大量营养，杀灭潜藏在叶片上的病原菌，减少病原基数，调节果树长势，增强抵抗力和抗逆性。

b. 合理灌水。秋季应控制土壤含水量，有利于枝条成熟。早春适当提早浇水，可增加树皮的含水量，降低病斑的扩展速度。

c. 合理负载。及时疏花疏果，控制结果量，增强树势，减轻腐烂病；

d. 合理修剪。要注意三个方面：一是尽量少造成伤口，并对伤口加以处理和保护，伤口用勃生涂干肥进行保护；二是调整生长与结果的矛盾，培育壮树；三是调整枝量勿使果园郁闭。

e. 保叶促根。加强果园土壤管理，为根系发育创造良好条件，及时防治叶部病虫害，避免早期落叶，增强树势。

图 8.11 所示为溃疡型腐烂病，树势衰弱、剪锯口增多而未保护伤口，是腐烂病快速扩散的重要原因。

图 8.11　树势衰弱

② 除病菌：降低果园菌量是控制病害发生、发展的基础。

a. 果园卫生。及时治疗病斑，及时清除病死枝，及时刨除病树，修剪下来的枝干要尽快运出果园。

b. 重刮皮。主要有三方面作用：一是将枝干表面和树皮浅层的潜伏病菌刮除；二是刺激树体的愈伤能力；三是新形成的皮层2～3年内不产生落皮层。

c. 休眠期喷药。苹果树落叶后和发芽前喷铲除性杀菌剂可直接杀灭枝干表面及树皮浅层的病菌，对控制病情有明显效果，发芽前喷保护性杀菌剂。比较有效的药剂有康尔新、波尔多液等。

图8.12为病部长出的分生孢子角，如不及时清除、刮出病斑，大量分生孢子会从分生孢子角中散出，开始新的传播和侵染。

常在刚进入休眠期和临萌芽前喷石硫合剂预防。

图8.12　分生孢子的来源

③ 病斑治疗：及时治疗病斑是防止死枝死树的关键。以前广泛使用的福美砷效果虽较好，但因残留超标，已被禁用。

a. 刮治。如图8.13，病斑已深入木质部。

图8.13　刮出病斑

刮治法成功与否的技术关键有三点：一是彻底将变色组织刮干净，往外再刮0.5厘米左右；二是刮口不要拐急弯，要圆滑，不留毛茬，要光滑，上端和侧面留立茬，尽量缩小伤口，下端留斜茬，避免积水，有利愈合；三是涂药，保护伤口的药剂用涂干肥或伤口愈合剂，具有铲除、无药害、促进愈合等作用，可有效防治腐烂病。

b. 割治。病情不严重或病斑较浅、较小的可以采用割治的方法，就是用刀割病部，在伤口的基础上扩大用药面积，割治成功的技术关键一是两次刀割的距离不能超过 1.5 厘米，深度必须达到木质部；二是所用药剂必须具有较强的渗透性或内吸性，能够渗入病组织，并对病菌有较强的杀伤效果。常用溃腐灵原液+有机硅涂抹。

c. 包泥。只要操作适宜，治愈率可达 95%以上。保证效果的关键一是泥要黏，尽量使用黏土，不能使用沙土；二是要包严，包泥厚度 2 厘米以上，并且超出病斑 2 厘米以上；包泥后包扎要严，不能透风漏水；三是保持长时间，包扎严密状态最少要保持 1 个月以上，一般应达到 2 ~ 3 个月。

d. 药剂防治。涂抹：3 月份病斑刮除后和 6—7 月份全园涂干：1 份树管家（朵贝）+20 份水。喷雾：发芽前全树喷 300 ~ 400 倍树管家（朵贝），主要是树干。或用溃腐灵 60 ~ 100 倍全园喷雾，杀灭潜藏在树体及表面的病原菌，降低腐烂病菌数量，降低发病率。可在萌芽前一个月用青枯立克 300 倍+沃丰素 600+地力旺 500 倍灌根，展叶期及生长旺盛期用靓果安 300 倍+沃丰素 600 倍喷雾。杀灭病菌，及时为树体补充植物活性苷肽，壳聚糖、氨基酸和微量元素，微生物菌剂还能促进根系生长发育，增强树势，提高抗病能力和抗逆性。文献表明，溃腐灵与靓果安配合使用对腐烂病防治效果较好。也可用前面讲到的国家苹果病害防治体系中的树安康等药剂。

特别需要说明的是：由于腐烂病能够侵入大家看不到的木质部，所以在施药时，提高药液渗透的渗透剂一定要添加，这样才能使药液充分作用到木质部靶标病害上，更好地发挥药效。

（二）新梢生长及幼果期苹果病虫害防治

此时主要防治果实及叶部病害：黄蚜、棉蚜、螨、卷叶蛾；褐斑病、斑点早期落叶病等早期落叶病，轮纹病、苦豆病、白粉病。选用三唑类的戊唑醇、己唑醇加代森锰锌、中生菌素、多抗霉素等防治病害；用吡虫灵、毒死蜱、联苯菊酯、甲氰菊酯、阿维菌素、甲维盐等防治虫害。谢花后 10 ~ 20 天补钙防治苦痘病，用中生菌素、春雷霉素两次防治富士园疱斑病。

1. 霉心病的防治

苹果霉心病是一种在果实接近成熟期至贮藏期危害果实的病害，引起果实霉心、心腐或采前落果。苹果霉心病的防治应采取生长期药剂防治和贮藏期控制贮藏条件相结合的方法。红富士苹果常患此病，如果看起来比同树其他苹果鲜艳，底色为橙黄红色，常有霉心。图 8.14 为霉心型霉心病果。图 8.15 为腐烂型霉心病果。

图 8.14　霉心型霉心病果

图 8.15　腐烂型霉心病果

防治方法：（1）清除菌源：苹果采收后，应及时清除果园内病果、落果和落叶。休眠期结合冬季修剪，去除病虫枝和枯死枝，减少越冬菌源。落叶后或萌芽前期喷施波美度 5 度或 20～30 倍晶体石硫合剂。

（2）生长期药剂防治：花期选择农药和喷施时要慎重，很多农药在花期易产生药害，部分农药有疏花作用。

① 花芽膨大至露红期，结合防治苹果白粉病等，可选择渗透性、治疗性较好的杀菌剂，如 30%苯醚甲环唑・丙环唑悬浮剂 1000～1500 倍液或 430 克/升的戊唑醇悬浮剂 2000～3000 倍液，1.5%噻霉酮水乳剂 500 倍液，以铲除枝干、干枯枝上产生的病菌分生孢子。

② 初花期，选择对坐果无影响的杀菌剂喷施，以消灭花器上的病菌。如 3%多抗霉素水剂 400 倍液，或 4%农抗 120 水剂 600～800 倍液，80%代森锰锌可湿性粉剂 700 倍液。

③ 幼果期，这是防治霉心病的关键时期，应在苹果落花后 10 天选择内吸性杀菌剂，结合防治苹果轮纹病、炭疽病，喷洒 430 克/升的戊唑醇悬浮剂 4000～5000 倍液，或 10%苯醚甲环唑水分散粒剂 3000～4000 倍液，70%乙磷铝・锰锌可湿性粉剂 1000 倍液。

④ 可用宝丽安（多抗霉素）落花 70%：使用 1000～1500 倍液主要防治霉心病，可以兼防白粉病。谢花后至套袋前：使用 1000～1500 倍液主要防治斑点落叶病和霉心病，可以兼防白粉病、黑红点病、褐斑病和螨虫。套袋后至摘袋前：使用 1000～1500 倍液主要防治褐斑病，可以兼防螨虫。

采收后防治对那些硬度差、果面缺乏光泽的果实，应剔除掉，杜绝入库。有条件者，可先在 10～15 摄氏度的库内短期预贮，剔除发病果后，再放入气调冷库中贮藏。

2. 苹果早期落叶病的防治

苹果叶片发生的褐斑病、圆斑、轮斑、灰斑、斑点落叶病都能引起苹果树早期落叶，因此统称为苹果早期落叶病。近年来苹果早期落叶病，尤其是褐斑病在每年雨水来临后大量发生，严重的造成 7、8 月份前后苹果树体大量落叶，甚至还没有采果树叶就大量脱落，果皮上产生红点，从而严重影响当年苹果的产量品质，对后期苹果花芽分化极为不利。还会削弱秋后光合效能，降低树体营养贮存水平，影响次年苹果前期生长及产量，加剧苹果大小年现象。而且由于树势衰竭，更加剧了苹果腐烂病、轮纹病的大发生。图 8.16 为叶片上的病斑。

图 8.16　苹果早期落叶病

（1）发病规律：

① 越冬场所：以菌丝团或菌索在病叶上过冬。

② 该病大发生的条件：

a. 果园郁闭、湿度大、光照通风不良是其大发生的先决条件。

b. 树势强，果量大，病害重，反之则轻。

c. 5—6 月份降雨早而多的年份发病早而重，7—8 月份高温多雨，该病大流行。

d. 早期落叶病以侵染幼叶为主，一般在花后的 7 ~ 10 天开始侵染，后期发病。

如图 8.17，摄于 2020 年 6 月，该年雨季较前一年早，连续几场雨后叶部病斑明显增多，应及时防治，等到秋初落叶时防治就晚了。

图 8.17　雨季提前，叶部病斑增多

（2）防治方法：

① 农业防治：凡是能增强树势的栽培措施，如改良土壤、科学施肥、合理修剪，改善通风透光条件等，都能减轻发病。

② 清除病源：春季彻底清扫落叶，并集中烧毁，减少病源基数。

③ 化学防治：早期落叶病，属一种综合性病害。药剂防治是有效防控早期落叶病发生危害的主要措施。关键是抓住两个危害高峰期：春梢期从落花后开始喷药，10 天左右 1 次，需喷药

3 次左右；秋梢期根据降雨情况及时喷药保护，一般需喷药 2 次即可控制。常用有效药剂有：10%多抗霉素可湿性粉剂 1000 ~ 1500 倍液、1.5%多抗霉素可湿性粉剂 300 ~ 400 倍液、41%甲硫·戊唑醇悬浮剂 800 ~ 1000 倍液、250 克/升吡唑醚菌酯乳油 2500 ~ 3000 倍液、430 克/升戊唑醇悬浮剂 3000 ~ 4000 倍液、45%异菌脲悬浮剂或 50%可湿性粉剂 1000 ~ 1500 倍液、68.75%噁酮·锰锌水分散粒剂 1000 ~ 1500 倍液、80%代森锰锌可湿性粉剂 800 ~ 1000 倍液。尽量在雨前喷药效果好，但必须选用耐雨水冲刷药剂。也可于花序分离期喷 70%安泰生 800 倍液，有较好的预防效果；落花后 7 ~ 10 天树上喷 80%大生 M-45 可湿性粉剂 800 倍液、68.75%易保水分散粒剂 1200 倍、10%农抗 120 可湿性粉剂 800 倍液；套袋前（6 月上旬）再喷一次，套袋后（7 月上旬）用锌铜波尔多液（石灰 1 ~ 1.5 千克，硫酸铜 0.5 ~ 0.25 千克，硫酸锌 0.15 ~ 0.25 千克、水 100 千克），保护叶片。8 月份进入雨季后，再喷一次 5000 ~ 7000 倍的好力克铲除性杀菌剂。

3. 苹果白粉病的防治

（1）症状：病菌主要危害新梢、嫩芽、花、幼果及休眠芽，苹果白粉病是一种外寄生菌，被害后寄主表面白粉状物是菌丝和分生孢子。

（2）发病过程：病菌主要以菌丝潜伏在芽鳞或鳞片间越冬，春季芽萌动后进行初侵染，4—6 月份是发病盛期，7—8 月高温发病缓慢，8 月底再度在秋梢上蔓延，9 月后又逐渐衰退。

（3）防治方法：

① 清除病源：冬剪时彻底清除病梢，萌芽后及时剪掉病梢，并集中烧毁。

② 农业防治：注意氮、磷、钾的配合，适当控制氮肥施用量，改善果园通风透光条件，促使枝条健壮生长，提高抗病力。

③ 化学防治：春季萌芽前喷波美度 5 度的石硫合剂，对于发生严重的果园，现蕾期前或者花后选用三唑类的戊唑醇、己唑醇加代森锰锌、中生菌素、多抗霉素等药剂防治，如 15%粉锈宁可湿性粉剂 1500 倍，能有效控制其危害。

图 8.18 为病枝、病芽，严重症状的病叶。

图 8.18　白粉病

（三）新梢旺盛期生长及幼果迅速膨大期苹果病虫害防治

此时主要防治轮纹病、炭疽病、早期落叶病、疫腐病等果实及叶部病害，嘎啦、金冠要注意炭疽叶枯病的防治；防治黄蚜、棉蚜等蚜虫，卷叶蛾、桃小等鳞翅目害虫。杀虫、杀菌剂选用三唑类的戊唑醇、己唑醇加代森锰锌、中生菌素、多抗霉素等防治病害；用吡虫灵、毒死蜱、联苯菊酯、甲氰菊酯、阿维菌素、甲维盐等防治虫害。斑点落叶病严重果园可选用多抗霉素、己唑醇，注意保护性杀菌剂和内吸性杀菌剂的选用，各种杀菌剂交替使用。

1. 苹果蚜虫类的防治

蚜虫是苹果园生产中的主要害虫之一，也是其他作物上的主要害虫。危害苹果的蚜虫主要种类有苹果棉蚜，苹果瘤蚜和苹果黄蚜。其主要吸食嫩梢和叶片的汁液及叶绿素，大量发生时，受害叶变形，光合功能下降，影响新梢生长。

（1）危害特点：

① 苹果棉蚜（图 8.19）主要集中于枝干上的剪锯口、病虫伤口、翘皮裂缝、新梢叶腋、短果枝、果柄、果实的梗洼和萼洼以及根部危害。被害部位附着蚜虫和寄主组织受刺激形成的肿瘤、虫瘿，并覆盖着大量的白色絮状物，虫瘿破裂常易招致其他病虫害如苹果透翅蛾、腐烂病的发生。挖开受害植株浅层根部也可见该虫危害根系形成的根瘤。树体受害后发育不良，长势衰弱，产量降低。叶片黏附蚜虫分泌物，影响光合作用，甚至造成提早落叶。果实受害后发育受阻，品质下降，受害严重时造成树体死亡。

图 8.19　棉　蚜

② 苹果瘤蚜的成虫、若虫群集芽、叶和果实上刺吸汁液，致受害幼叶现红斑，叶缘向背面纵卷皱缩，变黑褐干枯。幼果被害果面出现红凹斑，严重的畸形，如图 8.20。在盐源县苹果和花椒几乎同时萌发，瘤蚜可在花椒和苹果新梢嫩叶上同时危害，群体密度大时，常有蚂蚁与其共生，如图 8.21。

图 8.20　苹果瘤蚜

图 8.21　瘤蚜同时为害花椒，与蚂蚁共生

③ 苹果黄蚜（图 8.22）。苹果黄蚜学名绣线菊蚜。以成虫、若虫刺吸叶和枝梢的汁液，叶片被害后向背面横卷，影响新梢生长及树体发育此虫无转换寄主现象，是一种留守型蚜虫。

（2）生活习性：

① 棉蚜一般每年发生 10 多代，以若蚜在枝干伤疤裂缝内和近地表根部及根蘖上越冬。从 5 月上旬越冬若虫成长为成蚜，产生第一代若蚜，开始原地危害。5 月下旬至 6 月是全年繁殖盛期（如图 8.23，摄于 2020 年 6 月初），1 龄若蚜四处扩散。7—8 月受高温和天敌影响，蚜虫数量减少，9 月中旬以后又有增长，11 月中旬蚜虫陆续进入越冬状态。

图 8.22　苹果黄蚜

（a）　（b）

图 8.23　棉蚜繁殖盛期

② 苹果瘤蚜一年发生 10 多代，以卵在一年生枝条芽缝、剪锯口等处越冬。次年 4 月上旬，越冬卵孵化，自春季至秋季均孤雌生殖，发生为害盛期在 6 月中下旬。10—11 月出现有性蚜，交尾后产卵，以卵态越冬。

③ 黄蚜一年发生10余代，以卵在寄主枝梢的皮缝、芽旁越冬。翌年苹果芽萌动时开始孵化，约在5月上旬孵化结束。初孵若蚜先在芽缝或芽侧危害10余天后，产生无翅和少量有翅胎生雌蚜。5—6月继续以孤雌生殖的方式产生有翅和无翅胎生雌蚜。6—7月繁殖最快，产生大量有翅蚜扩散蔓延造成严重危害。7—8月气候不适，发生量逐渐减少，秋后又有回升。10月间产生性蚜，产卵越冬。

（3）天敌有：多种瓢虫、草蛉、食蚜蝇、寄生蜂及蜻类。

（4）防治方法：

① 加强检疫：由于棉蚜属于检疫对象，所以不要从苹果棉蚜疫区调运苗木，接穗及其他有关材料，杜绝通过果品运输渠道扩散蔓延。

② 物理防治：棉蚜可通过剪除带虫枝条，刮除虫瘤粗皮加以消灭，也可用诱虫带扑杀越冬蚜虫。黄色粘蚜板（纸）对几种蚜虫都有防治效果，如图8.24，可以观察到很多有翅瘤蚜。

③ 树体喷药：果树休眠期防治：苹果发芽前，喷含油量5%的柴油乳剂，消灭越冬卵，可兼治红蜘蛛和各种介壳虫。在春季的4—5月是几种蚜虫的越冬代始发期，5、6月有翅蚜增多，应抓住时机，尤其是越冬孵化期喷施和秋季的8—9月喷布吡虫啉、噻虫嗪、啶虫脒、高效氯氟氰菊酯（注意喷布危害部位）、毒死蜱等杀虫剂进行防治。

④ 保护和利用天敌防治：苹果蚜虫类的捕食性天敌有七星瓢虫，异色瓢虫，草蛉、食蚜蝇、寄生蜂及猎蝽类等。日光蜂对苹果棉蚜的寄生率高达80%，应加以保护。

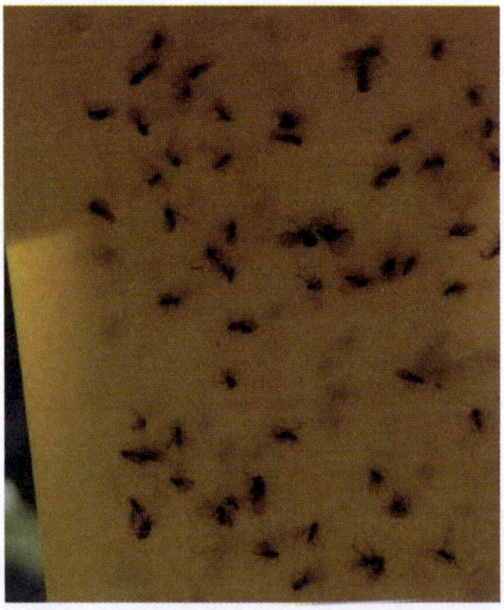

图8.24　粘蚜板（纸）

2. 金龟子的防治

危害苹果的金龟子主要是铜绿金龟子[图8.25（a）]，和苹毛金龟子[图8.25（b）]。铜绿金龟子每年发生1代，以3龄或2龄幼虫在土中越冬。翌年4月越冬幼虫开始活动为害，5月化蛹，盐源县5月中下旬、6月初为成虫活动期，主要危害叶片和果实，咬食果实较卷叶蛾深很多，成“坑坑洼洼”状，直到7—8月份。成虫有趋光性及假死性，昼伏夜出性非常明显，白天隐伏于地被物或表土，出土后在寄主上交尾、产卵。寿命约30天。在高温高湿时为害较严重。金龟子将卵散产于根系附近5～6厘米深的土壤中，卵期约10天，7—8月份为幼虫活动高峰期，10—11月进入越冬期。雨量充沛的条件下成虫羽化出土较早，盛发期提前，是一种杂食性害虫。幼虫为蛴螬[图8.25

（c），图（d）为蛹]，盐源县称为“老母虫”，在土壤中取食植物幼根，一般为害不明显。

苹毛金龟子在盐源县被称为“黄壳壳虫”，比铜绿金龟子活动略早，一年发生1代，以成虫在土中越冬，次年晚春开始出土活动，是一种杂食性害虫，盐源县成虫多在生理落果后，端午节前危害。

图8.25 铜绿丽金龟和苹毛金龟

（1）苹毛金龟子防治方法：

① 在成虫发生期可在树下铺塑料膜，然后振树收集，如图8.26（摄于2020年6月1日）。地面施药防治，在幼果迅速膨大期，傍晚注意观察虫情，可在树盘下施药，每亩施用50%辛硫磷乳油0.5千克，加水300倍液地面喷雾，喷药后用耙把药混入土中，防止辛硫磷光解。

② 喷药防治：幼果膨大期，注意观察虫情，用菊酯类农药1500～2000倍液喷雾、25%西维因可湿性粉剂800～1000倍液，75%辛硫磷乳剂1000～2000倍液喷雾。

图8.26 苹毛金龟子

（2）铜绿丽金龟子防治方法：

① 在其出土盛期，用40%毒死蜱乳油200倍喷施树盘土壤或地表撒施毒死蜱颗粒剂；在成虫期树上，可用50%辛硫磷乳油1000倍液或35%氯虫苯甲酰胺水分散粒剂1000～2000倍或300克/升氯虫·噻虫嗪悬浮剂1500～2500倍液喷施树冠，杀死大量出土成虫。

② 利用金龟子的假死性，于傍晚成虫活动期，摇动树枝，收集，人工捕杀成虫。

③ 防治幼虫（蛴螬），在卵和初孵幼虫期，选用40%毒死蜱乳油1500～2000倍液或50%辛硫磷乳油1000～2000倍液或300克/升氯虫·噻虫嗪悬浮剂

1500 ~ 3000 倍液进行灌根处理，能有效防治幼虫。

④ 结合冬、春季深耕翻土，捕杀幼虫、成虫及蛹，降低害虫基数。施用的农家肥、土杂肥一定要经过充分腐熟后再施用，避免引来铜绿丽金龟子。

3. 苹果蚧壳虫类的防治

蚧壳虫是苹果树上的常见虫害，由于很多果农对介壳虫生活习性了解较少，加上用药时期不当，防治效果差，使介壳虫危害严重。

（1）危害特点：

危害苹果的蚧壳虫主要是球坚蚧（图 8.27），此外还有草履蚧、糠片蚧等，该虫虫体上有蜡质分泌物，药液很难渗透进去，刺吸式口器，常群集于新梢、枝叶、果实上吸取植物汁液，严重时会造成叶片凋萎、枝条干枯甚至全株死亡，并能诱发煤污病，危害极大。

图 8.27 球坚蚧

（2）生活习性：

据观察，盐源县球坚蚧每年发生 1 代，以 2 龄若虫在苹果枝背阴处越冬，外覆有蜡被。盐源县樱桃树上球坚蚧发生较早，春季 3 月中旬就发现开始活动，从蜡被里脱出寻找新的固定点，如图 8.28，而后雌雄分化，雄若虫 4 月初开始分泌蜡茧化蛹，4 月中旬开始羽化交配，交配后雌虫体迅速膨大逐渐形成球形蚧壳（图 8.28），并产卵于蚧壳内。卵期 7 天左右；5 月下旬至 6 月上旬为孵化盛期。初孵若虫分散到枝、叶背、果实上吸食汁液危害，2 两年生枝上最多，落叶前叶上的虫转回枝上，以叶痕和缝隙处居多，此时若虫发育极慢越冬前蜕 1 次皮，10 月份脱皮一次后以 2 龄若虫，并形成一层白色蜡壳，于蜡被下越冬。

各个地方小气候不同，害虫的发生发展各不相同，要注意观察。

（a）越冬后的幼虫

（b）一个月后虫体膨大，分泌黏液

图 8.28 球坚蚧

（3）防治方法：

① 解决果园密闭问题疏除交叉枝、重叠枝，开张角度，适时落头来改善果园风光条件，营造不利于蚧壳虫生存的环境，确保药液能够喷洒到所有枝叶，接触到虫体，药到虫除。

② 采用物理手段，疏花疏果时、夏季修剪时疏除虫害枝，对少量的虫体可以直接抹除。

③ 抓住关键时间喷药防治：根据苹果蚧壳虫防治的关键时期，建议在这两个时期分别用药进行防治。

a. 早春苹果树体萌芽前，是越冬若虫开始活动期，此时用药没有树叶的遮挡，药物可直接接触到虫体，是全年药物防治的第一个关键时期。建议选择松脂合剂 10 倍液或者 5 度石硫合剂，对全树进行细致喷雾，能杀死大部分越冬若虫。

b. 5 月至 6 月上旬，蚧壳虫发生严重的果园，一定要密切注意初孵幼虫的发生期，球坚蚧壳虫卵通常在雌虫分泌的介壳下，蚧壳虫若虫刚孵化出来后，初孵若虫经过短时间爬行，开始固定生活，刺吸枝叶汁液并逐渐在体表形成蜡层。因此在卵孵化后不久，体表尚未形成蜡层前是喷药防治的最佳时期，极易杀死。掌握时间是 6 月上旬前后，这时要注意观察，若球形外壳臀裂开裂，沿叶柄到叶片有针尖大橘红色小点，这便是蚧壳虫的若虫，此时用药，防治效果最佳。

推荐药剂：建议用药为毒死蜱、吡虫啉、苦参碱，也可用呋虫胺、亩旺特、松脂酸钠、噻虫嗪、螺虫乙酯等加有机硅交替使用喷雾防治。市场上的杀扑磷效果最好，但是已经禁用，目前来看允许使用的化学成分里，对介壳虫效果最好的有吡丙醚、毒死蜱、螺虫乙酯、噻嗪酮等。种植户可以选择以上成分搭配防治蚧壳虫，下面几个药剂配方可供参考：

48%毒死蜱乳油 1500 倍+助剂（用药时要加上助剂，因为蚧壳虫表面的蜡质层可能会阻挡药液的渗透，所以应当搭配合适的助剂。推荐矿物油、甲基乙基植物油、橙皮精油、有机硅等）、10%高效氯氰菊酯·吡丙醚 1000 倍+助剂、10%吡丙醚 1500 倍+20%啶虫脒 1500 倍+助剂、22.4%螺虫乙酯 1500 倍+2.5%溴氰菊酯 1000 倍、20%高氯噻嗪酮 1500 倍+70%啶虫脒 3000 倍、30%螺虫乙酯·吡丙醚 2000 倍+10%高效氯氰菊酯 1500 倍等。

用药时尽量搭配一些菊酯类或者烟碱类杀虫剂，对于提高杀虫效果有明显的作用，同时也要注意药剂的轮换使用，避免对某一成分产生抗性。

④ 如果错过蚧壳虫产卵盛期用药，建议用松脂合剂稀释 10 ~ 15 倍喷雾，同时可以清除煤污病。

4. 苹果卷叶蛾的防治

卷叶蛾是苹果树上普遍发生且危害性较大的一类害虫。其中以顶梢卷叶蛾、苹小卷叶蛾和苹果大卷叶蛾发生较重。下面主要介绍顶梢卷叶蛾的习性和防治：

（1）危害状：

① 顶梢卷叶蛾：主要危害新梢，把顶梢卷成一团，外部粘有茸毛，取食嫩叶和幼芽。发生严重时，幼树被害梢率达 60%以上，严重影响新梢的生长发育和苗木的生长。图 8.29 所示为其危害状。

② 苹果小卷叶蛾：主要危害幼芽、花苞、叶片和果皮。当没有果实的时候，幼虫吐丝缀连叶片，将数片叶卷曲成团，潜居缀叶中危害；有果后将叶片粘贴于果面，在其中啃食果皮及果肉，使被舔食的果面上出现一个个小洼坑。

③ 苹果大卷叶蛾：主要危害幼芽、嫩叶和果实，在卷叶内取食叶肉，在果与果、果与叶间，将果面舔食成较深的坑。

图 8.29　卷叶蛾危害状

（2）发生习性：卷叶蛾 1 年发生 2 代，以幼虫在枝梢顶端卷叶团中结茧越冬，有时在果实萼洼处结茧越冬，第二年春季苹果发芽（气温 10 摄氏度以上）时开始出蛰危害芽，然后卷叶继续危害。幼虫老熟后，在卷叶团中化蛹，蛹期 11 ~ 17 天。越冬代成虫 5 月下旬开始出现，盛期在 6 月上旬，成虫产卵于新梢中部叶片背面，卵期 4 ~ 7 天，孵化出的幼虫继续卷叶危害，老熟后仍在卷叶团中化蛹，第 2 代幼虫 8 月危害秋梢。1 年中以春季越冬幼虫和第 1 代幼虫危害芽和春梢造成的损害最重。

（3）防治方法：

① 冬季和早春发芽前结合修剪，彻底剪除被害梢顶端的卷叶团，并集中起来消灭其中的越冬幼虫。这样可基本控制当年危害。如已造成危害，可在成虫羽化前及时捏死当年虫苞中的幼虫或摘下虫苞杀虫，此项措施经济有效，是主要的防治措施。

② 药剂防治在越冬代幼虫出蛰期和第 1 代幼虫孵化盛期是药剂防治重点，以后各代可结合防治其他害虫时兼治。主要药剂有：25%灭幼脲 3 号胶悬剂 2000 倍液、48%乐斯本乳油 2000 倍液、1.8%阿维菌素乳油 5000 倍液、2.5%功夫或杀灭菊酯乳油 3000 倍液喷雾。

③ 休眠末期或临近萌芽前喷 40%毒死蜱 800 倍，降低全园卷叶蛾基数；4 月中下旬后，直至套袋前，连打 3 遍 3%甲维盐 4000 倍或 10%吡丙醚+20%虫螨腈 4000 倍，高效杀灭卷叶蛾，对幼虫、成虫及虫卵皆有良好的杀伤效果。也可结合防治蚧壳虫喷高效氯氟氰菊酯、灭幼脲等药剂。

5. 苹果轮纹病的防治

苹果轮纹病又称粗皮病、轮纹褐腐病，属于弱寄生菌危害，和树体自身树势弱、储备养分少、免疫力低密切相关，其次外部条件如冻害及修剪等因素会产生伤口，为病原菌侵染提供了条件。

（1）枝干轮纹病（粗皮病）：

① 症状：病菌侵染枝干，多以皮孔为中心，初期出现水渍状的暗褐色小斑点，逐渐扩大形成圆形或近圆形褐色瘤状物，如图 8.30。病部与健部之间有较深的裂纹，后期病组织干枯并翘起，常伴有伤流现象，中央突起处周围出现散生的黑色小粒点。在主干和主枝上瘤状病斑发生

严重时，病部树皮粗糙，呈粗皮状。后期常扩展到木质部，阻断枝干树皮上下水分、养分的传导，严重削弱树势，造成枝条枯死，甚至死树、毁园的现象。生理性粗皮病在富士上发生时常在中心干病部常发生伤流现象，如图 8.31。

图 8.30 轮纹病症状

图 8.31 生理性粗皮病

② 与生理性粗皮病的区别：轮纹病虽又称为粗皮病，但它是子囊菌亚门的真菌引起的病害，如图 8.32。而生理性粗皮病往往是锰素过多、酸性过强引起的，还与品种密切相关，新红星系列较明显且严重，如图 8.33，一般品种果园经合理灌水、雨季排涝后症状可减轻，症状轻微的常会消失，树体会照常抽枝和开花结果。

图 8.32 轮纹病症状

图 8.33 新红星易感病

（2）果实轮纹病症状：如图 8.34，果实进入成熟期后陆续发病，发病初期在果面上以皮孔为中心出现圆形、黑至黑褐色小斑，逐渐扩大成轮纹斑。略微凹陷，有的短时间周围有红晕，下面浅层果肉稍微变褐、湿腐。后期外表渗出黄褐色黏液，烂得快，腐烂时果形不变。整个果烂完后，表面长出粒状小黑点，散状排列。后期失水变成黑色僵果。

图 8.34　果实轮纹病

（3）防治方法：

① 清园：分别于萌芽前半个月、秋季落叶 2/3 时，用溃腐灵原液 60～150 倍液全园喷雾，防止病害的传播蔓延。也利于腐烂病的防治。

② 涂刷树干：在萌芽前和病害高发前，用溃腐灵 1～50 倍液+有机硅涂刷树干，既可杀死潜伏的病原菌，也可复壮植株，增强树体免疫力。

③ 涂抹病斑：对于轻微病斑直接纵划，划口比病斑长 2～3 厘米，用溃腐灵原液直接涂抹。对于重大病斑，用刀刮除病部组织，用溃腐灵原液涂抹病疤，连续 2～3 次，间隔 3～5 天。溃腐灵作为中（草）药制剂，有医养结合的功效，杀菌的同时补充树体所需的养分，还可促进伤口愈合，增强树势，提高植株的抵抗力。

④ 合理的水肥管理：不偏施氮肥，增施磷、钾肥，培育壮苗，增强树势。

⑤ 生长期喷药保护：轻微发病时，用靓果安 300 倍液稀释喷洒，5 天用药一次；病情严重时，用喷洒靓果安 200 倍液稀释喷洒，7～10 天喷施一次。在多雨年份以及晚熟品种上可适当增加喷药次数。

病情严重的果园可以建立以波尔多液为主体、交替使用有机杀菌剂的药剂防治体系。实践证明，波尔多液与有机合成杀菌剂交替施用，防治效果较好，病菌不易产生抗药性。但在幼果期（落花后 30 天内）不宜使用，否则可引发果锈，尤其金冠等黄色品种较明显。注[④]。在果实生长后期（8 月底至 9 月底）禁止喷施波尔多液，提倡喷洒保护性杀菌剂（如代森锰锌、百菌清等）与甲基托布津等内吸性杀菌剂交替轮换使用或混合使用。不套袋的果园多在谢花后两周开始喷药，一般每 15～20 天一次，也可试行侵染后防治，即在果实转入感病状态之前（7 月 20 日前后）施用内吸治疗杀菌剂苯菌灵，每隔 15 天喷 1 次，共喷 2～3 次，据报道防效很好。雨季喷药最好加入害立平、助杀等助剂，以提高药剂的黏着性。

⑥ 灌根：灌根不仅可以通过中（草）药的传导性直接杀灭潜藏在树体内的病菌，还可以补充树体营养，促进生根，从而达到扭转树势、营养复壮的效果。对于枝干病害严重、传输功能弱化的采用青枯立克 60～300 倍+沃丰素 300～600 倍灌根。

⑦ 贮藏期防治：果实套袋是防治果实轮纹病的有效措施。田间果实开始发病后，注意摘除病果深埋。果实贮藏运输前，要严格剔除病果以及其他有损伤的果实，预冷后在 1～2 摄氏度的

低温下储存。

6. 苹果炭疽病的防治

炭疽病又称苦腐病、晚腐病，是叶、果实病害之一，夏季高温、高湿气候发生严重。苹果炭疽病主要危害果实。

（1）症状：被害果面出现淡褐色、水渍状、边缘清晰的圆点，逐渐扩大成水烂眼，最后形成一个表面凹陷的暗褐色大斑，病斑中央长出一圈圈的略呈同心轮纹状排列的黑色粒点。剖开病果呈漏斗状褐色软腐，有时腐烂部位达到果芯，病组织尝之味苦，如图 8.35。

图 8.35　炭疽病症状

（2）发病规律：

① 苹果炭疽病菌以菌丝体在病枯枝、破伤处、病果苔、病落果、病僵果在树上或地下越冬，也可在果园周围的刺槐上越冬。

② 第二年春产生分生孢子。分生孢子借雨水的飞溅和风雨传播，经皮孔或直接侵入完成初侵染。

③ 一般苹果坐果期开始侵染，果实迅速膨大期是侵染高峰，8 月以后侵染量减少。

④ 幼果期侵染多，成熟期侵染少，幼果期发病少，成熟期发病多，也具有潜伏侵染的特性。其潜伏期较短，一般为 5 ~ 50 天，发病期较长，发病较早，一般 7 月份开始发病。

⑤ 与轮纹病最大的区别在于：当年病果产生的分生孢子器，可散发分生孢子，再次侵染果实，具有再侵染和再侵染频繁的特点。

（3）防治方法：

① 强调春秋季节清除菌源以防为主。也就是早春剪除病残枝、病果台、病僵果、处理地面病落果，不用刺槐或苹果枝做护栏，减少病菌初侵染源。

② 提倡夏秋季节与其他病害配合防治。秋季定期巡查果园，发现病果，立即摘除，减少病菌再侵染。

③ 夏秋季节同为苹果炭疽病和轮纹病的侵染期，而目前防治这两种病害的有效药剂又基本相同，再加上轮纹病是红富士苹果园中常见而严重的果实病害，因此红富士苹果园果实病害的防治应以重点防治轮纹病为主，兼治苹果炭疽病。苹果炭疽病一般不需要单独用药防治。

7. 苹果疫腐病的防治

苹果疫腐病是一种真菌病害，病菌随病组织在土壤中越冬。

（1）传播途径和发病条件：翌年遇有降雨或灌溉时，随雨滴或流水传播蔓延，果实在整个生育期均可染病，每次降雨后，都会出现侵染和发病小高峰，因此，雨多、降雨量大的年份发病早且重。尤以距地面 1.5 米的树冠下层及近地面下垂枝上的果实先发病，且病果率高。生产上，地势低洼或积水、四周杂草丛生，树冠下垂枝多、局部潮湿发病重。图 8.36 为疫腐病病叶。图 8.37（a）为炭疽叶枯病，图（b）为疫腐病，树体感炭疽叶枯病后整树都会落叶，而疫腐病只会溅水的下部落叶，炭疽病病叶红褐色，边界明显，病斑常焦枯，疫腐病黑褐色。图 8.38 为疫腐病病果。

图 8.36　疫腐病病叶

（a）炭疽病叶　　（b）疫腐病叶

图 8.37　炭疽病与疫腐病病叶比较

图 8.38　疫腐病病果

（2）防治方法：

① 及时清理落地果实并摘除树上病果、病叶集中处理；病菌以雨水飞溅为主要传播方式，适当采取提高结果部位和地面铺草等方法，可避免侵染减轻为害；

② 改善果园生态环境，排除积水，降低湿度，树冠通风透光可有效地控制病害；果园生草、树盘覆盖可以防止雨水溅到下层果子上，减少病原菌扩散。

③ 定干不宜太低，尤其是下部骨干枝和枝组下垂时容易使果实被从地面飞溅的雨水溅到，也容易感病。

④ 土壤消毒：用克菌丹 1 千克+硫酸铜钙 1 千克，适当掺些细沙，这样全园撒施，可以起到很好的防治效果。地面喷施 100 倍液的硫酸铜或者硫酸铜钙；落花后至套袋前，喷施 50%的烯酰吗啉 2500 ~ 3000 倍液，套袋后喷施 85%的甲霜灵 800 倍液；树干涂抹 100 倍液的硫酸铜或者浇灌也行。

⑤ 药剂防治：落花后推荐使用 40%苯醚甲环唑悬浮剂或 40%己唑醇悬浮剂 + 25%吡唑醚菌酯悬浮剂（80%络合态代森锰锌），套袋及套袋后建议交替使用吡唑戊唑醇，氟环唑，氟硅唑，三乙磷酸铝，克菌丹，波尔多液及其比较先进安全的替代品等药剂。

（四）春梢停长及以后时期苹果病虫害防治

根据前期防治效果并继续观察或继续防治：轮纹病、斑点落叶病、白粉病等果实及叶部病害；防治食心虫、毛虫等鳞翅目，图 8.39（a）为尺蠖，图（b）为刺蛾幼虫，图（c）为刺蛾茧。杀虫、杀菌剂选用三唑类的戊唑醇、己唑醇加代森锰锌、中生菌素、多抗霉素等防治病害；用吡虫灵、毒死蜱、联苯菊酯、甲氰菊酯、阿维菌素、甲维盐等防治虫害。鳞翅目害虫的危害虫态为幼虫，幼虫为咀嚼式口器，防治时采用胃毒剂，比较简单。关键是要注意观察新梢顶部叶片是不是有卷叶、缺刻、或叶片被咬食仅剩叶柄，叶背及果实上是不是有卵块等，以搞好预测预报工作，做到适时防治，适时施药。如卷叶蛾要在卷叶前施药；食心虫要在孵化钻蛀前施药；尺蠖、舟蛾等大型虫体要在二龄前施药。施药时还要注意喷药的部位，注意害虫聚集和危害部位，如桃小食心虫要注意观察萼凹，刺蛾要注意观察叶背等。

（a）

（b）

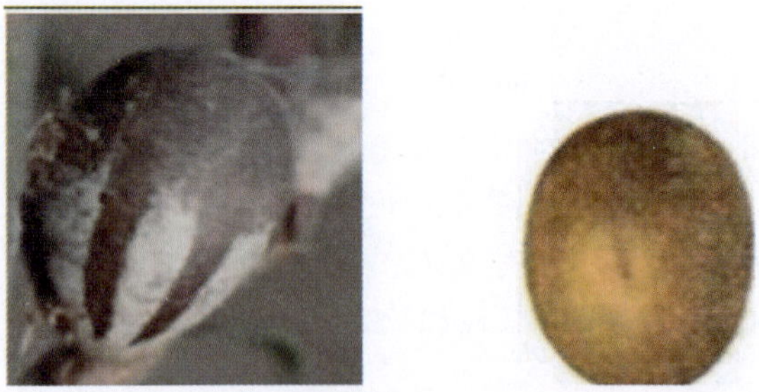

(c)

图 8.39　生长季节鳞翅目害虫

1. 桃小食心虫的防治

桃小食心虫简称桃小，是苹果重要的蛀果害虫。桃小危害严重时苹果品质下降，销售困难，所以防治桃小很重要。

（1）危害特点：以幼虫蛀害幼果，由入果孔溢出泪珠状汁液，如图 8.40，干涸成白色蜡状物，俗称“白丁”；如受害果的蛀孔愈合成凹陷状中部常有一深色小点，俗称“青丁”，如图 8.41。受害幼果发育成凸凹不平的畸形果，幼虫钻出果外，果面留有较大虫孔，孔外有时附着虫粪。

图 8.40　“白丁”形成前

图 8.41　“青丁”

（2）形态特征

① 观察图 8.42。图（a）为成虫，体长 7 毫米左右，身体灰褐色，复眼红褐色，前翅灰白色，中部近前缘有 1 个金色三角形蓝黑色斑，翅面有 7 ~ 9 簇斜立毛丛，后翅灰色；雌蛾下唇须长、前伸如剑；雄蛾下唇须短，向上弯曲。

② 卵近圆桶形，如图 8.42（b），初产时黄白色，渐变为橙红色至深红色，卵面密生小点，顶部略宽，放大镜下观察卵顶周围有 2 ~ 3 圈“Y”形刺。

③ 幼虫，如图 8.42（c），老熟幼虫长约 12 毫米，纺锤形，头褐色，前胸背板深褐色，身体桃红色。

④ 蛹，如图 8.42（d），蛹长约 7 毫米，黄白色，近羽化时灰黑色。越冬茧近圆形，夏茧为椭圆形。

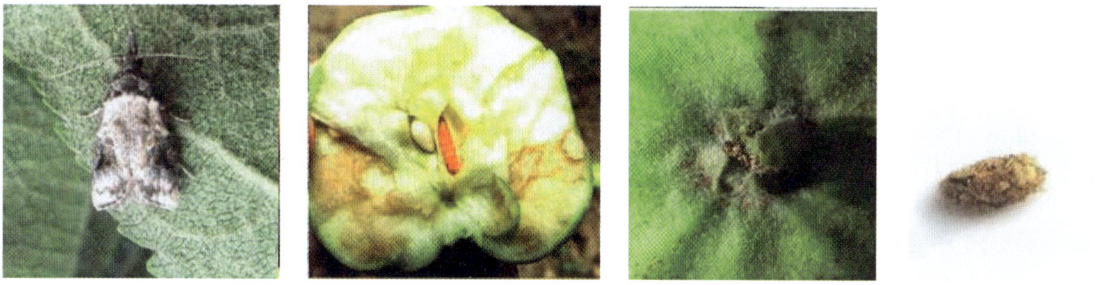

（a）　　（b）　　（c）　　（d）

图 8.42　桃小的几个虫态

（3）发生规律：据前 909 农场植保工作人员记录和介绍，越冬幼虫解除休眠需要通过较长时间的低温，冬茧在 6 ~ 9 摄氏度的低温条件下保存 3 个月可顺利解除休眠。在自然条件下，春季末白天旬平均气温在 17 摄氏度以上、土温达 19 摄氏度时，幼虫则能顺利出土。

一般年份于 4 月中旬可见桃小食心虫越冬幼虫破茧出土，出土期延续到 7 月中旬，盛期集中在 6 月幼果迅速膨大后期。幼虫出土后在地面做夏茧化蛹，蛹期半个月左右。5 月下旬出现越冬成虫，一直延续到 7 月中下旬，发生盛期在 6 月下旬至 7 月上旬。盐源县梅雨早于县城附近，泸沽湖 8 月初发现过“青丁”和刚钻蛀的幼虫，成虫白天在树上枝叶背面和树下杂草等处爬伏，日落后活动，前半夜比较活跃，后半夜（0：00—3：00）交尾。交尾后 1 ~ 2 天开始产卵，多产于果实萼洼处。雌虫平均产卵 44 粒，最多可达 110 粒。卵期一般 7 ~ 8 天。第 1 代卵发生在 6 月中旬至 8 月上旬，盛期为 6 月下旬至 7 月中旬。初孵幼虫有趋光性，集中果面亮处爬行，寻觅适宜部位蛀入果内。随果实生长，蛀入孔愈合成一个小黑点，孔周围果面稍凹陷，多虫为害果实则发育成凸凹不平的畸形果。幼虫在果内蛀食 20 ~ 24 天，老龄后，从里向外咬一较大孔洞脱果，然后爬出落地，一部分入土做茧越冬，另一部分在地面隐蔽结茧化蛹。蛹经过 12 天左右羽化，在果实萼洼处产卵发生第 2 代。第 2 代卵在 7 月下旬至 9 月上中旬发生，盛期为 8 月上中旬。幼虫孵出后蛀果为害 25 天左右，于 8 月下旬从果里脱出，在树下土里做冬茧滞育越冬。

（4）发生代数：据前 909 农场植保工作人员介绍，盐源县桃小一年发生 1 ~ 3 代，世代重叠。

（5）预测预报：桃小以前为苹果园危害最为严重的蛀果害虫，经过多年防治，至今果园虫果率已经很低，但不能掉以轻心，一定要做好预测预报，防止其再度大发生。

① 越冬幼虫出土期预测：在树冠下距主干 65 厘米左右挖土仔细找出桃小越冬茧，然后在树冠下土中 6 厘米左右深处埋入桃小食心虫茧 100 个或更多，上面罩笼，4 月中旬开始，每天检查出土幼虫数，预测幼虫出土期。根据幼虫初期加幼虫期，加上夏茧期可预测成虫期。

② 成虫发生期预测采用性诱芯诱集雄蛾的方法。根据果园大小在果园内均匀地选择若干株树，挂桃小性诱芯诱集雄蛾来预测预报成虫发生期，每枚诱芯含性外激素 500 微克，诱蛾的有效距离可达 200 米远，所以，小型果园成虫发生期前，在果园中心挂 1 ~ 2 个，一般每棵预测预报挂诱芯的树相距 30 ~ 50 米，果园大，按双对角线取样挂诱芯。在每株树的树冠阴面外围离地面 1.5 米左右的树枝上悬挂 1 个诱芯，诱芯下吊置 1 个大碗或其他广口器皿，直径大于 15 厘米，其内加 1%洗衣粉溶液，液面距诱芯高 1 厘米。注意及时补充洗衣粉液，维持水面与诱芯 1 厘米的距离，每 5 天彻底换水 1 次，20 ~ 25 天更换 1 次诱芯。每天早上检查所诱到的蛾数，逐一

记载后捞出，预测成虫发生期。当诱捕器连续 2 ~ 3 天诱到雄蛾时，进行第一次地面施药防治，间隔 15 天再防治 1 次。

③ 卵果率调查法在果园采取对角线取样法，调查 10 ~ 20 棵树，在每棵树的东、西、南、北、中 5 个方位各调查 50 ~ 100 个果实，共调查 1000 ~ 2000 个果，统计卵果率。当田间卵果率达 0.5% ~ 1%时进行树上喷药。以后每 10 ~ 15 天喷 1 次，连喷 2 次。

（6）防治方法：

应采用地下防治与树上防治，化学防治与人工防治相结合的综合防治原则。根据虫情测报开展适期防治是提高好果率的关键一环。

① 农业防治。采果后，虫情严重的果园适当推迟秋季翻耕，结合秋季深翻施肥，将树盘内 10 厘米深土层翻入施肥沟内，生土撒于树盘表面，可将越冬幼虫深埋土中，将其消灭。地面盖膜。以树干基部为中心，半径 1.5 米左右的范围内，覆盖塑料薄膜，边缘用土压实，可阻挡越冬幼虫出土和羽化的成虫飞出为害。摘除或拣拾虫果。及时摘虫果、拣虫果，可以减少树上用药次数，或不施药。一般摘除虫果是从 6 月下旬开始，每半个月进行 1 次。果实套袋。于花后 10 ~ 25 天，结合疏果给果实套袋，可高效控制桃小食心虫为害。

② 诱杀雄成虫。从 5 月下旬开始在果园内悬挂桃小食心虫性诱剂，每亩 2 ~ 3 粒，诱杀桃小食心虫雄蛾。1.5 个月更换 1 次诱芯。对于孤立的果园可基本控制桃小食心虫为害，非孤立果园只能用于虫情测报，指使树体卵果监测时间和用药时间。

③ 化学防治。树下地面防治。根据幼虫出土的监测，当幼虫出土量突然增加时，即幼虫出土达到始盛期时，应开始第 1 次地面施药。可用 48%毒死蜱乳油 300 ~ 500 倍液或 48%毒 · 辛乳油 200 ~ 300 倍液，均匀喷洒在树盘内，树上化学防治。在地面用药后 20 ~ 30 天树上进行喷药防治；或依据田间系统调查，当卵果率为 0.5% ~ 1.0%、初孵幼虫蛀果前树上喷药；也可通过性诱剂测报，在出现诱蛾高峰时喷药。可选择 4.5%高效氯氰菊酯乳油或水乳剂 1500 ~ 2000 倍液、20%甲氰菊酯乳油 1500 ~ 2000 倍液、2.5%高效氟氯氰菊酯乳油 1200 ~ 1500 倍液等药剂，均有较好的防效。也可用 48%毒死蜱乳油 1200 ~ 1500 倍液、50%马拉硫磷乳油 1200 ~ 1500 倍液。

（五）秋梢生长及果实膨大期苹果病虫害防治

继续防治果实及叶部病害；继续防治各类鳞翅目害虫。杀虫、杀菌剂选用三唑类的戊唑醇、己唑醇加代森锰锌、中生菌素、多抗霉素等防治病害；用吡虫灵、毒死蜱、联苯菊酯、甲氰菊酯、阿维菌素、甲维盐等防治虫害。用树安康刷树干防治腐烂病。

（六）果实成熟期苹果病虫害防治

用百菌清防治果实病害、水锈、采前落果、烂果。用树安康刷树干防治腐烂病。

1. 苹果煤污病的防治方法

（1）传播途径和发病条件：早春有效防治蚜虫、蚧壳虫、粉虱等能分泌黏性液体的害虫，能大幅减少煤污病的发生。春季产生病原分生孢子，借风雨和昆虫（蚜虫、蚧壳虫、粉虱等）传播。果实至 6 月初到采收前均可被侵染，7 月中下旬至 8 月下旬的雨季为侵染盛期。多雨高湿是病害发生的主导因素。夏季阴雨连绵、秋季雨水较多的年份发病严重。地势低洼、积水窝风、树下杂草丛生、树冠郁密，通风不良等均有利于病害发生。图 8.43 所示为煤污病果实症状，常称为“水锈”，多发生在果皮外部，在果面产生黑色或黑褐色污斑，边缘不明显，似煤斑，菌丝层很薄，用手可擦去，常沿雨水下流方向发病，也为害枝条、叶片，症状同果实。图 8.44 所示为煤污病用湿布擦去果实表面的成片煤污状物后露出黑色颗粒状菌核。

图 8.43 “水锈”

图 8.44 后期擦去片状煤污色后露出黑色点状物

（2）防治方法：冬季清除果园内落叶、病果、剪除树上的徒长枝集中烧毁，减少病虫越冬基数；夏季管理，7 月份对郁闭果园进行两次夏剪，疏除徒长枝、背上枝、过密枝，使树冠通风透光，同时注意除草和排水，果实套袋。

发病初期药剂防治，可选用下列药剂：1∶2∶200 倍式波尔多液；77%氢氧化铜可湿性粉剂 500 倍液；75%百菌清可湿性粉剂 800～900 倍液；70%甲基硫菌灵可湿性粉剂 1000 倍液；80%代森锰锌可湿性粉剂 800 倍液；10%多氧霉素可湿性粉剂 1000～1500 倍液；50%苯菌灵可湿性粉剂 1500 倍液；50%乙烯菌核剂可湿性粉剂 1200 倍液在降雨量大、雾露日多的平原、滨海果园以及通风不良的山沟果园，喷药 3～5 次，每次相隔 10～15 天。可结合防治轮纹病、炭疽病、褐斑落叶病等一起进行。

（七）采收后至落叶苹果病虫害的防治

1. 防治越冬虫害及病源

树干涂白，树干绑草把或瓦楞纸诱虫，隆冬后解除并集中烧毁。防治棉蚜和腐烂病，落叶后用树安康加毒死蜱洗树。清除落叶、枯枝、杂草，减少病原、害虫越冬场所。从 11 月下旬到翌年 2 月中旬都可以进行树干涂白，最好在落叶后或修剪后尽快涂白。由于部分害虫病菌在树干表皮的裂缝翘皮里潜藏越冬，这个时候对树干涂白可以做到有的放矢，事半功倍的效果，减少来年病虫发生基数，降低来年病虫害防治工作量。常见的涂白剂种类有：

（1）石硫合剂复合液。以防虫为主，尤其是在树皮缝隙中越冬的各种虫源，涂白时应注意树皮缝隙。配制时先用 10 千克清水加 5 千克生石灰充分溶化，并搅拌均匀，再依次加入黄泥 1 千克，充分搅拌后再加入波美度 10 度左右（根据虫害严重程度调节）的石硫合剂 1 千克，再加入各 0.5 千克的食盐和植物油，充分搅拌均匀。石灰和石硫合剂可以杀灭在树皮裂缝中越冬的害虫和虫卵，食盐可以防止涂白剂干裂脱落，起粘着作用。

（2）石灰-硫酸铜合剂（图 8.45）。用 1 千克热水把 0.5 千克硫酸铜化开放在一个容器中，再把 5 千克生石灰和 5 千克清水化成石灰乳放在一个容器中，最后把融解好的硫酸铜溶液倒入石灰乳的容器中，充分的搅拌均匀。以防病为主。

（3）石灰-石硫合剂残渣涂白剂。5 千克石灰和 0.5 千克石硫合剂残渣加水 25 千克，再加上 0.1 千克食盐充分搅拌均匀。也可加入 0.1 千克左右动物油增加黏性。

图 8.45　石灰硫酸铜合剂涂刷树干

2. 涂白注意事项

（1）涂白剂应随配随用，不宜多配，根据涂白的任务配置涂白剂的量，配好后的涂白剂不能久放。

（2）在配置涂白剂的过程中，每一次增加成分时都应该充分的搅拌，使之均匀，才可以使涂白剂均匀地紧粘在树干上。

（3）在果园进行涂白前，应该先对果园进行冬季修剪，然后将剪下的枝条集中起来烧毁或运走集中处理。

（4）观察树干上是否已有害虫蛀入，如果有害虫蛀入应该用棉花或者棉布浸药把害虫杀死后再进行涂白。

（5）涂刷时用毛刷或草把蘸取涂白剂，选晴天将主枝基部及主干均匀涂白，涂白高度主要在离地 1 ~ 1.5 米为宜。

复习题与实践

1. 什么是果树病害？什么是病原？什么是症状？
2. 什么是侵染过程？什么是病害的侵染循环，包括哪些？了解它们对病害防治有何意义？
3. 害虫和螨类的虫体各有何基本特征？生长发育过程是怎样的？
4. 害虫的行为有哪些？了解了害虫的基本知识对害虫和害螨的防治有何意义？
5. 什么是植物检疫？怎样做好农业综合防治？
6. 什么是生物防治？包括哪几个方面？
7. 物理防治有哪些措施？
8. 杀虫剂和杀菌剂的作用原理分别是怎样的？
9. 怎样防治危害苹果的红蜘蛛？
10. 腐烂病的侵染过程是怎样的？影响发病的主要因素是哪些？
11. 怎样防治腐烂病？
12. 怎样防治霉心病？
13. 苹果早期落叶病的发病规律是怎样的？怎样防治？
14. 怎样防治苹果白粉病？
15. 苹果树上危害的蚜虫主要有哪几种？哪一种不易防治且危害很大，为什么？怎样防治？
16. 根据金龟子的发生规律提出防治方法。
17. 球坚蚧表面有蜡壳，不易防治，怎样抓住防治适期防治球坚蚧？
18. 怎样防治苹果卷叶蛾？
19. 枝干轮纹病与生理性粗皮病有何区别？怎样防治？
20. 疫腐病与炭疽叶枯病症状有何区别？怎样防治？
21. 新梢停长期前后，新梢和果实上会出现很多种类的鳞翅目害虫的幼虫，怎样观察和预报？
22. 怎样做好桃小食心虫的预测预报？怎样防治？
23. 怎样防治“水锈”病？
24. 实践题：

① 在实习指导教师指导下，认识盐源县常见病害，注意观察感病部位症状、病症，并采集部分标本。

② 在实习指导教师指导下，认识盐源县常见害虫，注意观察为害部位，害虫口器、危害状、为害虫态，并采集部分标本。

③ 配制并进行一次农药的施用。

④ 熬制一次石硫合剂。

⑤ 配制一次波尔多液。

第九章 果园其他管理措施

一、适时采收

苹果采收期应随品种而定，一般以落花后至成熟为生长期，品种不同，生长期亦不一样。金冠生长期 130 ~ 155 天；新红星等元帅系品种生长期 120 ~ 130 天；乔纳金品种生长期 155 ~ 165 天；红富士品种生长期 170 ~ 180 天。采收时间不宜过早或过晚，采收过早影响着色、品质和风味，采收太晚易受冻害。采果时应按先采外围、后采内膛，先采下层、后采上层的顺序进行。采果要轻拿轻放，防止挤压、碰撞、刺伤，尽量减少转筐、倒筐次数。

二、果品分级、包装、贮藏和运输

1. 分级包装

果实贮藏或外销前要严格按标准分级（品种特征、直径、着色度、果形指数、农药残留量等），最简单的就是按品种特性和直径分级。分级后的果实要用蜡纸或塑料网套包装，包装用纸箱、箱板、隔板、果垫、包装纸、胶带纸均应清洁、无毒、无异味，箱体两侧留 4 ~ 6 个气孔，气孔直径 15 毫米左右，箱体应注明商标、品种、产地、重量，印上无公害苹果标志。如为绿色食品，要印上绿色食品标志。

2. 贮藏果品

贮藏期不许使用化学药品保鲜，放在果品专用的气调库、恒温库内贮藏，库内要通风，保持清洁卫生、无异味，箱装苹果不要直接着地和靠墙，并注意防鼠、防潮。码堆不得堆放过高，垛间要留有通道。

3. 运　输

运输果品的工具要清洁卫生，不能与有毒、有害、有异味的物品混装，在存放和运输期间，要防止日晒、雨淋，并要防冻、防热，装卸时要轻装、轻放。

三、防冰雹

很多地方春末至夏初，甚至有些年份或地方在苹果即将采摘时遭受冰雹的灾害，除了主动采用高炮驱散外，现在很多地方开始在易遭受雹灾的地方或时段架设防雹网，如图 9.1、图 9.2。

图 9.1　防雹网

图 9.2　联栋防雹网

参考文献

[1] 杨每宁. 海棠花粉可给苹果树授粉[J]. 烟台果树，1997（02）：45.
[2] 中国农业科学院，等. 中国果树栽培学[M]. 北京：农业出版社，1987.
[3] 葛世康. 贮藏营养是苹果树年周期生命活动的基础[J]. 北京农业，1996（09）：40.
[4] 邱强. 原色果树营养诊断图集[M]. 北京：中国科技出版社，1994.
[5] 河北农业大学. 果树栽培学总论[M]. 2 版. 北京：农业出版社，1986.
[6] 华南农业大学. 果树栽培学各论[M]. 北京：农业出版社，1981.
[7] 王田利，等. 苹果矮化密植栽培技术[M]. 北京：化学工业出版社，2016.
[8] 汪景彦. 苹果适宜负载定量生产法[J]. 果树资源学报，2009（3）：55-56.
[9] 黄家堪，刘联仁，等. 苹果栽培及病虫防治[M]. 成都：四川民族出版社，1991.
[10] 浙江农业大学，等. 果树病理学[M]. 上海：上海科学技术出版社，1988.
[11] 汪景彦，等. 苹果树合理整形修剪图解[M]. 3 版. 北京：金盾出版社，2017.
[12] 北京农业大学，等. 果树昆虫学[M]. 北京：农业出版社，1987.

附　录

附录 A　波尔多液的配制与使用技术

波尔多液是一种广谱无机杀菌剂，用硫酸铜、生石灰和水按一定比例配制而成。呈天蓝色胶状悬液，多呈碱性，几乎不溶于水。配制成的溶液放置长时间后，悬浮的胶粘会相互聚合而沉淀，失去杀菌作用，因此需随用随配。制备方法：分为生石灰少量式、半量式、等量式、多量式、倍量式、三倍式等。比如，1∶2∶200 的含义是 1 份硫酸铜 + 2 份生石灰 + 200 份水；石灰半量式的含义是 1 份硫酸铜 + 0.5 份生石灰 + 200 份水。配制波尔多液时一般水的用量是药的 160 ~ 240 倍。配制时，先把硫酸铜和生石灰分别放入一个容器中（不能使用金属容器，大量配药可修建水泥药池，少量配药可用缸或其他非金属容器），各用一半的水溶液分别溶化硫酸铜和生石灰，待两液温度一致时，滤去残渣，将硫酸铜液缓缓倒入生石灰液中，边倒边搅拌即制备完成。

使用技术：

（1）波尔多液是一种保护性杀菌剂，在发病前或发病初期喷雾效果最好，一般连续喷洒 2 ~ 4 次即可控制病害。

（2）喷波尔多液 15 天后才能喷石硫合剂，并且不能与其他农药混用。

（3）在果实采收前 20 天停止使用，以免污染果面造成果锈。

（4）一般在阴天使用或早上 10 点前，下午 5 点后使用，烈日下使用易造成裂果或果锈。

（5）最好现配现用。

（6）幼果茸毛期慎用。

附录 B　石硫合剂的熬制

石硫合剂是一种广谱杀虫、杀螨、杀菌剂，防治作物炭疽病、穿孔病、缩叶病、白粉病、黑痘病以及红蜘蛛、介壳虫等都有很好的效果，但由于熬制石硫合剂麻烦、费时，自己熬制质量不稳定，使用不当易产生药害等诸多缺点，致使石硫合剂逐渐被淘汰，但石硫合剂是无机农药，具有药效长、成本低、既杀虫又杀菌等优点，其中所含的硫和钙还是作物所需营养元素，对环境污染小。据盐源县很多果农的多次熬制经验，找到了一种熬制石硫合剂的新方法，非常适合在农村广泛推广。

熬制方法：

石硫合剂配制比例一般为石灰、硫黄、水的质量之比 = 1∶2∶10，即熬制一锅石硫合剂需用生石灰 1 千克、硫黄 2 千克、水 10 千克，可得到约 13 千克石硫合剂。老方法是先将石灰水烧开，然后加硫黄粉，再连续熬制 1 小时即成。从配料、烧火到最后熬好要花 2 ~ 3 小时，而且质量不易控制。现熬制石硫合剂的新方法是：先将 10 千克水倒入锅内，加热至锅底有小泡，然后将 2 千克硫黄粉用锅中热水调成糊状，倒入锅内，边搅拌边加热，至锅中浆液开始沸腾，再把 1 千克优质生石灰沿锅边倒入，以免药液剧烈沸腾溅到锅外。必须注意的是：一定要采用优质生石灰块（因为粉状石灰已回潮，化学成分变成氢氧化钙和碳酸钙，熬出的成品呈黄绿色，药效很低），并用木棒记下液面位置。大火熬制大约 1 小时，石灰、硫黄和水产生剧烈的化学反应，生成多硫化钙，药液也逐渐从黄色过渡到橙黄色，再变成红褐色；然后用中火熬 20 分钟左右，边熬边搅拌边加沸水，以补充蒸发掉的水量，待药液表面有一层薄冰似的红褐色透明晶体析出，即表明药液已熬制好。也可用棍子蘸点药液滴入冷水中，药液能迅速散开即表明反应已经结束，熬制时间过长反而会影响药液质量，整个过程仅需 1 ~ 1.5 小时，比老方法节省了一定时间。新方法加入石灰时硫黄浆液温度已达 100 摄氏度甚至更高，反应时温度高，缩短了反应时间，反应更充分、更完全，药液浓度比老方法提高 5 波美度以上。新的熬制方法具有省工、省火、省时等诸多优点，并且药液浓度高、产品质量稳定。

熬制好冷却后用波美表测量石硫合剂原液度数。如萌芽前使用 5 度的石硫合剂喷施，按一个喷雾器装 15 千克计算，20 度的原液需加 3.75 千克，水 11.25 千克；25 度的原液需加 3 千克，水 12 千克；30 度原液需加 2.5 千克，水 12.5 千克。

附录 C　嫁接用接蜡的配制

嫁接时用接蜡封住接穗的剪口处可减少接穗水分散失，有利于接穗的保存，也可在嫁接时提高存活率。接蜡有两类，一类是热接蜡，在使用前需加热软化后涂抹伤口；另一类是软接蜡，使用时不需加热，直接涂抹在嫁接口处，捏紧就行。

软接蜡有两种制作方法，一是松香 4 份+蜂（黄）蜡 2 份+动物油 1 份，制作时先在容器中加热熔化动物油，然后加入蜂蜡，完全融合后再加入松香，当三者全部熔化在一起后，将这些混合液倒入盛有冷水的容器内，冷却后取出，用手揉捏，直至变成淡黄色为止，然后做成小球，用蜡纸或塑料薄膜包裹，贮存备用；二是松香 4 份+蜂（黄）蜡 1 份+动物油 2 份，制作方法和前面一样，由于动物油的比例提高，这种接蜡比较软，便于使用，但在烈日或高温下则过软甚至液化。动物油可用猪油，如用牛油，硬度可大一些。在温度较高时用第一种方法为好，气温较低时用第二种方法为好。嫁接时，揉捏一小团，把伤口用接蜡封堵住即可。

热用式接蜡配合量：松香 7 份、蜂（黄）蜡 2 份、动物油 1 份。制作：先将松香放在小锅中熔化，然后放入蜂（黄）蜡，熔化后再放入动物油，搅拌均匀即可。不管用哪种，加热时火不能大，否则温度太高；不能装太满，在具体使用时如嫁接核桃、柿、花椒等，可将炉子带到工作场地，随制随用，不产生单宁的树种也可在嫁接前一天晚上把削好的接穗用热接蜡封头，放在干净水中或放在干净容器中用湿毛巾盖住，第二天嫁接，如嫁接山定子、苹果、梨等。有文献认为使用石蜡代替蜂蜡的效果更好。

也可只用矿物石蜡，石蜡熔化时，可以根据条件采取直接加热、水浴法加热和水与石蜡共同加热等不同方法。石蜡熔化的关键是控制温度，最好控制在 95 ~ 105 摄氏度。温度过高，会烫死或烫伤接芽；温度过低，接穗上附着石蜡层过厚，嫁接时蜡层易破损；即使嫁接时无破损，蜡层在阳光照射后，也会开裂，失去蜡层保水作用。试验表明，将接穗置于 130 摄氏度的温度下 3 秒以内，接穗生命力不受影响。

采取水浴法加热和水与石蜡共同加热，由于水温的限制，石蜡液的温度不会超过 100 摄氏度，而浸沾石蜡的过程也不会超过 1 秒。所以，担心石蜡液会烫死接穗接芽，是没有必要的。将石蜡盛入铁制容器后直接加热，是不科学的，不建议采用。一是加热过程中，石蜡的温度不易控制，温度过高易烫伤接芽；二是若加热时间过久，易引起火灾。

将工业用石蜡切成小块，放入铁制容器中，再用一铁锅盛水，将装有石蜡的容器放入盛水的铁锅中，用柴火或电磁炉加热铁锅使容器中石蜡熔化，称为水浴法加热，再将剪切好的穗条迅速在融化的石蜡中过一下蘸上石蜡，迅速取出，一般不超过 3 秒，然后晾开散热，即可贮存或嫁接。

没有石蜡时也可用白蜡烛代替。